JN038612

これだけマスター

1級 管工事施工管理技士

第一次検定

山田信亮・打矢瀅二・今野祐二・加藤 諭［共著］

はじめに

本書は，毎年実施される国家試験である1級管工事施工管理技術検定試験の第一次検定への合格をめざす受験対策書です．

我々は，この試験が1973年に実施されて以降，約20年にわたって出題傾向等を徹底的に分析し，1992年に『1級管工事試験突破テキスト』と『1級管工事試験最新重要問題集』の2冊を出版してきました．その後，1998年と2005年に解説と問題を融合させた対策書を，2011年に『これだけマスター1級管工事施工学科試験』を発行し，2017年には改訂2版を発行してきました．

今回の改題改訂版は，国土交通省による2021年度からの技術検定制度の見直しによって，「技士補」が創設され，1級技術検定の受験資格も変更されるなど，一部が改訂され，試験内容が新たに変わってきたことに対応するものです．

新制度では，第一次検定に合格した者に「施工管理技士補」，第二次検定に合格した者に「施工管理技士」の資格が与えられることになりました．第一次検定の問題は，「施工管理法（応用能力）」について出題されることになり，これまでの学科試験の知識に加え実地試験の能力も必要となりました．

このたびの改題改訂版においても，必須項目と今後出題が予想される重要項目を徹底的に拾い出し，いつでもどこでも本書1冊で「第一次検定」全般を効率的に学習でき，かつ合格できる実力が無理なく身につく内容構成でまとめました．また，編集にあたっては，読みやすく，わかりやすい解説を心がけました．

試験合格のためには継続的な学習が大切です．一人でも多くの方が本資格を取得され，1級管工事施工管理技士，または1級管工事施工管理技士補として，社会で広く活躍されることを期待しております．

最後に本書を執筆するにあたり，諸先生方の文献・資料などを参考にさせていただきましたことを厚く御礼申し上げます．

2022年　4月

著者らしるす

目 次

9章 法　規　選択問題

必須問題

1 原論

全出題問題の中における『1章』の内容からの出題比率

全出題問題数 60 問中／必要解答問題数 10 問（＝出題比率：16.6 %）

合格ラインの正解解答数➡ 6 題以上（10問中）を目指したい！

過去 10 年間の出題傾向の分析による出題ランク

（★★★最もよく出る／★★比較的よく出る／★出ることがある）

環境工学

★★★	地球温暖化，オゾン層破壊，代替フロン，酸性雨，直達日射と天空日射，大気透過率，日射エネルギー，CO_2，CO，O_2 と燃焼，ホルムアルデヒド，浮遊粉じん，代謝量，met，clo，PMV，結露発生と防止策，DO，COD，BOD，TOC，SS，ノルマルヘキサン抽出物質
★★	指定フロン，ODP と GWP，建築物の CO_2 排出量，臭気，作用温度，新有効温度，富栄養化
★	温室効果ガス，アンモニア冷媒，ZEB，シックハウス症候群，VOC，重金属，大腸菌群，TOD

流体工学

★★★	粘性係数，ニュートン流体，レイノルズ数，カルマン渦，ベルヌーイの定理，トリチェリーの定理，ダルシー・ワイスバッハの式，ウォータハンマ
★★	表面張力と毛管現象，流体の圧縮性，動粘性係数
★	水の密度，定常流，ベンチュリー計，キャビテーション

熱工学

★★★	定圧比熱と定容比熱，カルノーサイクル，断熱膨張，断熱圧縮，線膨張係数と体膨張係数，熱伝導，熱放射，熱通過，熱移動量，高発熱量と低発熱量，空気過剰率，窒素酸化物，湿り空気の状態変化（加熱，冷却，加湿，減湿）
★★	潜熱，ペルチェ効果，強制対流，理論空気量，冷媒，モリエ線図と冷凍サイクル，熱水分比
★	乾球温度，湿球温度，相対湿度，絶対湿度

関連工学

★★★	音圧レベルの合成，ロックウールやグラスウールの吸音域，NC 曲線，イオン化傾向と腐食，pH 値と腐食，開放系配管の腐食と水温
★★	音の大きさ，人間の可聴範囲，異種金属接触腐食（ガルバニック腐食），管内流速と腐食
★	マスキング効果，音の屈折，音の強さ，距離と音圧レベル，選択腐食，かい食，マクロセル腐食

1 1 環境工学

1 日　射

1. 直達日射と天空日射

大気を透過して直接地表面に到達する日射を直達日射といい，**大気中の微粒子により散乱され天空全体からの放射として地上に達する日射**を天空日射という．

2. 大気透過率

太陽の直達日射の強さと太陽定数との比率で，大気中の水蒸気やちりや埃等の影響を受ける．一般に**夏期は，冬期より湿度が高く，水蒸気量が多くなるため大気透過率が小さく**なる．

3. 日射の成分

太陽からの日射は電磁波として地上に到達している．その主な波長を分類すると**表1·1**のようになる．

表1・1　主な日射の成分

成　分	波　長	効　果
紫外線	20 ～ 400〔10^{-9} m〕	日射の約1～2％の分布で，化学作用が強く，細胞へのダメージ，殺菌作用，日焼けなど健康上に深い関係をもっている．
可視光線	400 ～ 760〔10^{-9} m〕	日射の約40～45％分布で，人間の網膜を刺激して視覚を与える．
赤外線	760 ～ 4×10^5〔10^{-9} m〕	日射の約53～59％分布で，熱線とも呼ばれ，熱効果がある．

2 大気と環境

1. 大気の組成

表1·2に地表付近の乾き空気の組成を示す．大気中の**二酸化炭素は地球温暖化に及ぼす影響がもっとも大きな温室効果ガス**で，人間活動に伴う化石燃料の消

表1・2　地表面の付近の乾き空気の組成

成分（原子記号）	窒素（N_2）	酸素（O_2）	アルゴン（Ar）	二酸化炭素（CO_2）
容積百分率〔%〕	78.09	20.95	0.93	0.03

費等により**二酸化炭素濃度は増加**している．産業革命以前の二酸化炭素濃度は 0.028 %（280 ppm）程度であったが，最近では約 400 ppm となっており，増加している．

2. 大気汚染物質

⊕**硫黄酸化物**（SO_x）**と窒素酸化物**（NO_x）･･･**SO_x は化石燃料**（重油，石炭等）**を燃焼させたときに燃料に含まれている硫黄分が酸化し生成**され，**NO_x は化**石燃料の燃焼過程で，**燃料中の窒素や空気中の窒素が酸化し生成**される．NO_x は，**低温燃焼時よりも高温燃焼時の方が多く発生**する．大気中の SO_x や NO_x は**酸性雨**（pH 5.6 以下の雨や雪）となって**森林や湖沼の生物に悪影響**を与える．

⊕**光化学オキシダント**･･･有機溶剤や石油等の揮発性有機化合物が発散されると，その中に含まれる**炭化水素が，大気中の NO_x と太陽の紫外線の作用で光化学反応を起こし，光化学オキシダントが生成**される．光化学オキシダントは，人体に対し喉や鼻が痛むといった症状をもたらす．

⊕**浮遊粉じん，降下ばいじん**･･･大気中の浮遊粉じんのうち，粒径が **10 μm 以下のものを浮遊粒子状物質**（SPM），2.5 μm 以下のものを**微小粒子状物質**（PM2.5）といい，浮遊時間が長いので，日射などに影響し，人体に与える害も大きい．また，浮遊粉じんには病原性の細菌やかびが付着している場合があり，呼吸器系に対して害を及ぼす．

3. オゾン層破壊と地球温暖化

⊕**オゾン層破壊とフロン冷媒**･･･大気の**成層圏に存在するオゾン層**は，太陽光からの**有害な紫外線を吸収**して地上の生物を守っている．しかし，**フロン冷媒**等の放出によって**オゾン層が破壊**され，有害な紫外線が増すと皮膚がんや白内障等といった障害をもたらす．フロン冷媒の中でもオゾン層破壊係数が大きい **CFC 系**（CFC-11，CFC-12 など）の**特定フロン**や，**HCFC 系**（HCFC-22 など）の**指定フロンは全廃**されている．

　現在は，**代替フロン**として，まったく塩素の含まれていない**オゾン層破壊係数が 0**（**ゼロ**）**の HFC 系**（**HFC-410A，HFC-32a など**）**が使用されている．**

⊕**地球温暖化と温室効果ガス**・・・太陽からの日射より加熱された地表面から放射される遠赤外線は，大気中の**CO_2 等の温室効果ガス**に吸収される．CO_2 濃度が増加すると気温が上昇し地球温暖化となり，気候変動等によるさまざまな悪影響を及ぼすことが懸念されている．**京都議定書**では，**温室効果ガス**として**二酸化炭素**（CO_2），**メタン**（CH_4），**一酸化二窒素**（N_2O），**ハイドロフルオロカーボン**（HFC），パーフルオロカーボン（PFC），六フッ化硫黄（SF_6）の 6 種類を定めている．

⊕**地球温暖化とフロン冷媒**・・・**HFC 系の代替フロンは，オゾン層破壊係数は 0 であるが，地球温暖化に与える影響は極めて大きい**．HFC 系のなかでも **HFC-134a は地球温暖化係数が大きい**ため普及していない．そのため，**オゾン層破壊係数及び地球温暖化係数が 0 であるアンモニア**（NH_4）などの**自然冷媒**が見直され，冷凍機の冷媒として使用されている．

3 室内の空気環境

1．室内空気の環境基準

人間が生活する室内空気は，時間とともに汚染され，快適性や健康の保全又は作業能率に悪影響を及ぼすため，空気調和設備を設置することになるが，建築基準法施行令では**表 1·3** に示した項目についてそれぞれ許容値が定められている．

表 1・3　室内環境基準

温　度	17 ～ 28 ℃（冷房時は外気温度との差を 7 ℃ 以下にする）
相対湿度	40 ～ 70 %
気流速度	0.5 m/s 以下
浮遊粉じんの量	0.15 mg/m^3 以下
二酸化炭素の含有量	0.1 %（1 000 ppm）以下
一酸化炭素の含有量	0.001 %（10 ppm）以下
ホルムアルデヒド	0.1 mg/m^3 以下

2. 室内空気中の汚染物質

⊕**二酸化炭素・・・無色・無臭で空気より重い気体**（空気に対する比重 1.53）で，人間の呼吸における発生量は，呼気量の約 4 %（容積率）である．**二酸化炭素は低濃度では人体に有害ではないが**，高濃度になると悪影響を及ぼす．室内の CO_2 濃度は，**人間の呼気によって増加**するので，空気清浄度の悪化の目安とされている．

⊕**一酸化炭素・・・喫煙や燃焼器具の不完全燃焼で発生する**一酸化炭素は，**無色・無臭で空気より軽い気体**（空気に対する比重 0.97）である．一酸化炭素は人体にとって有害で，血液中のヘモグロビンと結合して器官への酸素供給を妨げ中毒症状を引き起こすため，火を扱う室などでは厳しく規制されている．一酸化炭素の含有率が **0.16 %** になると 20 分で頭痛やめまいが生じ，2 時間で致死状態に至ることもある．

⊕**酸　素・・・大気中に約 21 % 存在し**，人間は呼吸によって酸素を吸収して生命を維持している．しかし，酸素含有率が 18 % 以下の酸欠空気では呼吸が深くなり，脈拍数が増加するため作業環境として不適で，10 % 以下では意識不明となり，6 % 以下では数分間で死に近づくとされている．また，燃焼においては，空気中の**酸素濃度が 19 % 以下になると，不完全燃焼**が始まる．一酸化炭素の発生量が急激に増加し，15 % 以下になると消火する．

⊕**ホルムアルデヒド・・・**建物内におけるホルムアルデヒドの発生源は，建材，家具，調度品の原材料・接着剤等がある．また，タバコの煙や燃焼ガスにも含まれる．ホルムアルデヒドは，**化学物質過敏症やシックハウス症候群等の原因物質**で，低濃度の場合でも長い時間継続して被爆すると過敏症となり人体に害を及ぼす．2 ～ 3 ppm で鼻・目への刺激，4 ～ 5 ppm で涙，30 ～ 50 ppm では浮腫，肺炎を起こし，100 ppm 程度以上になると死に至ることもある．**ビル衛生管理法では，ホルムアルデヒドの量を 0.1 mg/m^3（0.08 ppm）以下**としている．

⊕**揮発性有機化合物**（VOC：Volatile Organic Compounds）**・・・常温で蒸発する有機化合物の総称**でその種類は多い．発生源は，建材，家具・調度品の原材料，接着剤，塗料など，石油ストーブなどの開放型燃焼器具，喫煙等からも発生する．厚生労働省では**個々の揮発性有機物質（VOC）**の室内濃度指針値と，**複数の揮発性物質の混合物（TVOC）**の濃度レベルの暫定目標値が定められている．

4 人体と温熱指標

1. 人体の代謝

⊕**代謝と基礎代謝**・・・生体内に現れる物理的・化学的な変化（生命現象）を代謝といい，生命維持のために必要な最小限の代謝量を**基礎代謝量**という．

⊕**エネルギー代謝率**（RMR：Resting Metabolic Rate）

$$\text{エネルギー代謝率} = \frac{\text{作業時代謝量} - \text{安静時代謝量}}{\text{基礎代謝量}}$$

⊕**met**（メット）・・・**代謝量を表す単位**で，人間（成人）の椅座安静状態における人体の単位体表面積当たりの代謝量を 58 W/m^2 = 1 met としている．

⊕**clo**（クロ）・・・**衣服の熱絶縁性を示す単位**である．1 clo は，気温 21 ℃，相対湿度 50 %，気流 10 cm/s 以下の室内で，標準的なスーツの上下を着た場合の熱抵抗（断熱値 0.155 m^{2}K/W）である．

2. 温熱環境指標

⊕**有効温度，修正有効温度，新有効温度**・・・**乾球温度**（温度），**湿球温度**（湿度），**風速**（気流）**の 3 要素により総合的に評価**したものを**有効温度**といい，さらに，有効温度に**放射熱の影響を加え 4 要素で評価**したものを**修正有効温度**という．現在は，**環境側要素の温度，湿度，気流，放射熱，人間側要素の着衣量，代謝量（作業量）の 6 要素**を用いて，現実の環境条件に近づけて評価した**新有効温度**が用いられている．

⊕**等価温度**・・・**周囲の壁からの放射と空気温度を総合的に評価**したもので，実用的には**グローブ温度計**より求められる値となる．

⊕**作用温度**・・・**乾球温度，気流，周囲の壁からの放射を総合的に考慮**した温度で，実用的には**周壁面の平均温度と室内温度の平均**で表される．

⊕**PMV と PPD**・・・PMV（Predicted Mean Vote）は**予測平均温冷感申告**で，**温度，湿度，放射熱，気流，着衣量，代謝量がどのような複合効果をもつかを評価する指標**である．大多数の人が感じる**温冷感を +3 から −3 までの 7 段階の数値**で表す．PPD（Predicted percent of Dissatisfied）は**予測不快者率**で，**在室者が暑い・寒いという感覚をもつとき，どのくらいの人がその環境に満足しているか**を示すもので，**PMV が 0 に近くになるにしたがって PPD も減少**する．

5 冬季における結露と対策

冬期における結露対策については以下のとおりである．

- 外壁に**断熱材を用い，熱貫流抵抗を大きく**する．
- 外壁の室内側に繊維質の断熱材を設ける場合は，**断熱材の室内側に防湿層**を設ける（**図 1･1** 参照）．
- 飽和水蒸気圧と露点温度は比例関係にあるので，多層構造の構造体の内部における各点の**水蒸気分圧を低く**する．
- 室内側より屋外側の面積が大きくなる**建物出隅部分**（**図 1･2**）は，他の部分に比べ室内側の表面温度が低下し，表面結露を生じやすいため**断熱材を十分に施す**．
- 室内空気の流動が少なくなると，壁面の表面温度が低下し，（表面）結露が生じやすくなるので，**室内空気を流動**させる．
- 窓ガラスにカーテンをするときは，窓ガラスが見えるよう隙間をとり，**カーテン裏側（窓ガラス表面）に室内空気が流れ込むよう**にする．
- 室内空気の絶対湿度が同じ場合，室内空気の温度の低い方が，露点温度に近づくため，表面結露が生じやすくなるので，**換気を行い絶対湿度の高い室内空気を排除**する．

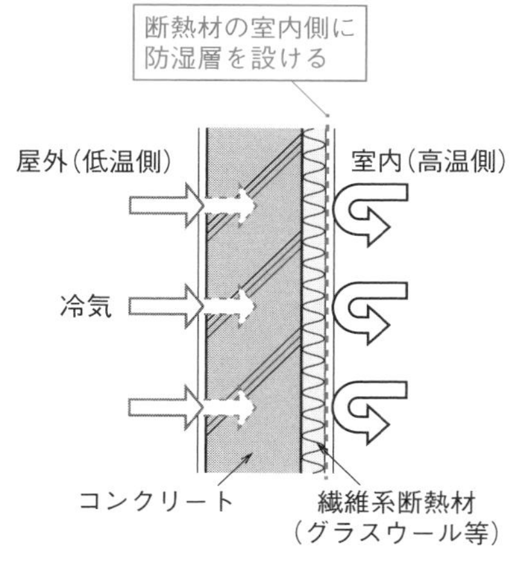

図 1・1　外壁の内部結露の防止

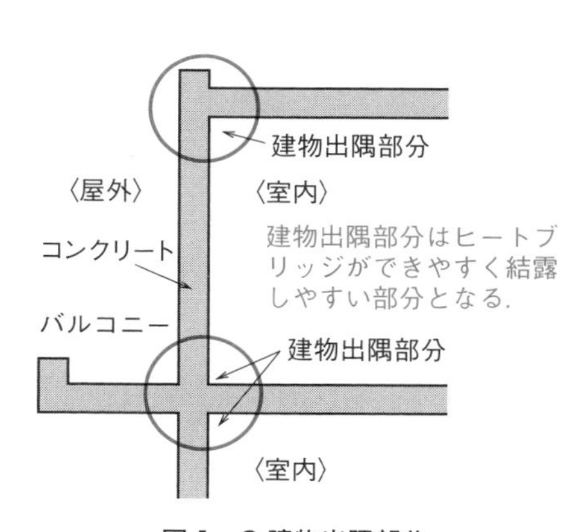

図 1・2 建物出隅部分

6 水と環境

1. 水　質

⊕**水素イオン指数**（pH）・・・**水素イオン濃度を表す指数**で水素イオン濃度指数とも呼ばれている．水溶液中の水素イオン（H^+）や水酸イオン（OH^-）の量によって決まる．**pH ＝ 7 は中性**で H^+ と OH^- の数は等しく，しかも結合して H_2O（純水）となり，**pH ＜ 7 の場合は酸性**で，**pH ＞ 7 の場合はアルカリ性**となる．

⊕**溶存酸素**（DO：Dissolved Oxygen）・・・**水中に溶解している酸素量**を示したものである．

2. 排水の汚濁指標

⊕**生物化学的酸素要求量**（BOD：Biochemical Oxygen Demand）・・・**水中の腐敗性有機物質が，微生物（好気性）によって分解される際に消費される水中の酸素量**で示され，水質汚濁の指標としてよく用いられる．

⊕**化学的酸素要求量**（COD：Chemical Oxygen Demand）・・・**水中に含まれている有機物及び無機性亜酸化物の量を示す指標**で，汚濁水を酸化剤で化学的に酸化させて，**消費した酸化剤の量を測定して酸素量に換算**して求める．

⊕**全有機炭素量**（TOC：Total Organic Carbon）・・・**水中に存在する有機物に含まれる炭素の総量**をいい，水中の総炭素量から無機性炭素量を引いて求める．

⊕**全酸素要求量**（TOD：Total Oxygen Demand）・・・水中の被酸化性物質（炭化水化合物・尿素・たん白質など）を完全燃焼させ，その際に消費される酸素量を求め，汚濁度としたものである．

⊕**浮遊物質**（SS：Suspended Solids）・・・**水に溶けない懸濁性物質**のことで，水の汚濁度を視覚的に判断するときに用いられる．

⊕**ノルマルヘキサン抽出物質**・・・**揮発しにくい炭化水素で，動植物油脂，脂肪酸，エステル，石油系炭化水素など**をいい，厨房排水などの汚濁指標として用いられている．

⊕**その他**・・・**窒素**及び**りん**は，湖沼，海域等の閉鎖性水域における**富栄養化**の主な原因物質である．

問題 1 環境工学

日射に関する記述のうち，適当でないものはどれか.

(1) 大気の透過率は，主に大気中に含まれる二酸化炭素の量に影響される.

(2) 日射のエネルギーは，紫外線部よりも赤外線部及び可視線部分に多く含まれている.

(3) 天空日射とは，大気成分により散乱，反射して天空の全方向から届く太陽放射をいう.

(4) 日射の影響を温度に換算し，外気温度に加えて等価な温度にしたものを相当外気温度という.

解説 (1) **大気の透過率は，大気中に含まれる水蒸気の量に影響される.** 大気中に含まれる二酸化炭素の量に影響によるものではない．また，夏期と冬期の快晴時における大気の透過率は，一般に，冬期より**夏期の方が大気中の水蒸気量が多いため，大気の透過率は小さくなる.**

解答▶(1)

問題 2 環境工学

環境に配慮した建築計画及び地球環境に関する記述のうち，適当でないものはどれか.

(1) 事務所用途の建築物の二酸化炭素排出量をライフサイクルでみると，一般的に，設計・建設段階，運用段階，改修段階，廃棄段階のうち，設計・建設段階が全体の過半を占めている.

(2) 代替フロンであるHFCは，オゾン層を破壊しないが，地球の温暖化に影響を与える程度を示す地球温暖化係数（GWP）は二酸化炭素より大きい.

(3) 酸性雨は，大気中の硫黄酸化物や窒素酸化物が溶け込んで酸性となった雨のことで，湖沼や森林の生態系へ悪影響を与えるほか，建築構造物にも被害を与える.

(4) ZEBとは，大幅な省エネルギー化の実現と再生可能エネルギーの導入により，室内環境の質を維持しつつ年間一次エネルギー消費量の収支をゼロとすることを目指した建築物のことである.

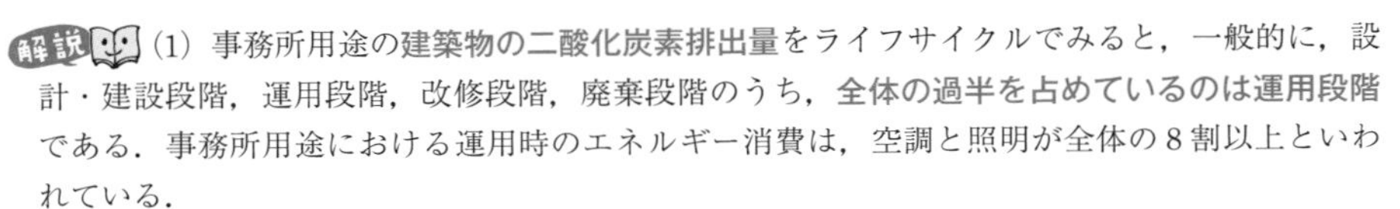

解説 (1) 事務所用途の建築物の二酸化炭素排出量をライフサイクルでみると，一般的に，設計・建設段階，運用段階，改修段階，廃棄段階のうち，全体の過半を占めているのは運用段階である．事務所用途における運用時のエネルギー消費は，空調と照明が全体の8割以上といわれている．

解答▶(1)

問題 3 環境工学

地球環境に関する記述のうち，適当でないものはどれか．

(1) オゾン層が破壊されると，太陽光に含まれる紫外線の地表への到達量が増大して，生物に悪影響を与える．

(2) HFC-134a は，オゾン層破壊係数が 0（ゼロ）で，地球温暖化係数が二酸化炭素より小さい冷媒である．

(3) 酸性雨は，大気中の硫黄酸化物や窒素酸化物が溶け込んで，pH 値がおおむね 5.6 以下の酸性となった雨のことで，湖沼や森林の生態系に悪影響を与える．

(4) 温室効果とは，日射エネルギーにより加熱された地表面からの放射熱の一部が，大気中の水蒸気，二酸化炭素などにより吸収され，大気の温度が上昇することをいう．

解説 (2) HFC-134a は，オゾン層破壊係数は 0（ゼロ）であるが，地球温暖化係数が 1 430 と大きい冷媒である．オゾン層破壊係数（ODP）とは CFC-11 を 1 とし，地球温暖化係数（GWP）は二酸化炭素（CO_2）を 1 として，他の物質と比較した値で示される．

解答▶(2)

HFC-134a は地球温暖化係数が大きいため，代替フロンとして開発されたが普及していない．現在は，GWP の小さい代替フロンや ODP 及び GWP が 0（ゼロ）のアンモニアなどの自然冷媒が普及している．

問題 4 環境工学

室内の空気環境に関する記述のうち，適当でないものはどれか.

(1) 空気中の二酸化炭素濃度が 20 % 程度以上になると，人体に致命的な影響を与える.

(2) 空気中の一酸化炭素濃度が 2 % になると，20 分程度で人体に頭痛，目まいが生じる.

(3) 燃焼において，酸素濃度が 19 % に低下すると，不完全燃焼により急速に一酸化炭素が発生する.

(4) 人体からの二酸化炭素発生量は，その人の作業状態によって変化し，代謝量が多くなると増加する.

解説 (2) 空気中の**一酸化炭素濃度が 0.16 %** になると，20 分程度で人体に頭痛，目まいが生じ，2 時間で致死状態に至る.

解答▶(2)

一酸化炭素は人体にとって有害で，血液中のヘモグロビンと結合して器官への酸素供給を妨げ中毒症状を引き起こす．室内の環境基準では，一酸化炭素の許容濃度は 0.001 %（10 ppm）以下となっている.

問題 5 環境工学

室内の空気環境に関する記述のうち，適当でないものはどれか.

(1) 燃焼において，酸素濃度が 18 % 近くに低下すると不完全燃焼が著しくなり，一酸化炭素の発生量が多くなる.

(2) ホルムアルデヒド及び揮発性有機化合物（VOCs）のうちのいくつかは，発がん性物質である可能性が高いとされている.

(3) 浮遊粉じんは，在室者の活動により，衣類の繊維，ほこり等が原因で発生し，その量は空気の乾燥によって減少する傾向がある.

(4) 臭気は，臭気強度や臭気指数で表され，空気汚染を知る指標とされている.

解説 (3) **浮遊粉じん**は，在室者の活動により，衣類の繊維，ほこり等が原因で発生し，その量は**空気の乾燥によって増加する傾向**がある.

解答▶(3)

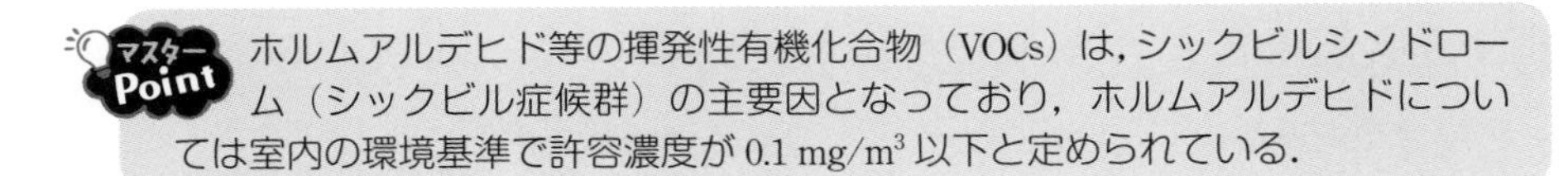

マスターPoint ホルムアルデヒド等の揮発性有機化合物（VOCs）は，シックビルシンドローム（シックビル症候群）の主要因となっており，ホルムアルデヒドについては室内の環境基準で許容濃度が 0.1 mg/m^3 以下と定められている．

問題 6 環境工学

温熱環境に関する記述のうち，適当でないものはどれか．

(1) 予想平均申告（PMV）とは，人体の熱的中立に近い状態の温冷感を予測する指標である．

(2) met（メット）とは，人体の代謝量を示す指標であり，椅座安静状態の代謝量 1 met は，単位体表面積当たり 100 W である．

(3) clo（クロ）は，衣服の断熱性を示す単位で，1 clo は約 0.155 m^{2}K/W である．

(4) 人体は周囲空間との間で対流と放射による熱交換を行なっており，これと同じ量の熱交換をする均一温度の閉鎖空間の温度を作用温度（OT）という．

解説 (2) 人体の代謝量を示す指標として，**エネルギー代謝率（RMR）**が用いられ，単位は met（メット）で示す．**1 met（メット）**は，**椅座安静状態の代謝量で単位体表面積当たり 58 W** となる．

解答▶(2)

マスターPoint RMR は，作業状態によって異なり「その作業に要するエネルギーは，基礎代謝量に比べると何倍になるか」という数値で表している．

問題 7 環境工学

冬季における外壁の結露に関する記述のうち，適当でないものはどれか．

(1) 外壁に断熱材を用いると，熱貫流抵抗が大きくなり，結露を生じにくい．

(2) 外壁の室内側に繊維質の断熱材を設ける場合は，断熱材の室内側に防湿層を設ける．

(3) 多層壁の構造体の内部における各点の水蒸気分圧を，その点における飽和水蒸気圧より低くすることにより，結露を防止することができる．

(4) 暖房している室内では，一般的に，天井付近に比べて床付近の方が，結露を生じにくい．

解説 (4) 暖房している室内は，一般に，天井付近の温度が高く，床付近の温度が低くなる傾向があるため，床付近の温度の方が露点温度に近づきやすいため結露が生じやすくなる．

解答▶(4)

マスターPoint 湿り空気の水蒸気分圧が飽和水蒸気圧になると露点温度となり結露する．したがって，外壁を構成する仕上げ材の内部空隙における水蒸気分圧を，その点における飽和水蒸気圧より低くすると，内部結露を防止することができる．外壁の室内側に繊維質の断熱材を設ける場合は，室内の水蒸気圧が高い空気が壁体内に侵入しないように断熱材の室内側に防湿層を設けるとよい．

問題 8 環境工学

冬期暖房時における外壁の室内側表面結露及び内部結露に関する記述のうち，適当でないものはどれか．

(1) 室内側より屋外側の面積が大きくなる建物出隅部分は，他の部分に比べ室内側の表面温度が低下するため，表面結露を生じやすい．

(2) 窓ガラス表面の結露対策として，カーテンを掛け，窓ガラスを露出させないことが有効である．

(3) 繊維系断熱材を施した外壁における内部結露を防止するため，断熱材の室内側に防湿層を設ける．

(4) 外壁を構成する仕上げ材の内部空隙における水蒸気分圧を，その点における飽和水蒸気圧より低くすると，内部結露を防止することができる．

解説 (2) 窓ガラスが露出しないようにカーテンを掛けると，カーテンと窓ガラスの間の空気が滞留し，ガラス表面温度が露点温度以下になりやすくなり結露する．ガラスの室内側表面温度を上げるために窓ガラスがみえるよう隙間をとり，カーテン裏側（窓ガラス表面）に室内空気が流れ込むようにするとよい．

解答▶(2)

問題 9 環境工学

排水の水質に関する記述のうち，適当でないものはどれか．

(1) COD は，主に水中に含まれる有機物を酸化剤で化学的に酸化したときに消費される酸素量である．

(2) DO は，水中に存在する有機物に含まれる炭素量のことで，水中の総炭素量から無機性炭素量を差し引いて求める．

(3) 大腸菌は，病原菌が存在する可能性を示す指標として用いられている．

(4) SS は，浮遊物質量のことで，水の汚濁度を視覚的に判断する指標として使用される．

解説 (2) **DO（Dissolved Oxygen）とは溶存酸素**のことで，水中に溶存する酸素量をいい，水中の生物の呼吸や溶解物質の酸化等で消費される．**水中に存在する有機物に含まれる炭素量を示すのは TOC（Total Organic Carbon）全有機炭素量**と呼ばれるもので，水中の総炭素量から無機性炭素量を差し引いて求められる．

解答▶(2)

問題 10 環境工学

排水の水質に関する記述のうち，適当でないものはどれか．

(1) ヒ素，六価クロム化合物等の重金属は毒性が強く，水質汚濁防止法に基づく有害物質として排水基準が定められている．

(2) BOD は，河川等の水質汚濁の指標として用いられ，主に水中に含まれる有機物が酸化剤で化学的に酸化したときに消費する酸素量をいう．

(3) ノルマルヘキサン抽出物質含有量は，油脂類による水質汚濁の指標として用いられ，ヘキサンで抽出される油分等の物質量をいう．

(4) TOC は，水の汚染度を判断する指標として用いられ，水中に存在する有機物中の炭素量をいう．

解説 (2) **河川等の水質汚濁の指標**として用いられるのは，**BOD（Biochemical Oxygen Demand：生物化学的酸素要求量）**である．BOD は，**水中に含まれる腐敗性有機物が微生物（好気性微生物）によって消費される酸素量**で，値が大きいほど水質汚濁が進んでいる．

解答▶(2)

マスターPoint 湖沼や海域等の水質汚濁の指標には COD（Chemical Oxygen Demand：化学的酸素要求量）が用いられる．COD は，水中に含まれている有機物及び無機性亜酸化物の量を示す指標である．汚濁水を酸化剤で化学的に酸化させて，消費した酸化剤の量を測定して酸素量に換算して求める．

1 2 流体工学

1 流体の性質

1. 水の密度

流体の単位体積当たりの質量を示したものを密度 ρ〔kg/m^3〕といい，物体は温度の上昇に伴い体積が増加する傾向にあるが，標準大気圧のもとで水(純水)は，0℃から4℃までは温度上昇に伴い体積が減少し，4℃を超えると体積が増加していく．**水の密度は4℃が最大で ρ = 1 000 kg/m^3** となる．

2. 粘　性

⊕**温度と粘性**・・・運動している流体には，分子の混合及び分子間の引力が，流体相互間又は流体と固体の間に生じ，流体の運動を妨げる抵抗力（せん断応力・摩擦応力）が働く．この力を粘性という．粘性係数は流体の種類とその温度によって変わり，**気体（空気等）では温度上昇に伴って大きく**なり，**液体（水等）では小さく**なる．

⊕**動粘性係数**・・・流体運動における粘性の影響を比較する場合は，動粘性係数が用いられる．**動粘性係数 ν は，粘性係数 μ を密度 ρ で割った値である**．動粘性係数も粘性と同様に，液体（水等）は温度が上昇すると小さくなり，気体（空気等）では大きくなる．

3. ニュートン流体

粘性による摩擦応力が境界面と垂直方向の速度勾配に比例する流体のことをいう．一般に，**水や空気はニュートン流体**として取り扱う．

4. 圧縮性

流体の圧縮性は気体と液体では異なり，一般に**気体（空気）は圧縮性流体，液体（水）は非圧縮性流体**としている．

5. 表面張力と毛管現象

表面張力とは，液体の分子間の引力により，液体表面が収縮しようとする力をいい，この力によりコップの縁より盛り上がった水がこぼれなかったり，朝露で葉の上に水滴ができたりする．また，**液体を細管中に入れると管内の液面が上昇あるいは下降する現象を毛管現象**という．これは液体分子と固体分子との接触面での付着力と表面張力が生じるためで，**細管中の液面高さは表面張力に比例**する．

2 流体の運動

1．層流と乱流

流れについて大別すると，流動，渦動，及び波動があり，通常はこれらが複合した状態で流れている．また，流動は，**流体分子が規則正しく層を成した流れの層流**と，**流体分子が不規則に入り混じった流れの乱流**に分かれる．

2．レイノルズ数

管内を流れる流体の層流と乱流は，流速だけでなく，管内径や流体の粘性等で決まる．**層流と乱流の判定**には次式で求めた**レイノルズ数 *Re***が用いられる．

$$Re = \frac{v \cdot d}{\nu}$$

v：管内平均流速〔m/s〕，d：管内径〔m〕，ν：動粘性係数〔m/s^2〕

つまり，上式は**慣性力と粘性力の比**を表し，その値が**小さいときは層流**で，その値が**大きくなると乱流**になる．一般的な判断基準となる値は次のとおりである．

$Re \leqq 2\,320$……………層流

$2\,320 < Re < 4\,000$…不安定な流れ（このときのReを臨界レイノルズ数という）

$Re \geqq 4\,000$……………乱流

（下限臨界レイノルズ数としては2 320としているが，実用上は3 000を目安として判断してもよい）

なお，**水の温度が上昇すると動粘性係数νが小さくなるので，レイノルズ数*Re*は大きくなる**．

3．連続の法則

⊕**定常流**・・・流れの状態が**場所によって定まり，時間には無関係であるような流れ**をいう．

⊕**非定常流**・・・流れの状態が**時間とともに変化する流れ**をいう．

⊕**連続の式**・・・管内を流体が**定常流**で流れているときは，**単位時間に流れる質量はどの断面積においても一定**である（**質量保存則**）．

図1·3において，流量 Q〔m^3/s〕，断面積 A〔m^2〕，平均流速 v〔m/s〕，密度ρ〔kg/m^3〕とすると次式（連続の式）が成り立つ．

$$\rho Q = \rho A_1 v_1 = \rho A_2 v_2 \quad \Rightarrow \quad \boldsymbol{Q = A_1 v_1 = A_2 v_2 =} \textbf{一定}$$

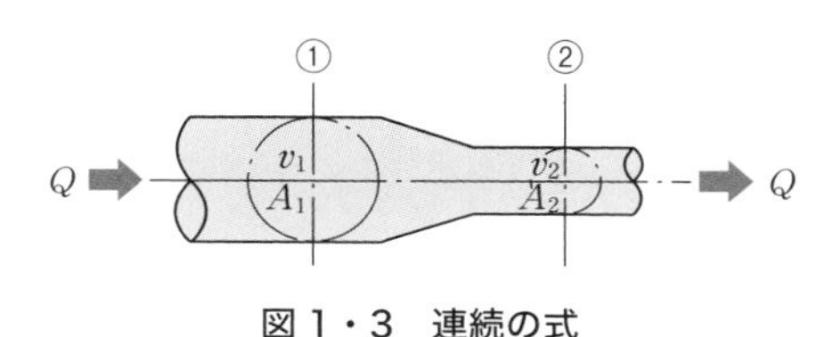

図1・3　連続の式

4. ベルヌーイの定理

ベルヌーイの定理は，**流体におけるエネルギー保存則を示したもの**である．非圧縮性で粘性を考慮しない流体（完全流体）の定常流において，重力以外に外力が働かない場合，流体のもっている**運動エネルギー，位置エネルギー及び圧力エネルギーの総和は，流線に沿って一定**であることを示している．**図1·4**のように断面と高さが変化する流管においては次式が成り立つ．

$$\frac{\rho v_1^2}{2} + p_1 + \rho g h_1 = \frac{\rho v_2^2}{2} + p_2 + \rho g h_2 = P = \text{一定} \quad \text{〔Pa〕}$$

v_1，v_2：流速〔m/s〕，　g：重力加速度〔m/s^2〕（≒ 9.8 m/s^2）

h_1，h_2：基準面から流心までの高さ〔m〕，

p_1，p_2：圧力〔Pa〕

ρ_1，　ρ_2：流体の密度〔kg/m^3〕

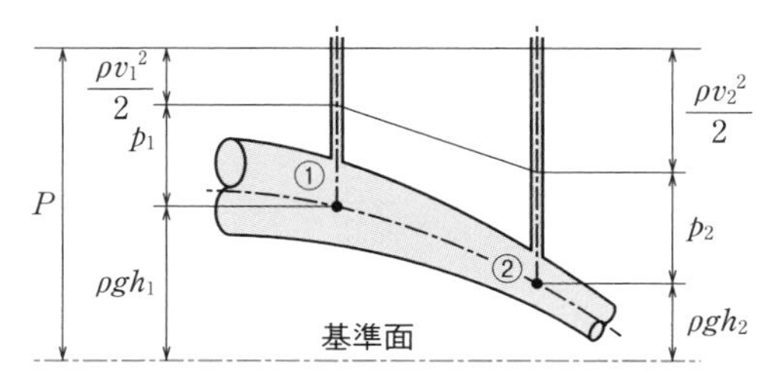

図1・4　ベルヌーイの定理

5. トリチェリーの定理

図 1·5 のように水槽下端の小穴（オリフィス）から流出する水の流速は，ベルヌーイの定理より求めると

$v = c\sqrt{2gH}$

v：小穴から流出する流速〔m/s〕

g：重力加速度〔m/s^2〕

H：水位高さ〔m〕，c：流量係数

となる．これがトリチェリーの定理で，小穴から流出する流速は，**水位高 H の 1/2 乗（平方根）に比例**する．

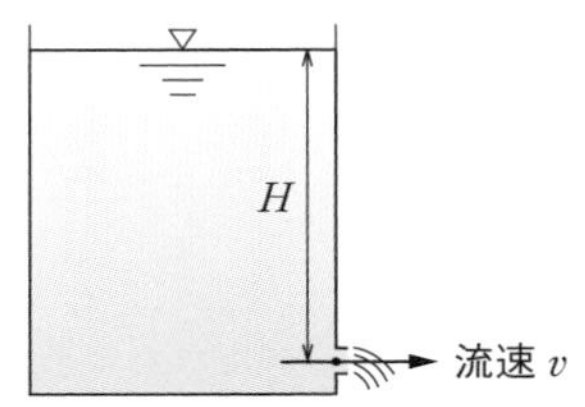

図 1・5　トリチェリーの定理

6. 流速計，流量計

⊕**オリフィス流量計**・・・管路の途中に**オリフィスを設け，その前後の管側壁に設けた小穴での静圧の差を求め，流量を算出する**ものである．

⊕**ベンチュリー計**・・・管の一部に**小口径の部分を設け，そのときの流れの変化に対し**，**ベルヌーイの定理と連続の式を用いる**ことで流量を求めることができる．このような装置をベンチュリー計と呼んでいる．管路の途中に絞り部を設け，**大口径部と小口径部の静圧の差**を測ることで**流量**を算定する．

⊕**ピトー管**・・・管路の中に置いた**二重管の先端に設けた小孔での全圧と，管側壁に設けた小孔での静圧との差（動圧）を求め**，流速を算出する．

ベルヌーイの式　⇒　全圧 = 静圧 + 動圧　⇒　動圧 = 全圧 − 静圧

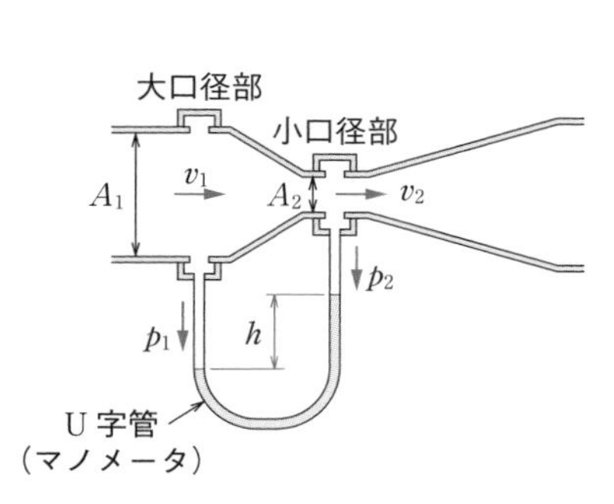

図 1・6　ベンチュリー計

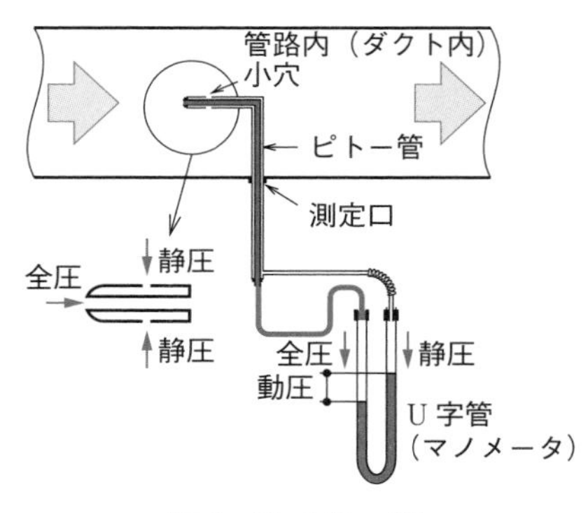

図 1・7　ピトー管

3 管路の流れ

1. 摩擦損失水頭（圧力損失）

⊕ダルシー・ワイスバッハの式

図1·8のように配管中を水が満水で流れる場合の直管部の圧力損失について，**管摩擦損失係数は一定とした場合，管路を流れる流体の摩擦による圧力損失Δpは，ダルシー・ワイスバッハの式**で求められる．

$$\Delta p = p_{s1} - p_{s2} = \lambda \frac{l}{d} \cdot \frac{\rho v^2}{2} \quad \text{〔Pa〕}$$

λ：管摩擦損失係数，l：管長〔m〕

d：管径〔m〕，v：流速〔m/s〕

ρ：流体の密度〔kg/m^3〕

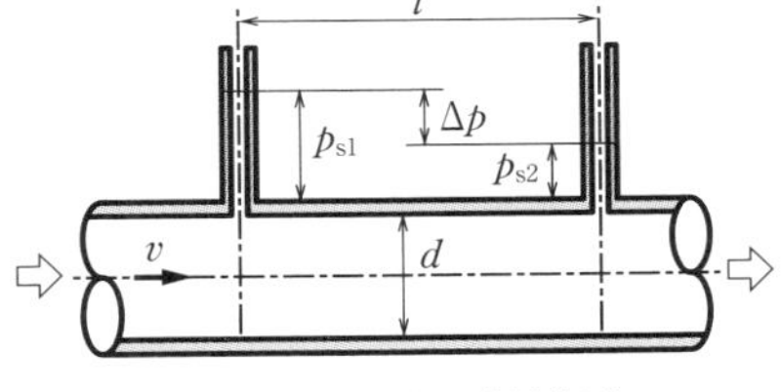

図1・8　直管の摩擦損失

- **管径が1/2倍**になると，**圧力損失は2倍**になる．
- **配管長が2倍**になると，**圧力損失は2倍**になる．
- **流速が2倍**になると，**圧力損失は4倍**になる．
- **管径，管長，流速が**それぞれ**2倍**になると，**圧力損失は**4倍になる．
- **流量が一定で配管径を1/2倍**にする．

2. ムーディ線図

摩擦損失係数λを求める実用的な線図である．摩擦損失係数λは，層流域ではレイノルズ数Reと管内壁の**相対粗さ**ε/d（管内表面の凸凹〔mm〕/管内径〔mm〕）に関係する．また，層流状態でのレイノルズ数と管摩擦係数λの関係は，$\boldsymbol{\lambda = 64/Re}$で表され，**レイノルズ数が大きくなると管摩擦係数は小さく**なる．

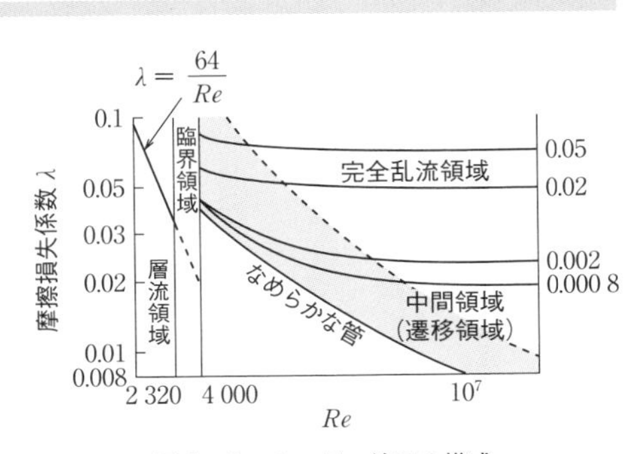

図1・9　ムーディ線図の構成

3. ウォータハンマ

管路における**水の流れを急に止めた場合，水の運動（速度）エネルギーが圧力エネルギーに変わり，管内に急激な圧力上昇が生ずる現象**をウォータハンマ（水撃現象）といい，管及び付属品などに損傷を与えることがある．給水配管等における**水撃作用による圧力上昇 h は，ジューコフスキーの式**で表される．

$$h = \frac{aV_0}{g} = \frac{V_0}{g}\sqrt{K/\rho(1 + KD/ES}$$

a：圧力波の伝播速度〔m/s〕，V_0：弁閉止前の流速〔m/s〕
g：重力加速度〔m/s^2〕，ρ：水の密度〔kg/m^3〕
K：水の体積弾性係数〔Pa〕，D：管の内径〔m〕
E：配管材料の縦弾性係数（ヤング率）〔Pa〕
S：管壁の厚さ〔m〕

- 水撃作用のときに生じる**圧力波の伝播速度**は，**管の内径に関係**する．
- 弁閉止時に生じる**水撃圧力**は，**弁閉止前の流速に比例**する．
- **水撃圧力**は，配管材料の**縦弾性係数（ヤング率）が大きいほど大きく**なる（例えば，鋼管と塩ビ管では**ヤング率は塩ビ管より鋼管のほうが大きい**ので**水撃圧力は鋼管のほうが大きい**）．
- **水撃圧力は，圧力波の伝播速度に比例**する．

必ず覚えよう

❶ 動粘性係数は，粘性係数を流体の密度で除した値である．
❷ レイノルズ数は，流体に作用する慣性力と粘性力の比で示される．数値が小さいときは層流，大きいときは乱流となる．層流と乱流が入り混じる不安定な状態は臨界レイノルズ数で表す．
❸ ウォータハンマは，管路における水の流れを急に止めた場合，水の運動（速度）エネルギーが圧力エネルギーに変わり，管内に急激な圧力上昇が生ずる現象である．液体の密度，圧力波の伝播速度，弁閉止前の流速などに関係する．
❹ ベルヌーイの定理（流体のエネルギー保存則）は，全圧〔Pa〕＝動圧＋静圧＝一定で示される．また，動圧〔Pa〕＝（流体の密度）×（流速）^{2} ÷ 2 で求める．
❺ ダルシー・ワイスバッハの式は，流体が水平管路の直管部を流れている場合の圧力損失を示し，管路の長さに比例，管径に反比例，流速の二乗に比例する．

問題1 流体工学

流体に関する記述のうち，適当でないものはどれか．

(1) キャビテーションとは，流体の静圧が局部的に飽和蒸気圧より低下し，気泡が発生する現象をいう．

(2) カルマン渦とは，一様な流れの中に置いた円柱等の下流側に交互に発生する渦のことをいう．

(3) 流体の粘性による摩擦応力の影響は，一般的に，物体の表面近くで顕著に現れる．

(4) 粘性流体の運動に影響を及ぼす動粘性係数は，粘性係数を流体の速度で除した値である．

解説 (4) 粘性流体の運動に影響を及ぼす**動粘性係数は，粘性係数を流体の密度で除した値**である．なお，水の粘性係数は，水温の上昇とともに小さくなり，空気の粘性係数は，水温の上昇とともに大きくなるため動粘性係数にも影響する．

解答▶(4)

問題2 流体工学

流体におけるレイノルズ数に関する文中，[　　]内に当てはまる用語の組合せとして，適当なものはどれか．

レイノルズ数は，流体に作用する慣性力と[A]の比で表され，管内の流れにおいて，その値が大きくなり臨界レイノルズ数を超えると[B]になる．

(A)　　(B)

(1) 粘性力——層流

(2) 粘性力——乱流

(3) 圧縮力——層流

(4) 圧縮力——乱流

解説 レイノルズ数 Re は，流れが層流か乱流かの判定に用いられ，次式で求められる．

$Re = v \cdot d / \nu$　（無次元数）

ここに，v：平均流速〔m/s〕，d：管径〔m〕

ν：動粘性係数〔m^2/s〕

上式より，v（平均流速）と d（管径）の積は慣性力で，ν（動粘性係数）は粘性力なので，**慣性力と粘性力の比**で表される．**Re が小さいときは層流**で，**大きくなると乱流**になる．**層流と乱流が入り混じる不安定な状態は臨界レイノルズ数**で表し，これを超えると乱流になる．

解答▶(2)

問題 3　流体工学

流体に関する記述のうち，適当でないものはどれか．

(1) 密閉容器内に静止している流体の一部に加えた圧力は，流体のすべての部分にそのまま伝わる．

(2) 管路に流れる液体の密度が小さいほど，管路閉止時の水撃圧は高くなる．

(3) ニュートン流体とは，粘性による摩擦応力が速度勾配に比例する流体をいう．

(4) レイノルズ数は，流体に作用する慣性力と粘性力の比で表される無次元数で，流体の平均流速に比例する．

解説 (2) 管路を流れる液体の**水撃作用による圧力上昇**（**水撃圧**）h は，次のジューコフスキーの式で表される．

$h = \rho_0 \cdot a \cdot V_0$

ここに，ρ_0：液体の密度〔kg/m^3〕，a：圧力波の伝播速度〔m/s〕

V_0：弁閉止前の流速〔m/s〕

したがって，**液体の密度が大きくなると水撃圧も高くなる**．

解答▶(2)

マスターPoint 管路における水の流れを急に止めた場合，水の運動（速度）エネルギーが圧力エネルギーに変わり，管内に急激な圧力上昇が生ずる現象をウォータハンマという．圧力波の伝播速度は，配管材料の縦弾性係数（ヤング率）が大きいほど大きくなり，ウォータハンマが発生しやすくなる．一般に，鋼管と硬質塩化ビニル管を比べると，鋼管の方が縦弾性係数は大きいのでウォータハンマが発生しやすい．

問題 4 流体工学

非圧縮性の完全流体の定常流に関する文中，［　　］内に当てはまる用語の組合せとして適当なものはどれか．

流路断面積を連続的に変化させたくびれのある水平管路において，流路断面積が最小となる場所では，流体の［A］が最大，［B］が最小となる．

（A）　（B）

(1) 流速——静圧
(2) 流速——全圧
(3) 流量——静圧
(4) 流量——全圧

解説 流路断面積を連続的に変化させたくびれのある水平管路を非圧縮性の完全流体が定常流で流れている場合，ベルヌーイの定理が成立する．流路断面積が最小となる場所では，流速が最大となり，静圧が最小となる．

解答▶(1)

問題 5 流体工学

図に示す水平な管路内を空気が流れる場合において，A 点と B 点の間の圧力損失 ΔP の値として適当なものはどれか．ただし，A 点における全圧は 80 Pa，B 点の静圧は 10 Pa，B 点の流速は 10 m/s，空気の密度は 1.2 kg/m³ とする．

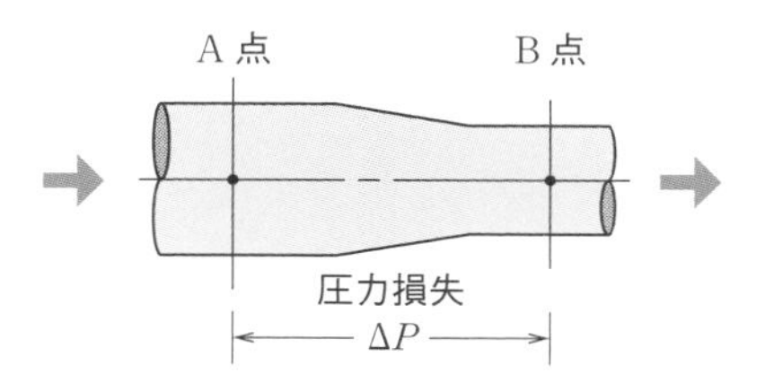

(1) 5 Pa　(2) 10 Pa　(3) 15 Pa　(4) 20 Pa

解説 A 点と B 点の圧力損失 ΔP は，A 点の全圧 P_{t1} から B 点の全圧 P_{t2} を差引いた値となる．次の① ～ ③の手順で求めるとよい．

①B 点の動圧：$P_{d2} = \rho \cdot v^2/2 = 1.2 \times 10^2 \div 2 = 60$ Pa

②B 点の全圧：$P_{t2} = P_{s2} + P_{d2} = 10 + 60 = 70$ Pa

③A 点と B 点の圧力損失：$\Delta P = P_{t1} - P_{t2} = 80 - 70 = 10$ Pa

となる．よって，(2) が適当である．

解答▶(2)

問題 6 流体工学

管路内の流体に関する文中，[　　]内に当てはまる用語の組合せとして，適当なものはどれか．

流体が管路の直管部を流れるとき，[A]のため流体摩擦が働き，圧力損失が生じる．この圧力損失は，ダルシー・ワイスバッハの式により，平均流速の 2 乗に[B]する．

	(A)	(B)		(A)	(B)
(1)	粘性	比例	(3)	慣性	比例
(2)	粘性	反比例	(4)	慣性	反比例

解説 流体が水平管路の直管部を流れている場合，**粘性**のために流体摩擦が働き，**圧力損失**が生じる．この**圧力損失** Δp〔Pa〕は，次に示す**ダルシー・ワイスバッハの式**で求められる．

$$\Delta p = \lambda \left(\frac{l}{d}\right)\left(\frac{\rho v^2}{2}\right)$$

ここに，λ：管摩擦損失係数，l：管長〔m〕，d：管径〔m〕

v：平均流速〔m/s〕，ρ：流体の密度〔kg/m³〕

上式より，平均流速の 2 乗に**比例**することになる．

解答▶(1)

圧力損失 Δp の変化については次のようになる．

- 管長 2 倍になると圧力損失は 2 倍になる．管長 1/2 倍になると圧力損失は 1/2 倍になる．
- 管径 2 倍になると圧力損失は 1/2 になる．管径 1/2 倍になると圧力損失は 2 倍になる．
- 流速 2 倍になると圧力損失は 4 倍になる．流速 1/2 倍になると圧力損失は 1/4 倍になる．

問題 7 流体工学

流体が直管路を流れている場合，流速が 1/2 倍となったときの摩擦による圧力損失の変化の割合として，適当なものはどれか．ただし，圧力損失は，ダルシー・ワイスバッハの式によるものとし，管摩擦係数は一定とする．

(1)1/4 倍　(2)1/2 倍　(3)2 倍　(4)4 倍

解説 ダルシー・ワイスバッハの式により，**圧力損失** Δp〔Pa〕は次式で求められる．

$$\Delta p = \lambda\left(\frac{l}{d}\right)\left(\frac{\rho v^2}{2}\right)$$

ここに，λ：管摩擦損失係数，l：管長〔m〕，d：管径〔m〕

v：平均流速〔m/s〕，ρ：流体の密度〔kg/m^3〕

上式より，圧力損失 Δp は管摩擦係数，管長，流体の密度，流速の 2 乗に比例し，管径に反比例することになる．したがって，**流速が 1/2 倍になると圧力損失は 1/4 倍**になる．

解答▶(1)

問題 8 流体工学

流体に関する用語の組合せのうち，関係のないものはどれか．

(1) レイノルズ数――――――――――粘性力

(2) ベルヌーイの定理――――――――エネルギーの保存

(3) ダルシー・ワイスバッハの式――圧力損失

(4) トリチェリーの定理――――――毛管現象

解説 **トリチェリーの定理**は，断面積が大きい開放水槽において，流出孔における流速を求めるときに適用できる定理である．水面と流出孔との流線においては，**ベルヌーイの定理**が成り立ち，流出孔における流速 v〔m/s〕は，水面から流出孔までの高さの位置エネルギー（位置水頭 = H〔m〕）がすべて運動エネルギー（速度水頭 = $\frac{v^2}{2g}$〔m〕）となる．これにより v〔m/s〕を求めると $v = \sqrt{2gH}$ となる．これが**トリチェリーの定理**である．したがって，毛管現象と関係はない．

解答▶(4)

マスターPoint 毛管現象は，液体を細管中に入れたとき，液体分子と固体表面の接触面で付着力と表面張力が生じ，管内の液面が上昇あるいは降下する現象のことである．

1 3 熱工学

1 基本事項

1. 温　度

標準大気圧のもとで純水の凍る温度を0℃，沸騰する温度を100℃とし，この間を100等分した目盛が**摂氏温度**である．また，理想気体は，容積が一定のもとでは温度が1℃下がるごとに0℃の圧力の1/273.15ずつ減圧され，−273.15℃になると分子運動が停止する．このときの温度を熱力学的に最低の温度として，これを0K（ケルビン）として測ったのが**絶対温度**である．絶対温度〔K〕= 273.15 + 摂氏温度〔℃〕の関係となる．

2. 熱　量

⊕**熱量の単位**・・・**国際単位（SI）系**ではJ（ジュール）を用いる．**標準大気圧のもとで1 kgの純水の温度を1℃上げるのに必要な熱量**は4.186 kJ ≒ 4.2 kJである．

⊕**定圧比熱と定容比熱**・・・気体の比熱には，**圧力を一定にしながら加熱したときの定圧比熱**と，**容積を一定に保ちながら加熱したときの定容比熱**がある．一般に比熱というと**定圧比熱**をいい，定容比熱より大きい値となる．

水の比熱 ≒ 4.2 kJ/(kg·K)　空気の定圧比熱 ≒ 1.0 kJ/(kg·K)

⊕**顕　熱**・・・**物体の温度を上昇させるために費やされる熱量**のこと．

⊕**潜　熱**・・・**温度上昇を伴わない物体の状態変化（図1·8）のみに費やされる熱量**のこと．

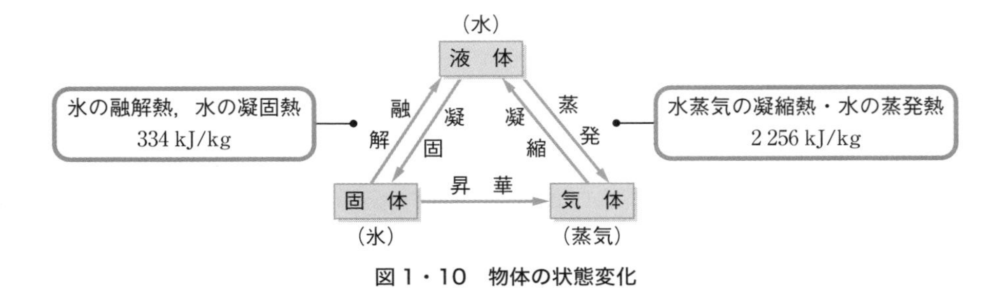

図1・10　物体の状態変化

3. 熱力学の諸法則等

⊕**熱力学の第一法則**・・・エネルギー保存則に基づき，熱と仕事はともにエネルギーの一種であるから，相互の変換が可能である．すなわち，機械的仕事は熱に変えることができ，熱は機械的仕事に変えることができる．

⊕**熱力学の第二法則**・・・熱の流れの方向性を示したもので，熱と仕事の変換の難易さを経験的に示したものである．

① 熱は高温の物体から低温の物体に移動するが，それ自体では低温の物体から高温の物体への移動ができない（**クラウジウスの原理**）．

② 熱を仕事として連続的に利用するには，高温の物体から低温の物体に移動する途中で，その一部を仕事として取り出すしかない（熱をすべて仕事に変えることはできない）．

⊕**カルノーサイクル**・・・等温膨張→断熱膨張→等温圧縮→断熱圧縮の四つの可逆過程（サイクル）をいう．

⊕**ゼーベック効果**・・・2種類の金属を用いて回路をつくり，一方の接点を加熱，もう一方の接点を冷却すると起電力が生じて電流が流れる現象をいう．温度測定で用いられる熱電対はこの現象を利用したもので，一般に白金線と白金ロジウム線を接合したものが用いられている．

⊕**ペルチェ効果**・・・2種類の金属の接触面を通して弱電流が流れるとき，熱が発生したり吸収されたりする現象をいう．電子冷凍はこれを応用したものである．

⊕**線膨張係数と体膨張係数**・・・一般に物体は温度が上昇するとすべての方向に長さが増加して体積も増加する．このとき温度1℃上昇するごとの単位長さ当たりの伸びを線膨張係数（α），単位体積当たりの体積膨張の大きさを体膨張係数（β）という．両者の関係は，**体膨張係数は線膨張係数の約3倍**となる．20℃における**コンクリートと鉄の線膨張係数は，ほとんど同じ**である．

2 伝　熱

1. 熱の伝わり方

熱の伝わり方には伝導，対流，ふく射の三つがあり，一般に物体間の伝熱は，それぞれ単独で起こることは少なく，互いに相伴って生じる．

⊕**伝　導**・・・固体内部において，高温部から低温部へ熱が伝わる現象である．

⊕**対　流**・・・**温度による密度差によって熱が移動して伝わる現象**が対流である．対流は，空気や水のような媒体がないと生じない．

⊕**放　射**・・・すべての物体は，**その温度が 0 K（−273.15 ℃）でない限り，その温度に応じて表面から電磁エネルギーの形で放射エネルギーを発散又は吸収している**．この現象が放射（ふく射）である．放射エネルギー（完全黒体の全波長エネルギー）は，**絶対温度の 4 乗に比例**する（**ステファン・ボルツマンの法則**）．このときの放射エネルギーの伝搬には空気などの**媒体の存在は必要としない**ため，真空中でも生じる．

2. 壁体の熱通過

図 1·11 は，建築の壁体などを通過する過程を示したものである．

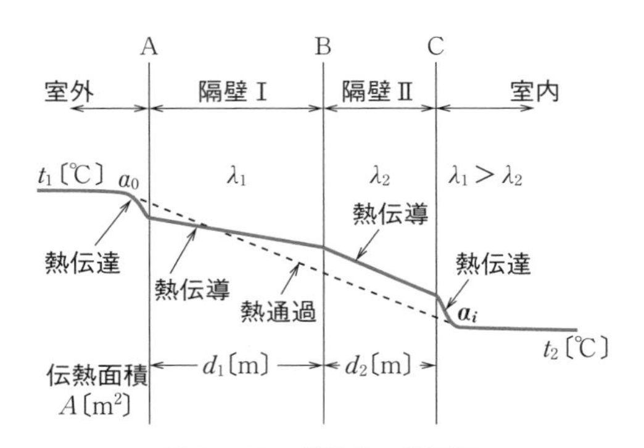

図 1・11　構造体の熱通過

⊕**熱伝導**・・・**固体（材料）の中を熱が高温部から低温部へ伝わる現象**をいい，材料の熱の伝わりやすさの程度で表したものを**熱伝導率** λ〔W/(m·K)〕という．

⊕**熱伝達**・・・**流体（空気等）から固体の表面へ**，あるいは**固体表面から流体へ伝わる現象**をいう．**熱伝達率** α〔W/(m²·K)〕は対流, 伝導, ふく射を含んだ値で, 固体（材料）表面の流速（風速）によって異なる．

⊕**熱通過**・・・**固体（壁体等）の両側の流体温度が異なるとき，高温側から低温側へ熱が通過する現象**で，**熱伝達→熱伝導→熱伝達の 3 過程**をとる．**熱通過率** K **〔W/(m²·K)〕は壁体の熱の流れやすさ**を示す値で，次式で求められる．

$$K = 1/\{(1/\alpha_o) + \Sigma(d/\lambda) + (1/\alpha_i)\}$$

α_o：外気側熱伝達率〔W/(m²·K)〕，α_i：室内側熱伝達率〔W/(m²·K)〕

d：材料の厚さ〔m〕，λ：材料の熱伝導率〔W/(m·K)〕

3 燃 焼

燃料（化石燃料）の生成分は炭素，水素，酸素，窒素，硫黄等で，空気中の酸素との酸化反応により燃焼する．

1. 理論空気量

燃焼は燃料の酸化反応であるから，**反応に必要な酸素が連続的に供給されないと完全燃焼にならない**．このときの**燃料を完全燃焼させるために理論的に必要な最小空気量を理論空気量**という．

2. 空気過剰率

実際の燃焼では，**燃料と酸素の接触をよくするため，理論空気量より多くの過剰空気が必要**となる．**空気過剰率**は，燃料の種別，燃焼方式などにより異なるが，一般的には，**固体燃料 ＞ 液体燃料 ＞ 気体燃料**となる．**空気過剰率が大きすぎると，廃ガスによる熱損失が増大**する．

3. 燃料の発熱量

燃料が燃焼（完全燃焼）したときに発生する熱量のことをいい，単位は単位重量又は単位体積当たりの発熱量（W）で表す．

- **高発熱量・・・燃焼ガス中の水蒸気の凝縮熱（潜熱）を含んだ発熱量**のことで，燃料が完全燃焼したときに発生する熱量で**総発熱量**ともいう．
- **低発熱量・・・燃焼ガス中の水蒸気の凝縮熱（潜熱）を含まない発熱量**のことをいい，**真発熱量**ともいう．熱機関で利用できる熱量で，熱効率の計算などに用いられる．

4 冷 凍

1. モリエ線図と圧縮式冷凍サイクル

縦軸に絶対圧力，横軸に比エンタルピーをとり，冷媒の特性を示したものがモリエ線図（p–h 線図）である．モリエ線図上に冷凍サイクルを示すと**図 1·12** のようになる．冷凍機は，**蒸発器→圧縮機→凝縮器→膨張弁**の四つの主要機器から構成され，冷媒はこれらを循環することにより冷凍サイクルを形成している．

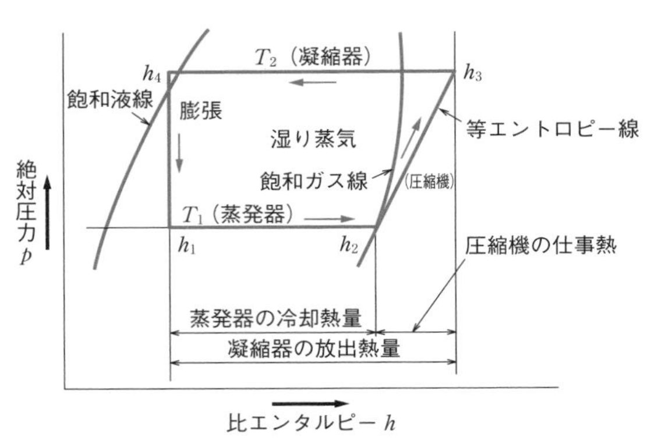

図1・12　モリエ線図上の冷凍サイクル（例）

2. 成績係数（COP）

冷凍機などのエネルギー消費効率の目安となるものをいい，蒸発温度を T_1，凝縮温度を T_2 とすると，理論的冷凍サイクルの成績係数は，$\dfrac{T_1}{T_2 - T_1}$ となる．理論的ヒートポンプの成績係数は，$\dfrac{T_2}{T_2 - T_1}$ となり，1より大きい値になる．

3. 吸収式冷凍機

吸収式冷凍機の原理は，**冷媒は水**で，**機内を負圧**（**真空に近い**）**状態に保つ**ことで，水を低圧（低温）で蒸発するようにしている．低温で蒸発した水蒸気は**吸収剤**（**臭化リチウム**）に吸収され薄臭化リチウムとなる．次に再生器で濃臭化リチウムと水（高温水蒸気）に再生される（**図1・13**）．

再生器によって単効用や二重効用があるが**二重効用**タイプのものが一般的である．**冷温水発生機**はこの原理を利用したもので，**1台で冷水や温水**を取り出すことができる．機内が負圧なのでボイラー技士のような有資格者を必要としない．

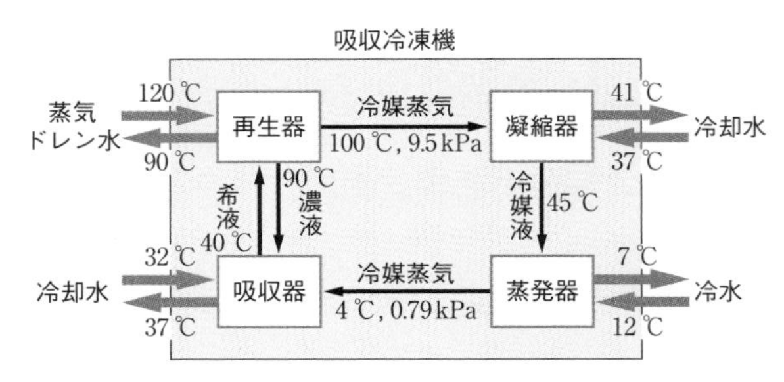

図1・13　吸収冷凍機の原理（例）

5 湿り空気

1. 湿り空気の性質

⊕**理想気体とボイル・シャルルの法則**・・・「**一定量の気体の体積は圧力に反比例し，絶対温度に正比例する**」ことを**ボイル・シャルルの法則**といい，この法則に従う気体のことを**理想気体**という．大気は**湿り空気**と呼ばれ，**乾き空気と水蒸気が混合**したもので理想気体として扱う．

⊕**ダルトンの法則**・・・**混合気体は，それぞれの気体のもつ圧力を加えた圧力**（$P_1 + P_2 + P_3 \cdots$）となる．このときの各気体の圧力を**分圧**という．湿り空気は**乾き空気分圧**と**水蒸気分圧**がある．

2. 湿り空気線図

⊕**湿り空気線図の構成**（**図 1·14，1·15**）

- **乾球温度**：乾いた感熱部をもつ温度計で測定した温度である．
- **湿球温度**：感温部を水で湿らせた布で覆った温度計で測定した温度である．
- **比容積**：乾き空気 1 kg（DA）当たり占める容積〔m^3〕で表す．一般に 20 ℃の比容積 ≒ 0.83 m^3/kg（DA）を用いる．
- **相対湿度**：関係湿度ともいい，ある空気の**飽和状態における水蒸気分圧**に対する，ある状態の**水蒸気分圧の比**で表す．
- **絶対湿度**：湿り空気中の**乾き空気 1 kg（DA）に含まれる水蒸気量〔kg〕**で表す（DA は乾き空気を示す）．
- **比エンタルピー**：ある状態における湿り空気の保有する乾き空気中の熱量（**顕熱**）と水蒸気中に含まれる熱量（**潜熱**）の和，すなわち**全熱**のことである．
- **水蒸気分圧**：混合気体の示す全圧力は，乾き空気と水蒸気が単独にあるときのそれぞれの分圧の和に等しく（ダルトンの法則），このときの水蒸気のもつ圧力のことである．
- **熱水分比**：**比エンタルピーの変化量と絶対湿度の変化量との比**で表す．
- **顕熱比**：**全熱（顕熱 + 潜熱）に対する顕熱の割合**を表す．
- **飽和湿り空気**：**乾球温度と湿球温度が同じ温度**の空気をいう．
- **露点温度**：湿り空気中の水蒸気分圧に等しい水蒸気分圧をもつ飽和湿り空気の温度をいう．ある空気が**結露する温度**のことである．

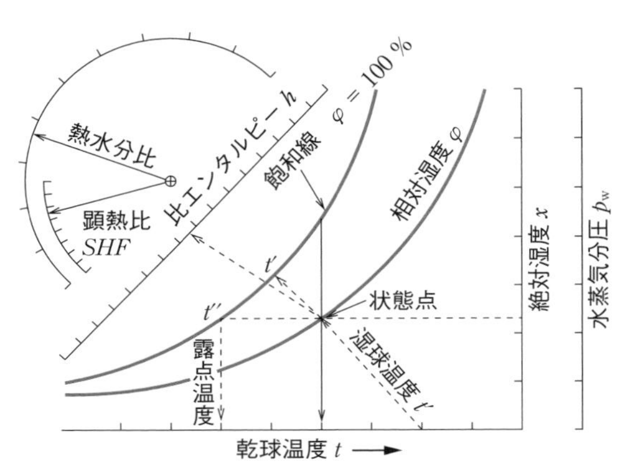

図1・14　湿り空気線図の構成

❶ カルノーサイクルは，等温膨張，断熱膨張，等温圧縮，断熱圧縮の 4 つの可逆過程から構成される．断熱膨張では，気体の温度が降下し，断熱圧縮では気体の温度が上昇する．

❷ ステファン・ボルツマンの法則は，物体が電磁波の形で熱エネルギーを放射あるいは吸収する現象を熱放射といい，物体からの放射エネルギーは物体表面温度の 4 乗に比例する．熱放射は熱を伝える媒体は不要である．

❸ 熱伝導とは，固体内の熱移動をいい，熱伝導は，固体の材質，材料の厚さ，固体内の高温部と低温部の温度差の影響を受ける．

❹ 熱伝達とは，流体と壁面の間の熱移動現象といい，対流による熱伝達（対流熱伝達）と放射による熱伝達（放射熱伝達）がある．外的駆動力による強制対流時の流体と壁面の間の熱移動現象を強制対流熱伝達という．

❺ 燃焼における空気過剰率は，一般に，固体燃料 > 液体燃料 > 気体燃料となる．また，空気過剰率が大きいほど熱損失が大きくなる．

❻ 圧縮式冷凍サイクルでは，蒸発温度（蒸発圧力）が低い場合や，凝縮温度（凝縮圧力）が高い場合は，成績係数が小さくなる．

❼ 電気ヒーターや温水コイルで湿り空気を加熱すると，絶対湿度は変化せず，乾球温度は上がり，相対湿度は下がる．

❽ 固体吸着減湿器（シリカゲル）で湿り空気を減湿すると，湿り空気の状態変化は，水分を吸着する際に吸着熱を発生するため，絶対湿度は下がり，乾球温度は上がる．

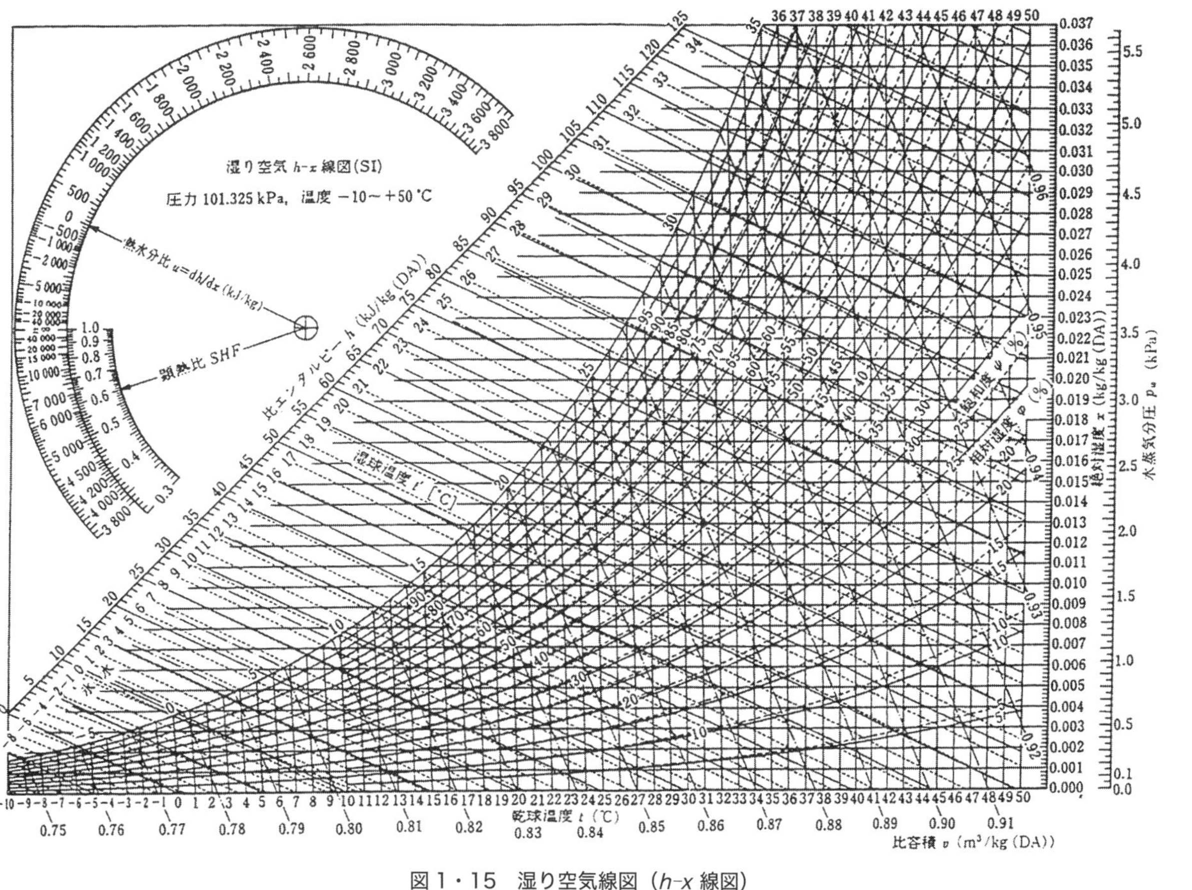

図1・15 湿り空気線図（h–x 線図）

問題 1 熱工学

熱に関する記述のうち，適当でないものはどれか．

(1) 固体や液体では，定圧比熱と定容比熱はほぼ同じ値である．

(2) 気体を断熱圧縮させた場合，その温度は上昇する．

(3) 結晶が等方性を有する固体の体膨張係数は，線膨張係数のほぼ3倍である．

(4) 圧縮式冷凍サイクルでは，蒸発温度を低くすれば，成績係数は大きくなる．

解説 (4) 圧縮式冷凍サイクルでは，**成績係数は蒸発温度を低くすると小さくなる．**

解答▶(4)

問題 2 熱工学

下図に示す，熱機関のカルノーサイクルに関する記述のうち，適当でないものはどれか．

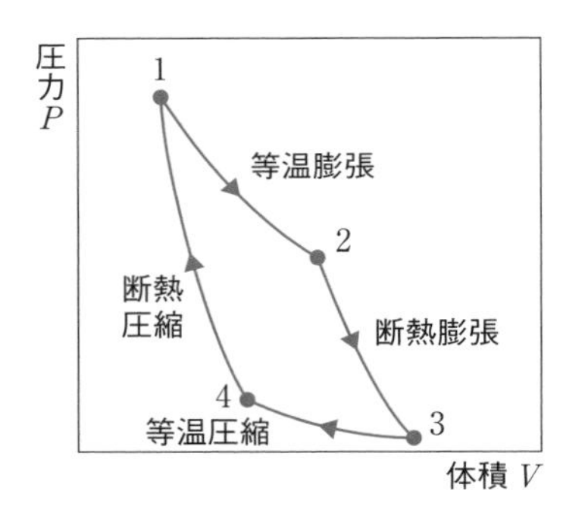

(1) カルノーサイクルは，等温膨張，断熱膨張，等温圧縮，断熱圧縮の四つの可逆過程から構成される．

(2) カルノーサイクルは，高温熱源と低温熱源の温度差が大きいほど効率が高くなる．

(3) 等温膨張では，外部から熱量を受け取り，等温圧縮では，熱量を外部に放出する．

(4) 断熱膨張では，気体の温度が上昇し，断熱圧縮では気体の温度が低下する．

(4) 断熱膨張では，気体の温度が低下し，断熱圧縮では気体の温度が上昇する．

解答▶(4)

マスターPoint カルノーサイクルの熱効率 η は次式で求められる．

$$\eta = W/Q_1 = \frac{Q_1 - Q_2}{Q_1} = \frac{T_1 - T_2}{T_1}$$

ここに，W：仕事〔J〕，
Q_1：高温熱源から受けた熱量〔J〕
Q_2：低温熱源に廃棄された熱量〔J〕
T_1：高温熱源の絶対温度〔K〕
T_2：低温熱源の絶対温度〔K〕

したがって，高温熱源と低温熱源の温度差（$T_1 - T_2$）が大きいほど効率は高くなる．

問題 3 熱工学

熱に関する用語の組合せのうち，関係のないものはどれか．

(1)気体の状態式————ボイル・シャルルの法則
(2)熱力学の第二法則——エントロピー
(3)熱伝導——————ステファン・ボルツマン定数
(4)熱伝達——————ニュートンの冷却則

解説 (3) **熱伝導**とは，異なる温度の物質間あるいは物質内部において，高温側から低温側に熱エネルギーが伝わる現象をいう．等質な材料でできた両面が平行な平面壁の熱流においては，**フーリエの法則**が成り立つ．

解答▶(3)

ステファン・ボルツマンの法則は熱放射の法則で，物体が電磁波の形で熱エネルギーを放射あるいは吸収する現象を熱放射といい．物体からの放射エネルギーは物体温度の 4 乗に比例する．

問題 4 熱工学

伝熱に関する記述のうち，適当でないものはどれか．

(1) 強制対流熱伝達とは，外的駆動力による強制対流時の流体と壁面の間の熱移動現象をいう．

(2) 固体内の熱移動には，高温部と低温部の温度差による熱伝達と放射による熱伝達がある．

(3) 固体壁両側の気体間の熱通過による熱移動量は，気体の温度差と固体壁表面の面積に比例する．

(4) 熱放射は，電磁波によって熱エネルギーが移動するため，熱を伝える物質は不要である．

解説 (2) 固体内の熱移動を熱伝導という．**熱伝導は，固体の材質，材料の厚さ，固体内の高温部と低温部の温度差の影響を受ける．**放射による熱伝達の影響は受けない．

解答▶(2)

マスターPoint 固体壁両側の気体間の熱通過による熱移動量 Q〔W〕は次式で求めることができる．

$Q = K \cdot A \cdot \Delta t$〔W〕

ここに，K：固体壁の熱通過率〔$W/(m^2 \cdot K)$〕, A：固体壁表面の面積〔m^2〕

Δt：気体の温度差

熱通過による熱移動量は，気体の温度差と固体壁表面の面積に比例する．

問題 5 熱工学

燃焼に関する記述のうち，適当でないものはどれか．

(1) ボイラーの燃焼において，空気過剰率が大きいほど熱損失は小さくなる．

(2) 燃焼ガス中の窒素酸化物の量は，低温燃焼時よりも高温燃焼時の方が多い．

(3) 不完全燃焼時における燃焼ガスには，二酸化炭素，水蒸気，窒素酸化物のほか，一酸化炭素等が含まれている．

(4) 低発熱量とは，高発熱量から潜熱分を差し引いた熱量をいう．

解説 (1) ボイラーの燃焼において，**空気過剰率が大き過ぎると廃ガスによる熱損失が増大し，小さ過ぎると不完全燃焼**が生じる．適切な余剰空気が必要である．

解答▶(1)

問題 6 熱工学

冷凍に関する記述のうち，適当でないものはどれか．

(1) 冷凍とは，物質あるいは空間を周囲の大気温度以下の所定温度に冷却する操作をいう．

(2) 冷媒による冷凍とは，冷凍すべき物体から冷媒が蒸発する際に必要とする顕熱を奪うことである．

(3) 現在，冷凍に広く使用されている冷媒には，アンモニア，フロン，ハイドロカーボン，水などがある．

(4) 冷媒の状態変化を表したモリエ線図は，縦軸に絶対圧力，横軸に比エンタルピーをとったもので，冷媒の特性を分析する場合などに用いられる．

解説 (2) 冷媒による冷凍とは，冷凍すべき物体から**冷媒が蒸発する際に必要とする潜熱**によって物体を冷やすことである．

解答▶(2)

問題 7 熱工学

湿り空気に関する記述のうち，適当でないものはどれか．

(1) 湿り空気を固体吸着減湿器（シリカゲル）で減湿する場合，湿り空気の状態変化は，一般的に，乾球温度一定の変化としてよい．

(2) 湿り空気を水噴霧加湿器で加湿する場合，湿り空気の状態変化は，近似的に湿球温度一定の変化としてよい．

(3) 湿り空気を蒸気加湿器で加湿する場合，湿り空気の状態変化における熱水分比は，水蒸気の比エンタルピーと同じ値としてよい．

(4) 熱水分比とは，湿り空気の状態変化における比エンタルピーの変化量の絶対湿度の変化量に対する比をいう．

解説 (1) 湿り空気を**固体吸着減湿器（シリカゲル）**で減湿する場合，湿り空気の状態変化は，水分を吸着する際に吸着熱を発生するため，右図①のように**絶対湿度は下がり，乾球温度は上昇**する．

解答▶(1)

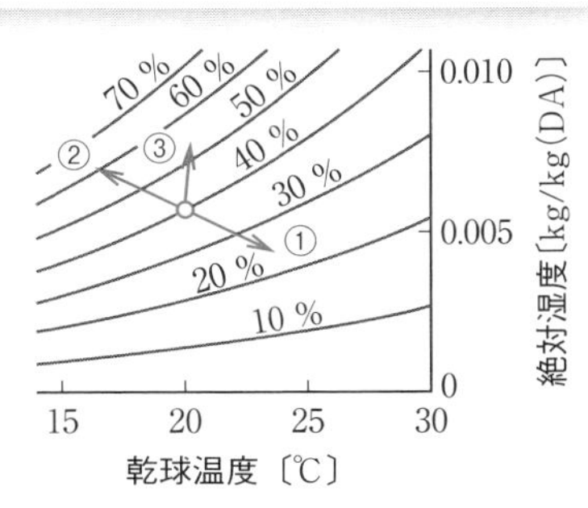

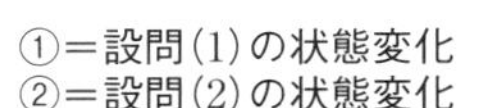
①＝設問(1)の状態変化
②＝設問(2)の状態変化
③＝設問(3)の状態変化

問題 8 熱工学

湿り空気に関する記述のうち，適当でないものはどれか．

(1) 電気加熱器で加熱した場合，相対湿度は変化しない．

(2) 飽和湿り空気では，乾球温度と湿球温度は等しい．

(3) 比エンタルピーを一定に保ちながら相対湿度をあげた場合，乾球温度は降下する．

(4) シリカゲルを用いた固体吸着減湿を行った場合，吸着熱が発生するため乾球温度は上昇する．

解説 (1) 電気加熱器で加熱した場合は，絶対湿度一定の変化（下図①）となり，乾球温度は上がり，相対湿度は下がる．

解答▶(1)

マスターPoint (1)～(4) について，湿り空気線図上の変化を表すと下図のようになる．

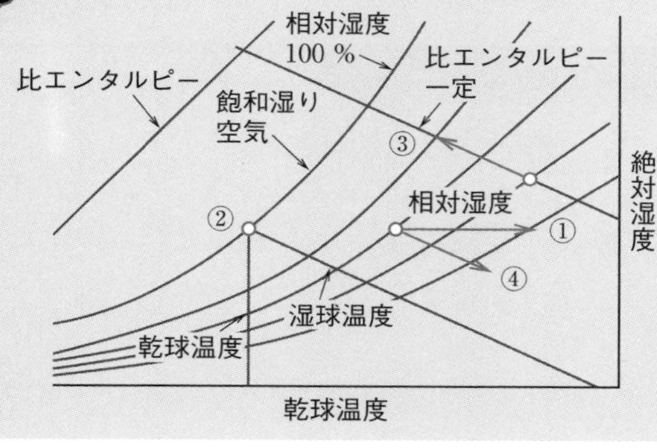

①＝設問(1)の状態変化
②＝設問(2)の状態変化
③＝設問(3)の状態変化
④＝設問(4)の状態変化

1-4 関連工学

1 音

1. 音波と音速

⊕**音　波**・・・音波（物理的な現象としての音）は，発音体が振動すると，そのまわりの媒体粒子に微小圧力変動（疎密現象）を与える．

⊕**音　速**・・・**音波の伝搬される速度**のことを音速という．音速は媒質の種類や温度によって異なり，空気中を伝搬する音速 c は，気温を t〔℃〕とすると

$$c \fallingdotseq 331.5 + 0.6t \quad \text{〔m/s〕}$$

となり，**気温が高くなると音速は速くなる**．また，音波は正弦波振動で伝播されるが，このときの**波長** λ〔m〕と**周波数** f〔Hz〕との間には次のような関係がある．

$$c = \lambda f \quad \text{〔m/s〕}$$

したがって，音速 c を一定とすると，**周波数 f が高いほど波長 λ は短くなる**．

2. 音の単位

⊕**音の強さ**・・・**音の進行方向に垂直な単位面積を単位時間に通過するエネルギー量** I で表される．

$$I = p^2/\rho c \quad \text{〔W/m}^2\text{〕}$$

p：音圧〔Pa〕，ρ：密度〔kg/m³〕，c：音速〔m/s〕

ρc（空気の固有音響抵抗 ≒ 400）は定数として扱ってよいので，**音の強さは音圧の 2 乗に比例**する．

⊕**音の強さのレベル**（SIL：Sound Intensity Level）・・・人間の感覚は**刺激の強さの対数に比例**するため，音の強弱を示す方法として，**人間の最低可聴音の音の強さ $I_0 = 10^{-12}$ W/m²（人間の聞くことのできる最小の音の強さ）**を基準として示すことができる．

⊕**音圧レベル**（SPL：Sound Pressure Level）・・・一般には**音の強さを測定することは困難**なので，音圧を測定して**音圧レベルで表す**．

⊕**音の大きさ**・・・音の大きさの感覚は，**音波の周波数と強さ**が関係し，聴力の正常な若い人では，波長 17 m で **20 ～ 20 000 Hz** までの約 1 000 倍の範囲の音が聞こえるが，2 000 ～ 5 000 Hz を最大感度として，この範囲から周波数が離

れるほど，その音波に対する感覚が鈍くなり，同じ強さの音波でも小さい音にしか聞こえない．この関係を示したものに**等ラウドネス曲線**がある．

3. 音の合成（dB の合成）

二つの音を合成したときの dB 値の和の概略計算を**図 1・16** に示す．同じ**二つの音が合成された場合は 3 dB 増加**，同じ**四つの音が合成された場合 6 dB 増加**する．

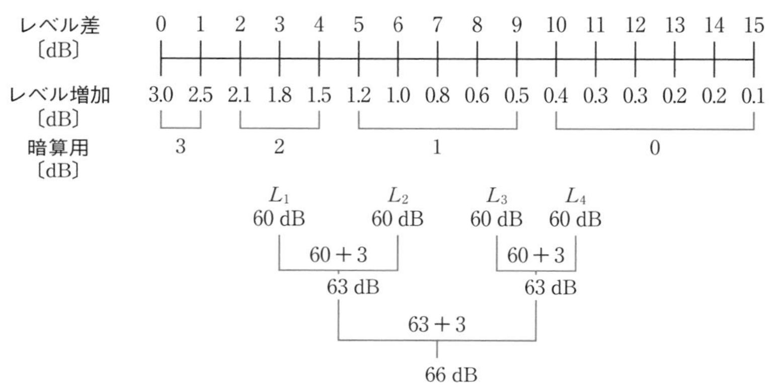

注 1）3 個以上の場合は 2 個ずつ，大きいレベルから組み合わせて計算する．
2）レベル差が 10 dB 以上の場合には，合成のレベル増加はない．

図 1・16　合成音の求め方

4. マスキング効果

ある音を聞こうとするときに，ほかの大きな音のために聞きにくくなる現象をいう．**音のマスキング効果は，周波数が近いほど効果が大きい．**

5. 遮音と吸音

音を透過させないことを遮音といい，一般に**重い壁体ほど遮音性能が優れ**ている．気密性の高い窓や二重サッシは外部騒音を防ぐのに有効である．また，低音を遮るためには一重壁がよく，中高音域では，ガラスや合板等で空気層をはさんで二重にしたほうが遮音上有利となる．

音を吸収又は透過させて，反射させないことを吸音という．壁体等に音が投射（投射音）されたとき，音の一部は壁体に吸収される．このときの投射音に対する吸収された音の割合を**吸音率**といい，一般に軟らかく軽い材料ほど大きい．

⊕**透過損失・・・投射音が物体を通過するときに失われる音のエネルギー割合を透**過率といい，透過した音が投射音よりどのくらい弱くなったかを表したものを**透過損失**（TL）という．一重壁の透過損失は，壁の単位面積当たりの質量が大きくなるほど透過損失は大きくなる．

⊕**音の回折**・・・塀の内側に居るのに，塀の向こう側の声が聞こえるのは，音の回折性のためである．

⊕**音の減衰**・・・音の減衰量は，室内仕上げの材質，部屋の大きさ，受音点までの距離等に関係する．

6. 残響時間

音源を停止した後，音圧レベルが 60 dB 減衰するまでの時間をいう．室の残響時間は，発生音の音圧レベルの大きさには関係なく，室の容積が大きいと残響時間も長くなる．

7. 騒　音

騒音とは聞く人にとって「望ましくない音」，「好ましくない音」のことで，聞く人によって，あるいはその状況によって異なる主観的な感覚のものである．

⊕**騒音測定**・・・騒音を測定する方法としては，普通騒音計による騒音レベルの測定，等価騒音による測定，周波数分析器を用いて騒音の構成成分の音圧レベル（周波数特性）〔dB〕を測定する方法などがある．**普通騒音計**には，聴覚感覚に近似させるための周波数補正回路があり，A 特性，C 特性及び平坦たん特性がある．**騒音レベルでは，一般に A 特性**を用いて測定した音圧レベル dB（A）を用いる．

⊕**NC 曲線**・・・空調騒音のように連続したスペクトル音の評価に用いられているもので，周波数別に音圧レベルの許容値を示したものである．低周波部分の音圧レベル許容値が大きく，高周波部分の音圧レベル許容値が小さい．**NC 値は室内許容騒音**を表す．

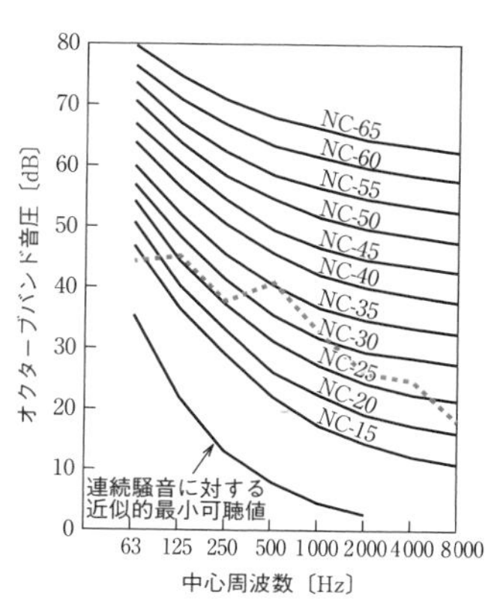

図 1・17　NC 曲線

2 腐 食

⊕**イオン化傾向と腐食**・・・亜鉛や鉄など**イオン化傾向が大きい金属は，電気化学的腐食を起こしやすい**.亜鉛と鉄では亜鉛のほうがイオン化傾向は大きいので，鉄より腐食しやすい．また，イオン化傾向が小さいニッケルやステンレス等は一般に腐食しにくい.

⊕**温度と腐食**・・・配管システムが開放系の場合，腐食速度は水温 10 ℃ 上昇すると約 2 倍になり，**80 ℃ までは温度とともに増大**する．80 ℃ を超えると水温の上昇に伴って小さくなる.

⊕**電　食**・・・直流電気軌道（電車のレール）の近くに地中埋設された鋼管は，**迷走電流による腐食**が生じやすい.

⊕**マクロセル腐食**・・・地中埋設された鋼管が鉄筋コンクリートの壁などを貫通するときに，**コンクリート中の鉄筋に鋼管が接続**されると，**鋼管と鉄筋の間に電位差が生じて起きる腐食をコンクリートマクロセル腐食**という.

⊕**ガルバニック腐食**・・・種類の異なる金属が水中で接触した場合に，イオン化傾向の大きい金属と小さい金属との間に電位差が生じて電池（ガルバニック電池）が形成され，電流が流れて生じる腐食をいう．**異種金属接触腐食**，**電界腐食**ともいう.

⊕**すき間腐食**・・・配管のフランジ接合部など，金属と金属，あるいは，金属と非金属の接触部分にわずかなすき間がある場合に，すき間部分の空気（酸素）が拡散されず，不動態の形成又は保持が不能となり，酸素濃淡電池を形成して腐食を起こす現象である.

⊕**かい食（エロージョン）**・・・比較的速い流れの箇所で，金属表面にできた酸化膜などが，流体の衝撃などにより継続的に破壊され，その部分が陽極となって進行する腐食現象である．馬蹄型の傷損跡を残すのが特徴で，銅管の曲がり部などで局部的に生じる場合がある.

⊕**選択腐食**・・・合成成分中のある種の成分のみが溶解する現象である.例として，黄銅製（銅と亜鉛の合金）のバルブ弁棒で亜鉛だけが選択的に腐食する場合がある.

必ず覚えよう

〈音〉

❶ 音の大きさは，その音と同じ大きさに聞こえる 1 000 Hz の純音の音圧レベルの数値を用いる．また，人の可聴範囲（周波数）は 20 ～ 20 000 Hz で，3 000 ～ 4 000 Hz 付近の音が最も大きく聞こえる．

❷ 同じ音圧レベルの 2 つの音を合成すると，音圧レベルは約 3 dB 大きくなる．

❸ マスキング効果は，マスクする音の周波数がマスクされる音の周波数に近いほど大きい．

❹ 点音源（放射された音が球面状に一様に広がる）では，音源からの距離が 2 倍になると音圧レベルは約 6 dB 低下する．

❺ NC 曲線で示される音圧レベルの許容値は，周波数が低いほど大きい．

〈金属腐食〉

❶ 開放系配管における炭素鋼の腐食速度は，水温の上昇とともに 80 ℃ 位までは増加する．

❷ 水中で異種金属を接触させると，それぞれの金属の電極電位差により電池が形成され，イオン化傾向が大きい金属の方が陽極（＋）となり，腐食（ガルバニック腐食）する．

❸ 選択腐食とは，銅製バルブ弁棒などの合成成分中のある種の成分のみが溶解する現象である．

❹ かい食とは，銅管の曲がり部など比較的速い流れの箇所で局部的に起こる現象である．

❺ マクロセル腐食とは，地中埋設された鋼管が鉄筋コンクリートの壁等を貫通するとき，鋼管と鉄筋の間に電位差が生じて腐食する現象である．鋼管側がアノード（陽極），鉄筋側がカソード（陰極）となり，鋼管側のアノード部分が腐食する．

問題1 関連工学（音）

音に関する記述のうち，適当でないものはどれか．

(1) 同じ音圧レベルの二つの音を合成すると，音圧レベルは約 3 dB 大きくなる．
(2) 人の可聴範囲は，周波数ではおおむね 20 ～ 20 000 Hz であるが，同じ音圧レベルの音であっても 3 000 ～ 4 000 Hz 付近の音が最も大きく聞こえる．
(3) NC 曲線で示される音圧レベルの許容値は，周波数が高いほど大きい．
(4) 点音源から放射された音が球面状に一様に広がる場合，音源からの距離が 2 倍になると音圧レベルは約 6 dB 低下する．

解説 (3) NC 曲線は，音圧レベルの許容値は右下がりになるので，**周波数が高いほど小さくなる**．例えば，ある室の測定結果が**図 1·17** の破線のようになった場合は，「NC-35」となる．

解答▶(3)

問題2 関連工学（音）

音に関する記述のうち，適当でないものはどれか．

(1) ロックウールやグラスウールは，一般的に，中・高周波数域よりも低周波数域の音をよく吸収する．
(2) 音速は，一定の圧力のもとでは，空気の温度が高いほど速くなる．
(3) 音の強さとは，音の進行方向に垂直な平面内の単位面積を単位時間に通過する音のエネルギー量をいう．
(4) NC 曲線で示される音圧レベルの許容値は，周波数が低いほど大きい．

解説 (1) ロックウールやグラスウールなどの**多孔質系の吸音材**は，低周波数域よりも**中・高周波数域の音をよく吸収**する．

解答▶(1)

マスターPoint 板状材料（ベニア板など）は低周波数域の音を吸収し，有孔板（孔あきボード）は中周波数域の音を吸収する．

問題3 関連工学（音）

音に関する記述のうち，適当でないものはどれか．

(1) マスキング効果は，マスクする音の周波数がマスクされる音の周波数に近いほど大きい．

(2) 音圧レベル 50 dB の音を二つ合成すると，53 dB になる．

(3) 音は，気流により屈折するので，風下側へよく伝わり風上側には伝わりにくい．

(4) 音の大きさは，その音と同じ大きさに聞こえる 500 Hz の純音の音圧レベルの数値で表す．

解説 (4) 音の大きさは，その音と同じ大きさに聞こえる **1 000 Hz** の純音の音圧レベルの数値を用いて表している．

解答▶(4)

マスターPoint 人間の聴覚による音の大きさの感覚は音波の周波数と強さ（音圧レベル）が関係する．周波数が 2 000 ～ 5 000 Hz を最大感度として，この範囲から周波数が離れるほど，その音波に対する感覚が鈍くなり，同じ強さの音波でも小さい音にしか聞こえない．

問題4 関連工学（腐食）

金属材料の腐食に関する記述のうち，適当でないものはどれか．

(1) 異種金属の接触腐食は，貴な金属と卑な金属を水中で組み合わせた場合，それぞれの電極電位差によって卑な金属が腐食する現象である．

(2) 水中における炭素鋼の腐食は，pH 4 以下では，ほとんど起こらない．

(3) 溶存酸素の供給が多い開放系配管における配管用炭素鋼鋼管の腐食速度は，水温の上昇とともに 80℃ 位までは増加する．

(4) 配管用炭素鋼鋼管の腐食速度は，管内流速が速くなると増加するが，ある流速域では表面の不動態化が促進され腐食速度が減少する．

解説 (2) 水の pH 値が **pH 4 ＜ pH 10 の範囲では炭素鋼の腐食速度はほぼ一定だが，pH 4 以下になると急激に増大する**．pH 4 以下では，酸化第一鉄の不動態被膜が溶解し，陰極反応で水素ガスを発生し，急激に腐食を進行させる．

解答▶(2)

問題 5 関連工学（腐食）

金属材料の腐食に関する記述のうち，適当でないものはどれか．

(1) 配管のフランジ接合部など，金属と金属，あるいは，金属と非金属の合わさったすき間部が優先的に腐食される現象をすき間腐食という．

(2) 水中における鋼管の腐食は，pH 6.5 程度の微酸性の水では，中性の水と比較して高い腐食速度を示す．

(3) 開放系配管における炭素鋼の腐食速度は，水温の上昇とともに 80 ℃ 位までは増加する．

(4) 水中でイオン化傾向が異なる金属を接触させた場合，イオン化傾向が小さい金属の方が腐食しやすい．

解説 (4) 水中で異種金属を接触させると，それぞれの金属の電極電位差により電池が形成され，**イオン化傾向が大きい金属の方が陽極（＋）となり，腐食（ガルバニック腐食）**する．

解答▶(4)

問題 6 関連工学（腐食）

腐食に関する記述のうち，適当でないものはどれか．

(1) 選択腐食は，合成成分中のある種の成分のみが溶解する現象であり，黄銅製バルブ弁棒で生じる場合がある．

(2) かい食は，比較的速い流れの箇所で局部的に起こる現象で，銅管の曲がり部で生じる場合がある．

(3) 異種金属接触腐食は，貴な金属と卑な金属を組み合わせた場合に生じる電極電位差により，卑な金属が局部的に腐食する現象である．

(4) マクロセル腐食は，アノードとカソードが分離して生じる電位差により，陰極部分が腐食する現象である．

解説 (4) **マクロセル腐食**は，地中埋設された鋼管が鉄筋コンクリートの壁等を貫通するとき，コンクリート中の鉄筋に鋼管が接続されると，**鋼管と鉄筋の間に電位差が生じて腐食する現象**である．鋼管側がアノード（陽極）となり，鉄筋側がカソード（陰極）となり，電位差が生じて電流が流れ，**鋼管側の陽極（アノード）部分が腐食**する．

解答▶(4)

必須問題

2 電気工学

全出題問題の中における『2章』の内容からの出題比率

全出題問題数 60 問中／必要解答問題数 2 問(＝出題比率：3.3 %)

合格ラインの正解解答数➡ 1 題以上(2問中)を目指したい！

過去 10 年間の出題傾向の分析による出題ランク

(★★★最もよく出る／★★比較的よく出る／★出ることがある)

動力設備

★★★	三相誘導電動機（スターデルタ方式始動，直入れ始動，始動電流，始動トルク，過負荷・欠相保護），電動機のインバーター制御（電動機の温度，高調波，電源容量）
★★	三相誘導電動機（同期速度，回転方向，電源），電動機のインバーター制御（速度，始動電流）
★	トップランナーモーター，漏電遮断器，配線用遮断器，電磁開閉器

電気工事

★★★	CD 管（施設場所，管の接続，色），金属管工事，電線の接続方法，D 種接地工事，漏電遮断器
★★	PF 管（施設場所）
★	金属線ぴ，合成樹脂管，金属可とう電線管，金属管内の三相回路の電線，C 種接地工事，金属管・金属製箱のボンディング

2 1 電気工学

1 動力設備

1. 建築設備で使用される電動機

建築設備の動力負荷のほとんどであるポンプや送風機は，回転数の２乗に比例するトルクが必要な負荷であるため始動トルクが小さくてすみ，また精密な速度制御を必要とされることがほとんどないため，直流電動機はあまり使用されず，交流電動機で汎用性のある，**かご形誘導電動機**が広く用いられている．

電源容量が特に小さくて大きな始動電流を抑えたい場合や，**広範囲の速度制御**を必要とする場合には，巻線形誘導電動機，あるいは**可変周波数インバータ電源**を用いたかご形誘導電動機が使われる．また，大容量機は同期電動機が採用される．

2. 誘導電動機の回転数

誘導電動機の構造は，固定子と回転子の二つの電気的主要部分から構成されており，固定子は，固定子巻線に三相交流を流すことにより回転磁界が発生する．

この１分間当たりの**同期速度** N_0 は次式に示す．

$$N_0 = \frac{120f}{p}〔\mathrm{rpm}〕$$

ここに，f：電源周波数〔Hz〕，p：極数（ポール数）

電動機の同期速度は**電源周波数に比例**し，**極数に反比例**する．

また，固定子の内部に挿入されている回転子は，固定子のつくる**回転磁界の移動速度よりやや遅れて回転**する．そこで，同期速度 N_0 と回転速度（電動機の回転数）N の差と同期速度との割合を滑り s とすると，**電動機の回転数**は次式で表される．

$$N = N_0\ (1 - s)\ 〔\mathrm{rpm}〕$$

滑り s は，$(N_0 - N)/N_0$ で，一般に小型機で 5〜10 %，大型機で 3〜5 % である．

3. 誘導電動機の回転方向

三相誘導電動機は，固定子に生ずる回転磁界の移動方向に回転子が回転するので，**回転方向を逆方向にするには，供給三相電源の３線のうち２線だけを入れ替え**ればよい．

4. 誘導電動機の電気特性

電動機は，電源電圧や周波数の変動によって影響を受ける．その変化が電源電圧±10 %，電源周波数±5 %，電圧と周波数の変動の和で±10 % 以内であれば実用上運転に差し支えないように設計されている．

電源の**電圧降下**が起きると，**同期速度は変化しない**が，電動機が**トルク急減（トルクは電源電圧の二乗に比例）**し**始動不能**となったり，**巻線の絶縁劣化**あるいは**焼損**を招くことになるので注意を要する．なお，電動機の絶縁種別は，低圧電動機はE種（耐熱 120 ℃ 以下），高圧電動機はB種（耐熱 130 ℃ 以下）が多く用いられている．

5. 電動機のインバータ制御

電動機のインバータ制御は，**電圧と周波数を変化させて速度（回転数）を連続的に制御**するもので，負荷に応じた最適な速度を得ることができる．インバータによる運転は，**始動電流が小さい**ため，**電源設備容量を小さく**できる．**始動トルクが不足**する場合は，**電動機定格容量より大きい容量の装置**を用いるとよい．

インバータ制御は，電源部のサイリスタ電力変換装置により高調波が発生し，電源ラインのノイズの発生源となり，**電子機器の誤動作，進相コンデンサの発熱**等が起こる場合がある．対策としては，高調波電流に対する逆位相電流を流すことにより高調波電流を相殺する等の**フィルターなどによる高調波除去**やインバータの交流側又は直流側に**リアクトルを設置**する方法などがある．また，インバータから電動機への出力がひずみを含んでいるため，商用電源で直接運転するよりも**電動機の温度上昇が高く**なる．

6. 三相誘導電動機の始動法

定格電圧を加えて**誘導電動機を始動**すると，**全電圧直入れ始動方式**では**定格電流の数倍（5～8倍）にも及ぶ始動電流**が流れ，瞬間的ではあるが配線の電圧降下を大きくして，同一回路に接続される他の機器へ悪影響を及ぼし，電動機自体の発熱が大きくなる．11～37 kW の中容量の電動機は**スターデルタ始動方式**が用いられ，**始動電流を約 1/3 に低減**している．その他の始動方式としては始動補償器法，リアクトル始動法，二次抵抗法，パワーワインディング始動などがある．

7. 電動機の保護

電動機に配線される電線は，供給される電動機等の定格電流を 1.25 倍（ただし，50 A を超える場合は 1.1 倍）した値以上の許容電流を流せる電線径を用い，電路の保護として電線の許容電流の 2.5 倍以下の定格電流の**過電流遮断器**を設置することを規定している．

過電流遮断器が分岐回路に設けられるのは，**分岐回路の電線の短絡保護のためで，電動機の過負荷，欠相（三相電源の 1 相が断線となって単相電圧がかかる）等による過電流の保護にはならない**．

定格出力 0.2 kW を超える屋内に施設する電動機には，電動機が焼損するおそれがある過電流を生じた場合に，自動的にこれを阻止し又はこれを警報する装置を原則として設けなければならない．**電動機の過負荷保護装置として，過電流検出による電磁接触器を動作させて主回路を開放する方式**が多く用いられている．また，電動機ヒューズ（遅動特性を有し，始動電流では溶断しないヒューズ），あるいは電動機保護用遮断器（電動機の過負荷保護と回路の短絡保護の能力を有する配線用遮断器）も使用される．

8. 低圧三相誘導電動機の制御主回路

主に小容量の電動機を直入れ始動・制御する場合の制御主回路を示す．**図 2･1** 中の各機器の役割は次のとおりである．

① **配線用遮断器**：電路の短絡を保護するために設置される．また，電動機の過負荷保護と回路の短絡保護の能力を有する電動機保護用遮断器を設置する場合がある．

② **電流計**：電動機の運転状態の監視用に設置する．

③ **電磁接触器**：電動機を ON−OFF するための主回路の開閉を行う．また，保護継電器と組み合わせ，トラブルのときに主回路を開放させる．

④ **保護継電器**：電動機の過負荷，欠相，逆相が生じた場合に主回路を解放させる信号を出す．

⑤ **進相コンデンサ**：三相誘導電動機の力率を改善するために設置する．受変電設備にまとめて

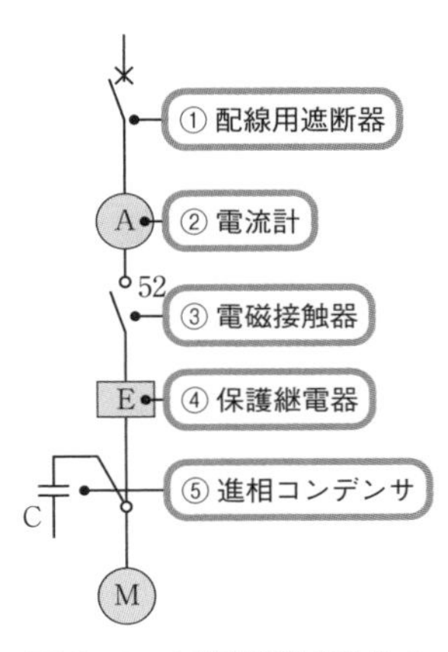

図 2・1　三相誘導電動機の制御主回路

設置する場合もある.

9. 進相コンデンサの設置

誘導電動機は, 回転磁界をつくるための励磁電流が流れるために, 一般に力率が 0.7 〜 0.8 と悪いので, 電力の経済的な利用を図るため, **進相コンデンサを負荷に並列に設置して力率改善**を行う. コンデンサの設置により, 仕事をしない無効電力が小さくなるため線路電流が減少するので, **線路の電圧降下及び線路の電力損失が少なく**なり, **設備余力の増加**, **電力料金の節減等の効果**がある.

10. トップランナーモーター

トップランナーモーターは,「エネルギーの使用の合理化に関する法律(省エネ法)」で定めた特定機器の「トップランナー基準」に基づき, エネルギー消費効率の基準値をクリアしたモーターで, 低圧三相かご形誘導モーターが対象となっている.

現行機を**トップランナーモーターに交換(リプレイス)**するときの主な注意点は以下のとおりである.

- 電動機**サイズ**が現行機より**大きく**なることがある.
- 電動機の**定格回転速度が高く**なることがある.
- **始動電流が大きく**なることがある.
- 電動機**発生トルクが大きく**なることがある.

2 電気工事

1. 金属管工事

使用する電線は絶縁電線(屋外用ビニル絶縁電線を除く)を使用し, **金属管内では, 電線に接続点を設けない**. 電線を接続する場合は保守管理の容易なボックスなど(**アウトレットボックス, プルボックスなど)の中で接続**する. 三相 3 線式回路の電線等は同一の金属管に収めて施工する.

使用電圧が **300 V 以下**の場合は, 管には, **D 種接地工事**を施すこと. 300 V を超える場合は, 管には, C 種接地工事を施すこと.

2. 合成樹脂管工事

使用する電線は絶縁電線（屋外用ビニル絶縁電線を除く）を使用し，**合成樹脂管（合成樹脂製可とう管）内**では電線に**接続点を設けない**.

普通の合成樹脂管は難燃性の硬質ビニル製であるが，**合成樹脂製可とう管**には，**非耐熱性のCD管と耐熱性のPF管**があり，両者とも，**直接コンクリートに埋設**して使用できる．CD管は，直接コンクリートに埋め込んで施設する場合以外は，専用の不燃性，難燃性の管又はダクトに収めて施設する．合成樹脂管やPF管は，重量物の圧力や著しい機械的衝撃を受けない場所に（天井内等に転がして）施設できる．なお，CD管はオレンジ色でPF管と区別している.

3. 接地工事

接地工事の種類にはA種，B種，C種，D種がある．特にC種とD種については覚えておくとよい.

- **C種接地工事**：**300 Vを超える**低圧用の電気機械器具の鉄台，金属製外箱又は管に施設する.
- **D種接地工事**：**300 V以下**の電気機器の鉄台，金属製外箱又は管，高圧用計器用変成器の二次側に施設する.

必ず覚えよう

〈動力設備〉

❶ 三相誘導電動機の同期速度は電源の周波数に比例し電動機の極数に反比例する.

❷ 三相誘導電動機の始動方式にスターデルタ始動方式を用いると，始動電流を1/3にすることができる．ただし，始動トルクも1/3になる.

❸ インバータによる始動方式は，直入れ始動方式より始動電流が小さくなる.

❹ 配線用遮断器と電磁開閉器を組み合わせた回路においては，過負荷に対して電磁開閉器を配線用遮断器より先に動作させる.

〈電気工事〉

❶ 電線管内（金属管内や合成樹脂製可とう管内など）では電線に接続点を設けない.

❷ CD管（合成樹脂製可とう電線管）は，直接コンクリートに埋め込んで施設する.

❸ 金属管や金属製ボックスなどに施す接地工事は，300 V以下の場合はD種接地工事，300 Vを超える場合はC種接地工事とする.

❹ 低圧電路の電線相互間の熱絶縁抵抗は，使用電圧が高いほど低い値とする.

問題 1 動力設備

三相誘導電動機に関する記述のうち，適当でないものはどれか．

(1) 200 V 回路では，一般的に，定格出力 11 kW 以上で始動装置を使用する．
(2) 三相の電線のうちいずれかの2線を入れ替えると，回転方向が逆向きになる．
(3) スターデルタ始動方式では，全電圧直入れ始動方式と比較して，始動トルクは1/3となる．
(4) 同期速度は，電動機の極数に比例し，電源の周波数に反比例する．

解説 (4) 同期速度は，電源の周波数に比例し，電動機の極数に反比例する．

解答▶(4)

電動機の同期速度 N_0〔rpm〕は，次式で表される．

$$N_0 = \frac{120f}{p}$$

ここに，f：電源周波数〔Hz〕，p：極数

また，電動機の固定子の内部に挿入されている回転子は，回転磁界の移動速度よりやや遅れて回転する．そのため実際の電動機の回転数 N〔rpm〕は，

$$N = N_0 (1 - s) \text{〔rpm〕}$$

ここに，s：滑り（一般に小型機で5～10％，大型機で3～5％である）となる．

問題 2 動力設備

三相誘導電動機の電気設備工事に関する記述のうち，適当でないものはどれか．

(1) 制御盤から電動機までの配線は，CV ケーブル又は EM-CE ケーブルで接続する．
(2) 制御盤からスターデルタ始動方式の電動機までの配線は，4本の電線で接続する．
(3) 電動機の保護回路には，過負荷及び欠相を保護する継電器を使用する．
(4) インバータ装置は，商用周波数から任意の周波数に変換して，電動機を可変速運転する．

解説 (2) 制御盤からスターデルタ始動方式の電動機までの配線は，3本の電線で接続する．

解答▶(2)

マスターPoint スターデルタ始動法は，誘導電動機の運転開始時（始動時）には誘導電動機の固定子巻線をスター結線（Y 結線）にして，誘導電動機が回転して加速したら，スター結線をデルタ結線（Δ 結線）に切り替えて運転する誘導電動機の始動法である．直入れ始動方式では，一般的に，始動電流は定格電流の 5 ～ 7 倍となるため，スターデルタ始動方式にすることで，始動電流を 1/3 にすることができ，始動トルクも 1/3 になる．

問題 3 動力設備

電動機のインバータ制御に関する記述のうち，適当でないものはどれか．

(1) 汎用インバータでは，一般に，出力周波数の変更に合わせて出力電圧を制御する方式が用いられる．

(2) インバータによる運転は，電圧波形にひずみを含むため，インバータを用いない運転よりも電動機の温度が高くなる．

(3) インバータによる始動方式は，直入れ始動方式よりも始動電流が大きいため，電源容量を大きくする必要がある．

(4) 三相かご形誘導電動機は，インバータにより制御することができる．

解説 (3) インバータによる始動方式は，直入れ始動方式よりも**始動電流が小さくなるので，電源容量を小さく**できる．ただし，始動トルクが不足する場合は，電動機定格容量より大きい容量の装置を用いるとよい．

解答▶(3)

マスターPoint 電動機のインバータ制御は，電源部のサイリスタ電力変換装置により高調波が発生するため，電子機器の誤動作，進相コンデンサの発熱が起こる場合がある．高調波対策としては，フィルターなどの高調波除去やインバータの交流側又は直流側にリアクトルを設置する方法などがある．

問題 4 動力設備

低圧の三相電動機の保護回路に関する記述のうち，適当でないものはどれか．

(1) 過負荷及び欠相を保護する回路に，保護継電器と電磁接触器を組み合わせて使用する．
(2) 配線用遮断器と電磁開閉器を組み合わせた回路において，過負荷に対して，電磁開閉器より配線用遮断器が先に動作するように設定する．
(3) スターデルタ始動の冷却水ポンプの回路に，過負荷・欠相保護継電器（3Eリレー）を使用する．
(4) 全電圧始動（直入れ始動）の水中モーターポンプの回路に，過負荷・欠相・反相保護継電器（3E リレー）を使用する．

解説 (2) 配線用遮断器と電磁開閉器を組み合わせた回路においては，**過負荷に対して電磁開閉器が配線用遮断器より先に動作**するようにする．

解答▶(2)

出力が 0.2 kW 以下の電動機は，過負荷保護装置の設置を省略することができる．

問題 5 動力設備

三相誘導電動機に関する記述のうち，適当でないものはどれか．

(1) インバータによる運転は，電圧波形にひずみを含むため，インバータを用いない運転よりも電動機の温度が高くなる．
(2) スターデルタ始動方式は，全電圧直入始動方式と比較して，始動電流を $1/\sqrt{3}$ に低減できる．
(3) トップランナーモーターは，銅損低減のため抵抗を低くしている場合があり，標準モーターに比べて始動電流が大きくなる傾向がある．
(4) インバータで運転すると，騒音が増加することがある．

解説 (2) スターデルタ始動方式の始動電流は，じか入れ（全電圧直入）始動方式と比較して，**1/3 に低減**できる．

解答▶(2)

問題 6 電気工事

点検できない乾燥した隠ぺい場所に施設できる 300 V 以下の低圧屋内配線工事の種類として，適当でないものはどれか．

(1) 金属管工事

(2) 金属線ぴ工事

(3) 合成樹脂管工事

(4) 金属可とう電線管工事

解説 (2) 金属線ぴ工事は，乾燥した場所で，展開又は点検できる隠ぺい場所に施設できる 300 V 以下の低圧屋内配線工事である．したがって，点検できない乾燥した隠ぺい場所には施設できない．

解答▶(2)

主な低圧屋内配線工事と施工できる場所を下表に示す．

工事の種類	展開した場所		点検できる隠ぺい場所		点検できない隠ぺい場所	
	乾燥した場所	湿気の多い場所/水気のある場所	乾燥した場所	湿気の多い場所/水気のある場所	乾燥した場所	湿気の多い場所/水気のある場所
ケーブル工事	◎	◎	◎	◎	◎	◎
金属管工事	◎	◎	◎	◎	◎	◎
金属可とう電線管工事（2 種）	◎	◎	◎	◎	◎	◎
合成樹脂管工事（CD 管除く）	◎	◎	◎	◎	◎	◎
金属線ぴ工事	○	—	○	—	—	—
金属ダクト工事	◎	—	◎	—	—	—
ライティングダクト工事	○	—	○	—	—	—
フロアダクト工事	—	—	—	—	○	—
バスダクト工事	◎	○	◎	—	—	—
セルラダクト工事	—	—	○	—	○	—
がいし引き工事	◎	◎	◎	◎	—	—
平形保護層工事	—	—	○	—	—	—

注）表中の○は使用電圧が 300 V 以下に限る．◎は 300 V を超えても可．
一部，使用する材料などにより制限がある．

問題 7 電気工事

電気工事に関する記述のうち，適当でないものはどれか．

(1) 乾燥した場所に敷設した合成樹脂製可とう管（PF 管）内には，電線の接続部を設けてもよい．
(2) 使用電圧が 300 V 以下の金属管には，D 種接地工事を施す．
(3) 合成樹脂製可とう管（PF 管）相互の接続は，直接接続としてはならない．
(4) 金属管相互は，堅ろうに，かつ，電気的に完全に接続しなければならない．

解説 (1) 敷設場所や電線管工事の種類に関係なく，**電線管内では電線の接続部を設けない**．電線を接続する場合は，保守管理の容易な**ボックス（アウトレットボックス，プルボックスなど）の中で接続**する．

解答▶(1)

問題 8 電気工事

電気設備工事に関する記述のうち，適当でないものはどれか．

(1) 使用電圧 100 V 回路の金属製ボックスには，D 種接地工事を施す．
(2) 使用電圧 100 V の屋外機器への分岐回路には，漏電遮断器を使用する．
(3) 高低差のあるケーブルラックに敷設するケーブルは，ケーブルラックの子けたに固定する．
(4) 低圧電路の電線相互間の熱絶縁抵抗は，使用電圧が高いほど低い値とする．

解説 (4) 低圧電路の電線相互間の熱絶縁抵抗は，**使用電圧が高いほど高い値**としなければならない．

解答▶(4)

マスターPoint ケーブルラックとは，ケーブルを大量に配線するときに使用するはしご状の金物のことで，水平に敷設する場合と垂直に敷設する場合がある．ケーブルラックのケーブルは，整然と並べ，水平部では 3 m 以下，垂直部では 1.5 m 以下の間隔ごとに固定し，垂直部はケーブルラックの子けたに固定するとよい．

問題 9 電気工事

低圧屋内配線工事に関する記述のうち，適当でないものはどれか.

(1) 厨房内の電動機用配線工事において，金属管と金属製ボックスを接続するボンド線（裸銅線）を省略する.

(2) 三相 3 線 200 V の電動機用配線工事において, 金属管に D 種接地工事を施す.

(3) 合成樹脂で被覆した機械器具に接続する三相 3 線 200 V の電路において，漏電遮断器（ELCB）を省略する.

(4) CD 管（合成樹脂製可とう電線管）を直接コンクリートに埋め込んで施設する.

解説 (1) 電動機用配線工事において, **金属管と金属製ボックスを接続するボンド線（裸銅線）は省略することはできない.** 金属管工事の接地は，金属管自身を接地線に接続して行うため，金属管と金属製ボックスの接続部分が電気的に接続されていなければならない．そのため電気的に確実な接続とするためアースボンド線（裸銅線 1.6 mm 以上）を用いて接続する.

解答▶(1)

マスターPoint 接地工事は，300 V 以下の電気機械器具（電動機など）の鉄台，金属製外箱又は管，高圧用計器用変成器の二次側には「D 種接地工事」，300 V を超える低圧用の電気機械器具の鉄台，金属製外箱又は管には「C 種接地工事」を施さなければならない.

問題 10 電気工事

電気工事に関する記述のうち，適当でないものはどれか.

(1) 合成樹脂製可とう電線管の PF 管を，直接コンクリートに埋め込んで施設した.

(2) 金属管工事で，三相 3 線式回路の電線を同一の金属管に収めた.

(3) 合成樹脂製可とう電線管の CD 管相互の接続に，カップリングを用いた.

(4) 人が触れるおそれがある使用電圧が 400 V の金属管に，D 種接地工事を施した.

解説 (4) **人が触れるおそれがある使用電圧が 300 V を超える低圧回路の金属管には，C 種接地工事を施す．D 種接地工事は使用電圧が 300 V 以下の場合に施す.**

解答▶(4)

必須問題

3 建築学

全出題問題の中における『3章』の内容からの出題比率

全出題問題数 **60** 問中／必要解答問題数 **2** 問（＝出題比率：3.3 %）

合格ラインの正解解答数➡ **2** 題以上（2問中）を目指したい！

過去10年間の出題傾向の分析による出題ランク

（★★★最もよく出る／★★比較的よく出る／★出ることがある）

●建築構造

★★★	セメントの強度，コンクリートの性状と特性，スランプ値，ワーカビリティ
★★	コンクリートの打込み，鉄筋とコンクリートの付着，コンクリートの中性化，鉄筋のかぶりとあき

●構造力学

★★★	曲げモーメント図，配筋図
★	応力ひずみ図

●梁貫通

★★★	鉄筋コンクリートの梁貫通

3 1 建築構造

1 セメント，コンクリート

1. セメント

⊕セメントの種類

①ポルトランドセメント

ポルトランドセメントには，一般的にセメントと呼ばれる**普通ポルトランドセメント**（全体の 85 % 程度），寒冷地での使用に適している**早強ポルトランドセメント**，ダムや道路に使用する**中庸熱ポルトランドセメント**などがある．

②混合セメント

混合セメントには，侵食に強い高炉セメントや耐久性に優れている**シリカセメント**，ダム工事に用いられ**施工軟度**（**ワーカビリティ**）が良い**フライアッシュセメント**などがある．

⊕セメントの強度・・・水セメント比とは，セメントの重量に対する水の重量の比をいう．70 % 以下で使用する．**水セメント比**は**コンクリートの強度に関係**する．

① 水セメント比が**小さいほど強度は大**である．
② 水セメント比が**大きくなれば，ひび割れが生じやすい**．
③ 水セメント比が**小さいコンクリートほど，中性化が遅く**なる．
④ 水の質，混和材の量，練り方や時間，養生方法等によっても強度が変わる．
⑤ セメントの粒子が小さいほど強さの発生は速い．
⑥ 単位セメント量が少ないほど，水和熱や乾燥収縮によるひび割れの発生が少なくなる．

2. コンクリート

コンクリートは，**セメントペースト**（セメント＋水）と**骨材**（砂，砂利）を混ぜ合わせたものをいう．**砂を細骨材**，**砂利を粗骨材**といい，**モルタル**はセメントと水と砂を練り混ぜたものをいう．

⊕コンクリートの特性

① **圧縮強度が大**である．
② **アルカリ性**である（主成分が石灰であり，鉄筋の腐食を防ぐ）．

③ 耐火性を有するが，火災を受けると強度は低下する（500 ℃で半減し，750 ℃で強度 0 となる）．

④ 温度変化による伸縮割合（**線膨張係数**）は**鉄筋とほぼ同じ**である．

⑤ 普通コンクリートの単位容積重量は，約 23 kN/m³ である．

⑥ 熱伝導率は木材より大きい．

⑦ 長い年月空気中に放置すると，アルカリ性から中性化する（鉄筋のさび，コンクリートのはく離の原因となる）．

⊕コンクリートの強度・・・コンクリートの強さは，打設 4 週間後の**圧縮強さ**をいう．コンクリートの強度は水セメント比で決まる．コンクリートの調合強度の確認は，標準養生した供試体の**材齢 28 日**における**圧縮強度**で行う

⊕スランプ・・・コンクリートの軟らかさを示すものである．**スランプ値の小さいものほど強度は大きくなるがワーカビリティが低下**する（**図 3･1**）．

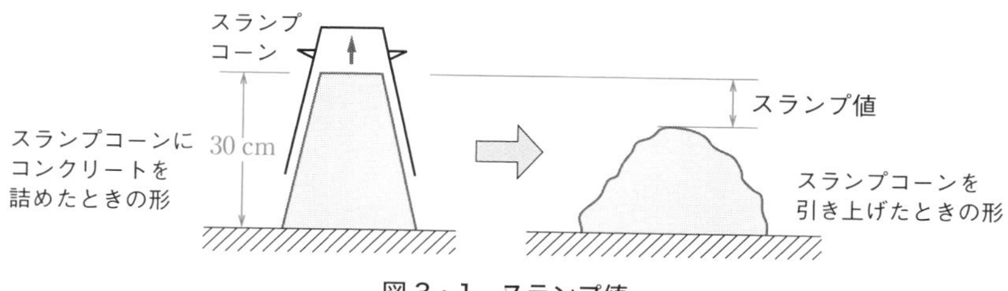

図 3・1　スランプ値

① 生コンクリートは，軟らかいほど**スランプ値が大きい値**になる．

② **AE 剤**を入れると硬度は下がる．

≫ AE 剤（air-entraining agent）：コンクリートの中に微細な空気の泡を含ませて，ワーカビリティを高めるために用いられる一種の界面活性剤である．また，コンクリート中の水分の凍結や融解に伴う膨張と収縮によってコンクリートが劣化するのを防ぐ効果もある．

③ 養生において温度・湿度の影響を受け，一般的に温度，湿度が高いと強度が上がる．

④ 径が同じであれば，砕石を用いたコンクリートより，砂利を用いたコンクリートのほうが**ワーカビリティ**が大きい．

⑤ コンクリートの**引張強度は圧縮強度の 1/10 程度**である．

⊕コンクリートの種類・・・普通コンクリートのほかに，軽量骨材を用いた軽量コンクリートや，発泡剤を加えた発泡コンクリート，AE 剤を加えた AE コンク

リート,防水剤を加えた防水コンクリート,砕石を骨材に用いた砕石コンクリート等がある.

⊕コンクリートの打込み

① 荷下ししたコンクリートのスランプが減少した場合,**絶対に水を加えてはならない**.

② 柱の打継ぎ位置は,床板の上端とする.

③ 高い位置から,とい等を用いて流し込むのは,コンクリートの骨材が分離するのでよくない.

④ 輸送管は,型枠・配筋に直接振動を与えないよう支持台などを用いて設置する.

⑤ コンクリートは,**打設後1週間程度,湿潤状態を保つ**.

⑥ 柱,壁の型枠存置期間は,気温が低いほど長くなる.

⊕コンクリートの打込み方法・・・「**片押し打ち**」と「**回し打ち**(打込み場所を回るように打ち込み,型枠全体が均等になるように打ち込む)」の比較で「**回し打ち**」は次のようになる.

① ブリージングが少ない.

② コンクリートの上昇速度が少ない.

③ 側圧の上昇が少ない.

④ 圧送の中断が多くなる.

3. 鉄筋コンクリート

鉄筋コンクリートは,鉄筋とコンクリートを用いて柱,梁,壁,床を一体化した構造である.

⊕鉄筋コンクリートの配筋

①鉄筋の入れ方

鉄筋コンクリート構造において,鉄筋に有効に引張力を負担させるには,曲げモーメントを理解しておく必要がある.

②付　着

鉄筋とコンクリートが一体となることをいう.**大きな付着力を得るためには,丸鋼より異形鉄筋がよい**.太い鉄筋で数を減らすより,細い鉄筋を数多く入れるほうがよい.

③鉄筋のかぶりとあき

鉄筋のあきは,使用骨材の最大粒径の1.25倍以上,かつ2.5 cm以上,丸鋼では径，異形鉄筋では呼び名の1.5倍以上とる．鉄筋のかぶり厚さは，主に**スペーサー**（鉄筋のかぶり厚さを保つためのもの）を入れてとり，部位や条件により30～70 mmを必要とする（**図3･2**）．

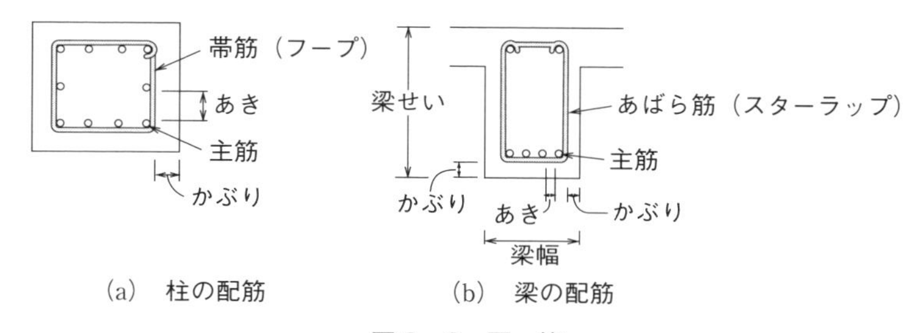

図3・2 配 筋

- かぶり厚さとは，鉄筋の表面とこれを覆うコンクリート表面までの最短距離をいう．かぶり厚さを必要以上に大きくすると，構造耐力上，問題となる場合がある．
- 柱の鉄筋に対するコンクリートのかぶり厚さは，主筋の外側から測定するのではなく，主筋の座屈等を防ぐために主筋のまわりに所定の間隔で巻きつけた**帯筋の外側**から測定する．
- 基礎は，**捨てコンクリート部分を除いて**かぶり厚さを決める．

⊕**梁**･･･梁は，曲げモーメントとせん断力を受け，**あばら筋は，梁のせん断補強のために入れる．**

⊕**柱**･･･柱は，圧縮力，曲げモーメント，せん断力を受ける．梁とともにラーメン構造の骨組となり，垂直荷重，水平荷重に抵抗する．

⊕**スラブ**･･･長方形スラブの配筋は，**短辺方向**の引張鉄筋を**主筋**といい，長辺方向の引張鉄筋を**配力筋**（副筋）という．

4. 鉄筋コンクリートの梁貫通

梁を貫通させてもよい位置を**図3･3**に示す．貫通させる際の注意点は以下のとおり．

① 貫通孔部のせん断強度が低下するので，**せん断補強筋を増やす**．
② 貫通孔部のコンクリートの有効断面が減るので，孔径に制限がある．
③ 貫通孔周囲では応力が大きくなるので，補強筋を入れる．
④ 主筋の継手は，応力の小さい位置に設ける．

⑤　RC 造梁は，補強を行えば，**梁せいの 1/3** までの貫通孔を設けることができる．

⑥　貫通孔の周囲は，応力が集中するので，これに対して**補強を必要**とし，また，梁全体としての断面欠除による**主筋・あばら筋の補強**が必要である．

⑦　貫通孔の径が梁せいの **1/10 以下で，かつ 150 mm 未満の場合は，補強は省略**できる．

⑧　貫通孔が並列する場合の中心間隔は，孔の径の**平均値の 3 倍以上**とする．

⑨　梁貫通孔の外面は，一般的に，柱面から梁せいの **1.5 倍以上**離す．

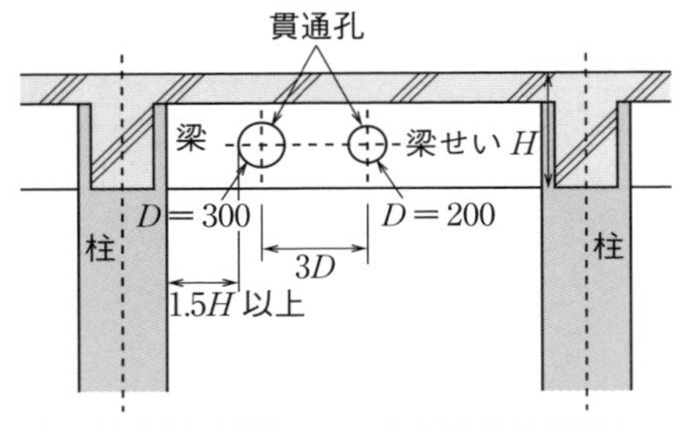

左の孔の径が 300 mm，右の孔の径が 200 mm の場合，

$$\frac{300〔\mathrm{mm}〕+200〔\mathrm{mm}〕}{2}=250\ \mathrm{mm}$$

$3D=3\times250〔\mathrm{mm}〕=750\ \mathrm{mm}$ で，
二つの孔の中心間隔は 750 mm 以上とする．

梁貫通スリーブ　梁せい H　h

$500\ \mathrm{mm}\leqq H<700\ \mathrm{mm}$：$h\geqq175\ \mathrm{mm}$
$700\ \mathrm{mm}\leqq H<900\ \mathrm{mm}$：$h\geqq200\ \mathrm{mm}$
$900\ \mathrm{mm}\leqq H$　　　　：$h\geqq250\ \mathrm{mm}$

図 3・3　梁を貫通させてもよい位置

❶ 高炉セメント B 種は，普通ポルトランドセメントに比べ強度の発現が遅い．
❷ 水セメント比が小さいほど，コンクリートの中性化が遅くなる．
❸ 鉄筋とコンクリートの線膨張係数は，常温ではほぼ等しい．
❹ 打込み時に，スランプ値が所定の値より低下した場合は，絶対に水を加えてはならない．
❺ 鉄筋とコンクリートを一体化させる大きな付着力を得るためには，丸鋼より異形鉄筋がよい．
❻ 柱の鉄筋のかぶり厚さは，帯筋の外側からコンクリートの表面までの最短距離をいう．
❼ 梁貫通孔の径が梁せいの 1/10 以下で，かつ 150 mm 未満の場合は，補強筋を必要としない．

問題 1 建築構造

コンクリートに関する記述のうち，適当でないものはどれか．

(1) 水セメント比とは，セメントペースト中のセメントに対する水の質量百分率をいう．

(2) 単位水量とは，フレッシュコンクリート $1\,m^3$ に含まれる水量をいう．

(3) 水セメント比は，施工に支障をきたさない範囲で大きいことが望ましい．

(4) 単位水量を大きくすると，コンクリートの流動性が増す．

解説 (3) 水セメント比が小さいとコンクリート強度が大きくなる．**水セメント比が大きくなると強度は小さくなるため最大値が決められている．**ポルトランドセメント及び高炉セメントA種等の水セメント比の最大値は65 %，高炉セメントB種，シリカセメントB種等の水セメント比の最大値は60 % である．

解答▶(3)

水セメント比が小さいということは，水が少ないということである．コンクリートはアルカリ性のため，水が多いと薄められて中性化する．

問題 2 建築構造

コンクリートの調合，試験に関する記述のうち，適当でないものはどれか．

(1) スランプ試験は，コンクリートの流動性と材料分離に対する抵抗性の程度を測定する試験である．

(2) スランプが大きいと，コンクリートの打設効率が低下し，充填不足を生じることがある．

(3) 単位セメント量を少なくすると，水和熱及び乾燥収縮によるひび割れを防止することができる．

(4) 単位水量が多く，スランプの大きいコンクリートほど，コンクリート強度は低くなる．

解説 (2) スランプが大きいということは，コンクリートが軟らかく，単位水量が多いということである．したがって，コンクリートの打設時の効率（施工軟度 = ワーカビリティ：施工のしやすさ）がよいことを意味する．**コンクリートの打設効率は向上するので，充填不足にはならない．**

解答▶(2)

問題 3 建築構造

鉄筋コンクリートに関する記述のうち，適当でないものはどれか．

(1)水セメント比が大きいほど，コンクリートの中性化が遅くなる．

(2)外気温度が高くなると，凝結，硬化が早くなる．

(3)鉄筋とコンクリートは，線膨張係数が常温ではほぼ等しく，付着性もよい．

(4)鉄筋コンクリート構造は，一般に，柱や梁を剛接合し，これに荷重を負担させるラーメン構造としている．

解説 (1) 水セメント比が大きい（水が多い）ので，水によってコンクリートが薄まり，中性化が早まる．

解答▶(1)

問題 4 建築構造

鉄筋コンクリート構造の建築物の鉄筋に関する記述のうち，適当でないものはどれか．

(1)柱，梁の鉄筋のかぶり厚さとは，コンクリート表面から最も外部側に位置する帯筋，あばら筋等の表面までの最短距離をいう．

(2)耐力壁の鉄筋のかぶり厚さは，柱，梁のかぶり厚さと同じ厚さとする．

(3)基礎の鉄筋のかぶり厚さは，捨てコンクリート部分を含めた厚さとする．

(4)鉄筋の定着長さは，鉄筋径により異なる．

解説 (2) 耐力壁の鉄筋のかぶり厚さは，柱，梁のかぶり厚さと同じ厚さ（下表）とする．

建築物の部分	かぶり厚さ
柱，梁，耐力壁：一般	3 cm 以上
柱，梁，耐力壁：上に接する部分	4 cm 以上
基礎：布基礎の立上り部分	4 cm 以上
基礎：その他	6 cm 以上（捨コンクリートの部分を除く）

(3) 基礎の鉄筋のかぶり厚さは，上表のように捨てコンクリート部分を除く厚さとする．

解答▶(3)

マスターPoint 柱，梁の鉄筋のかぶり厚さとは，コンクリートの表面から主筋の外周りを包んでいる帯筋や，あばら筋の表面までの最短距離をいう．

問題 5 梁貫通

貫通孔に関する記述のうち，適当でないものはどれか．

(1)梁貫通孔は，梁のせん断強度の低下を生じさせる．
(2)梁貫通孔の外面は，一般に，柱面から梁せいの1.5倍以上離す．
(3)梁貫通孔を設ける場合は，梁の上下の主筋の量を増やさなければならない．
(4)梁貫通孔の径が，150 mm以上の場合は，補強筋を必要とする．

解説 (3) 梁貫通孔を設ける場合，梁の上下の主筋の量を増やすのではなく，梁のせん断補強をする．梁貫通孔まわりを下図に示す（建築工事共通仕様書参照）．

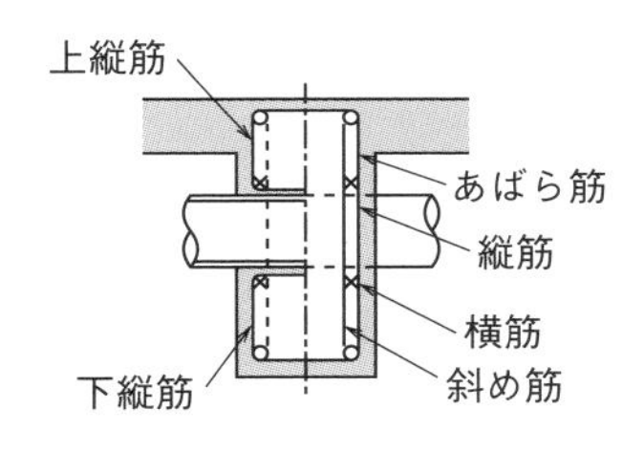

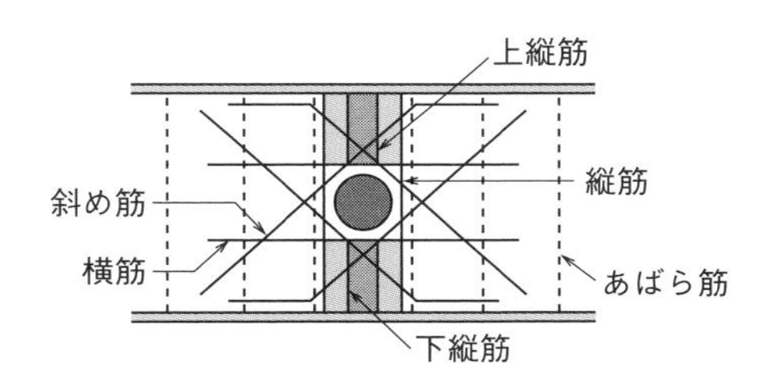

解答▶(3)

問題 6 建築構造

鉄筋コンクリート造の開口部の補強に関する記述のうち，適当でないものはどれか．

(1)窓などの開口部は,開口部周囲を鉄筋で補強し,隅角部には斜め筋を配置する．
(2)梁貫通孔の径が梁せいの1/5以下のときは，径によらず補強筋を必要としない．
(3)梁貫通孔の外面は，一般的に，柱面から梁せいの1.5倍以上離す．
(4)梁貫通孔は，上下方向では梁せいの中心付近の位置とし，その径の大きさは梁せいの1/3以下とする．

解説 (2) 梁貫通孔の径は，梁せいの1/3以下とし，径が150 mm以上の場合は補強を必要とする．

解答▶(2)

3 2 構造力学

1 力の三要素

力は目に見えないため，**図 3･4** のように，方向，大きさ，作用点をもつ線分（矢印）によって表す．

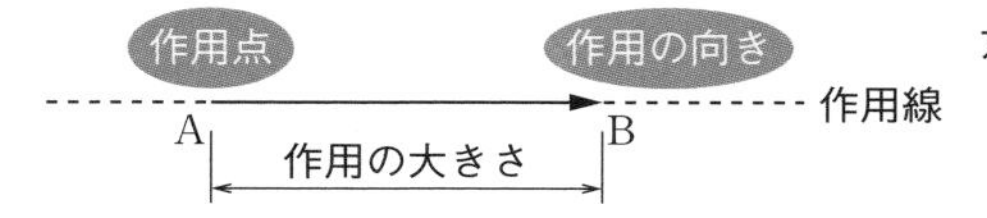

力の三要素
大きさ――矢印の長さ
方　向――矢印の向き
作用点――矢印の位置（A 点又は B 点）

図 3・4　力の三要素

2 力のモーメント

力 P（P_1，P_2）の O 点に対する回転効果を力のモーメントという．**図 3･5** において，P_1 は O 点を基準点として右回り，P_2 は O 点を基準点として左回りに回転させる効果がある（モーメント：右回りを＋，左回りを－）．

$$M = Pl$$

M：力のモーメント，P：力の大きさ，
l：回転の中心から作用点までの距離

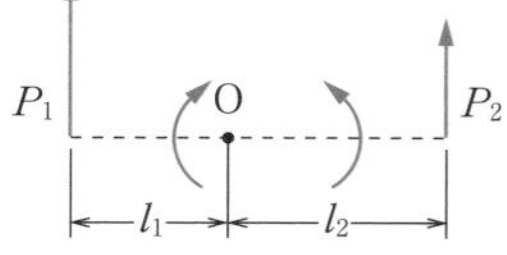

図 3・5　力のモーメント

3 反　力

反力は構造物に荷重が作用したときに，移動したり倒れたりしないように構造

移動端（ローラー）	回転端（ピン）	固定端（フィックス）	滑節点（ヒンジ）	剛節点
反力数 1 	反力数 2 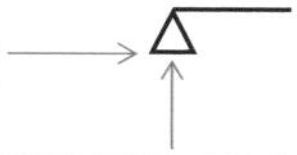	反力数 3 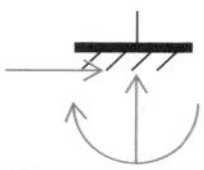	伝達数 2 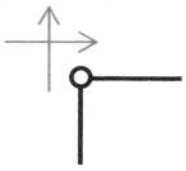	伝達数 3 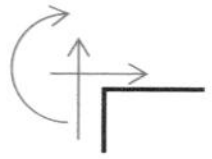

図 3・6　支点と節点の種類

物を**支える力**で，**支点**に生ずる．また，反力や応力（部材内部に生ずる抵抗する力）を求める場合，構造物は記号化する．部材は材軸で表し，**支点**は3種類，**接点**は2種類のうち，いずれかに仮定して計算する．

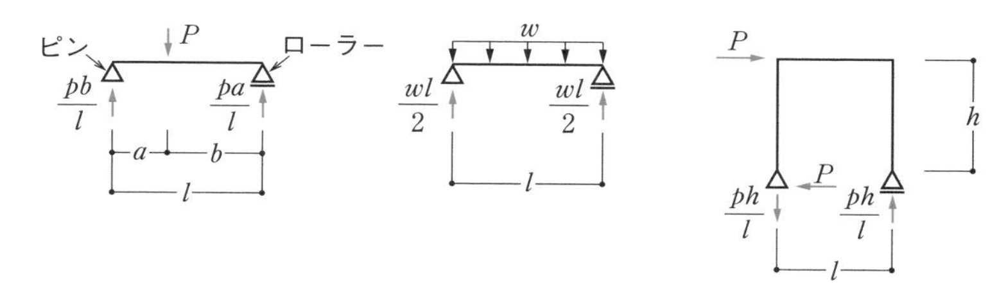

図3・7　代表的な反力

4 静定梁の応力

片持梁，単純梁の曲げモーメント図（**図3·8**）で，一般的な形を覚えておくこと．

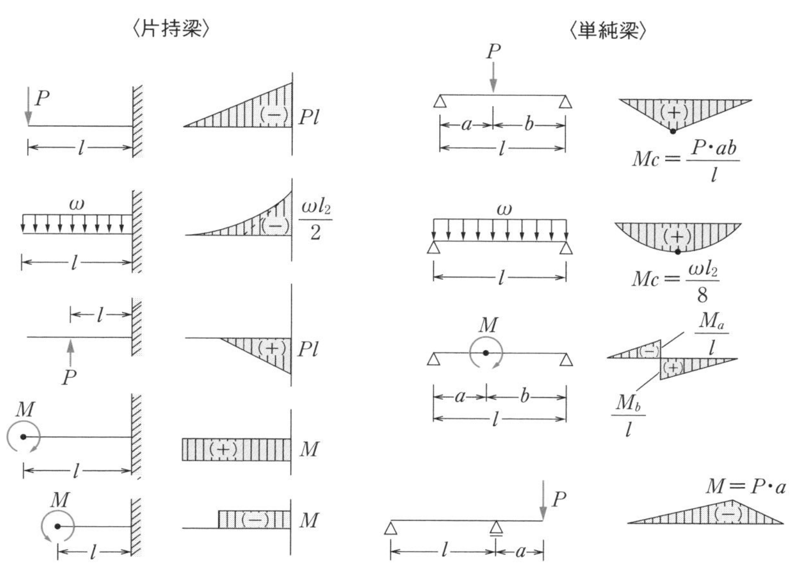

図3・8　曲げモーメント図

5 配筋の基本

鉄筋コンクリート造の梁における荷重の状態とその主筋の基本を**図 3·9** に示す.

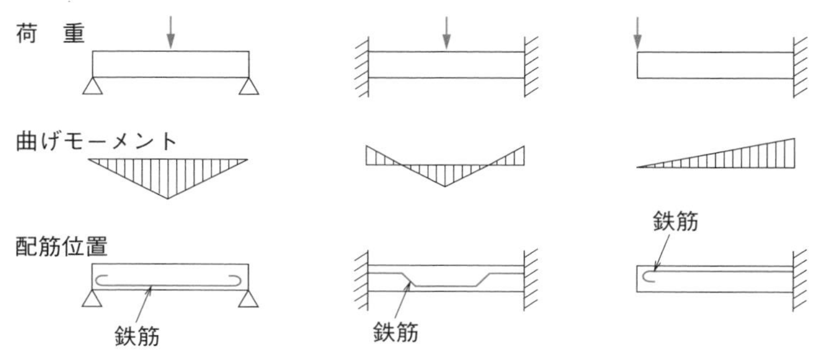

図 3・9 配筋の基本

6 よく出題される建築用語

① **ヒービング**：軟弱な地盤を掘削する際，掘削した背面の土が掘削面下の地盤支持力より大きくなると，地盤内にすべり面が発生し，掘削底面に盛上りが生ずる現象をいう.

② **ボイリング**：地下水位の高い砂質地盤でよく起こる現象で，掘削面と水位差によって地下水とともに，湯が沸騰しているように土砂が掘削面に流出してくる状態をいう.

③ **ブリージング**：コンクリート打設後、まだ固まらないうちにコンクリート上表面に水が上昇する現象をいう.

④ **コールドジョイント**：先に打ち込まれたコンクリートが固まり，後から打ち込まれたコンクリートと一体化せずにできてしまう継ぎ目をいう.

⑤ **親杭横矢板工法**：親杭に横矢板をはめ込む土留め工法で，止水性がなく，比較的硬い地盤に用いられる．軟弱な地盤，地下水位の高い地盤には，止水工法のうちソイルセメント（土，セメント，水を固めた混合物）柱列壁工法や鋼矢板等を用いる.

⑥ **スペーサー**：鉄筋のかぶり厚さを確保するための仮設材.

⑦ **ジャンカ**：粗骨材が多く集まった部分をいう．ジャンカがあると，コンクリートに隙間が生じて鉄筋が腐食しやすい.

問題 1 構造力学

集中荷重 *P* 又は等分布荷重 *W* が作用する梁の曲げモーメント図として，適当でないものはどれか．

(1) 両端支持梁に集中荷重 P が作用する場合

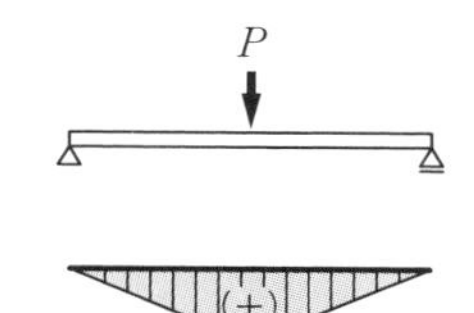

(2) 両端支持梁に等分布荷重 W が作用する場合

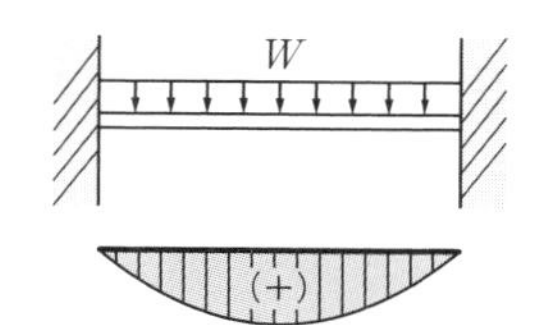

(3) 片持ち梁に集中荷重 P が作用する場合

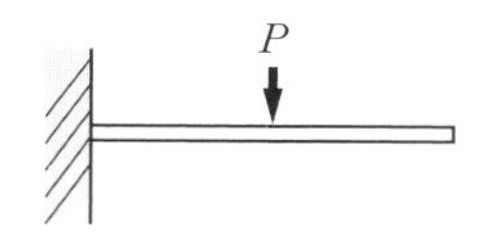

(4) 片持ち梁に等分布荷重 W が作用する場合

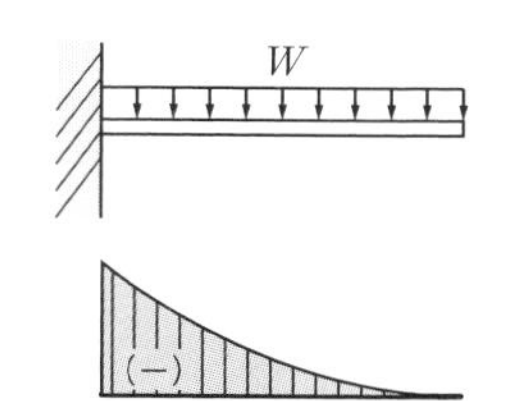

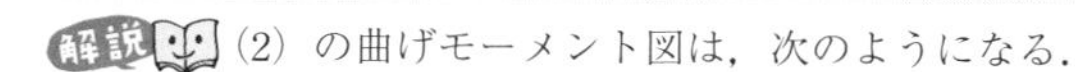

解説 (2) の曲げモーメント図は，次のようになる．

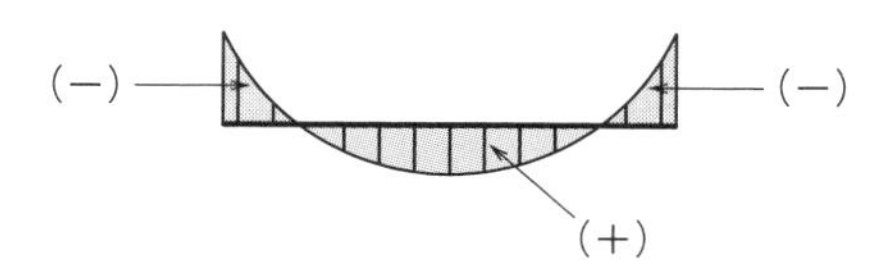

解答▶(2)

両端固定梁に集中荷重 P が作用する場合

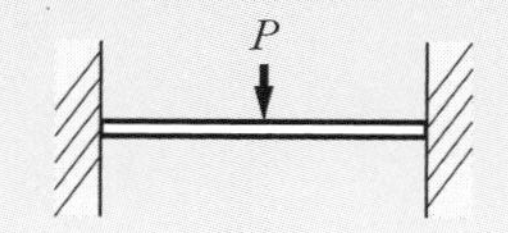

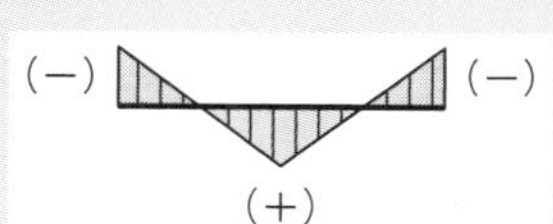

問題 2 構造力学

図に示す配管を支持する鋼製架台に生ずる曲げモーメント図として，適当なものはどれか．ただし，配管の支持架台と床との支持はピン支持とみなすものとする．

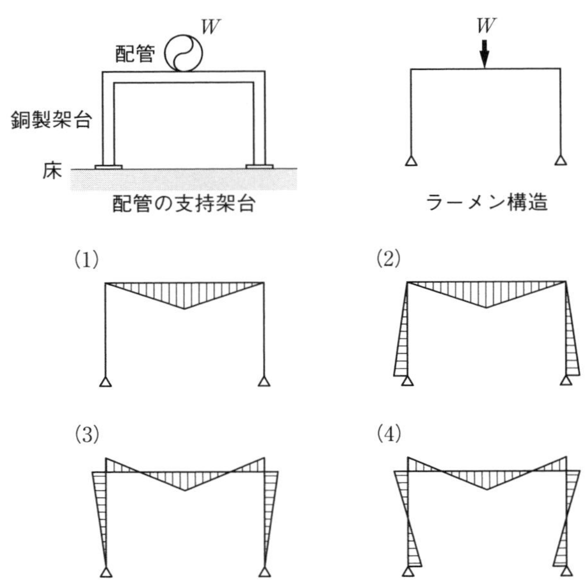

配管の支持架台と床との支持は，ピン支持のため，(3) のモーメント図である．

解答▶(3)

マスター Point

(4) の曲げモーメント図は固定支持である．

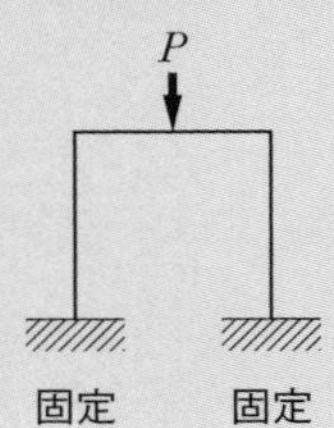

問題 3 構造力学

図に示す単純梁の 2 点に集中荷重 P が作用する場合の曲げモーメント図として，適当なものはどれか.

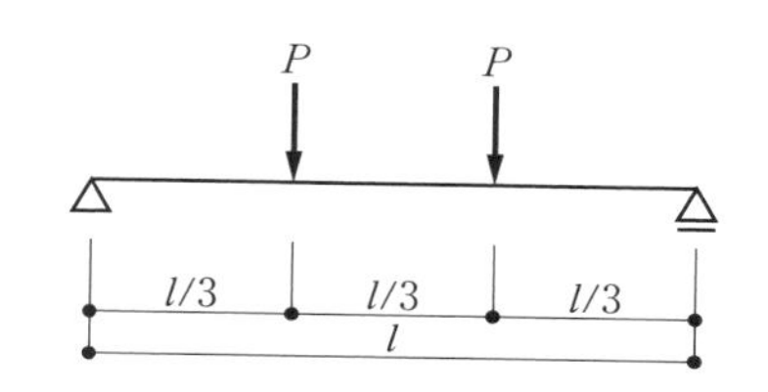

(1)

(2)

(3)

(4)
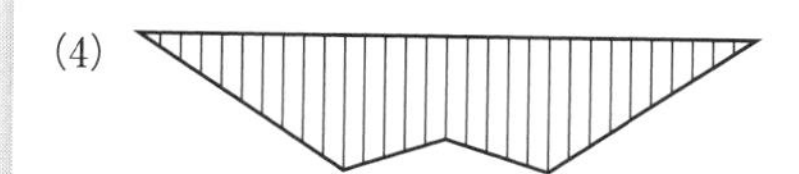

解説 単純梁の 2 点に集中荷重 P が作用する場合の曲げモーメント図は、次のようになる.

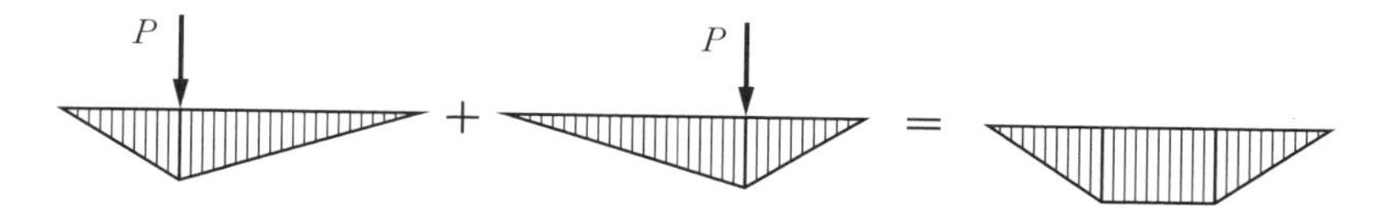

解答▶(3)

荷重の無いところは，直線となる。

問題④ 構造力学

図に示す集中荷重 P が作用する梁の曲げモーメント図と配筋図の組合せのうち，適当なものはどれか．

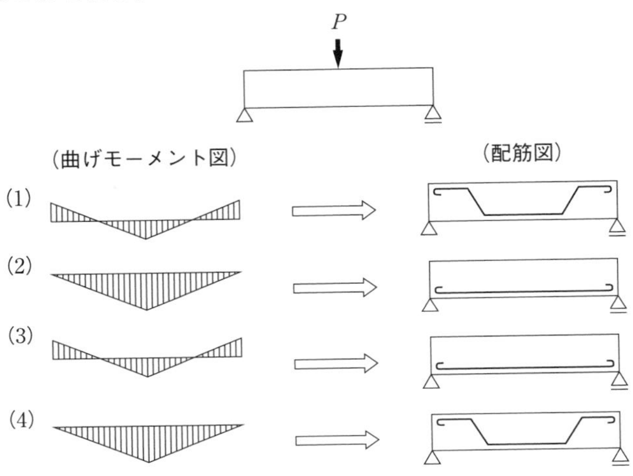

解説 設問で示す図は，回転端（ピン）と移動端（ローラー）で支持されている両端支持梁に集中荷重 P が作用する場合の曲げモーメント図と配筋図を求めるものである．

① 設問の集中荷重 P が作用する梁の図は，下図のように置き換えると，曲げモーメント図は，両端の曲げモーメント（0）のため，図のようになる．

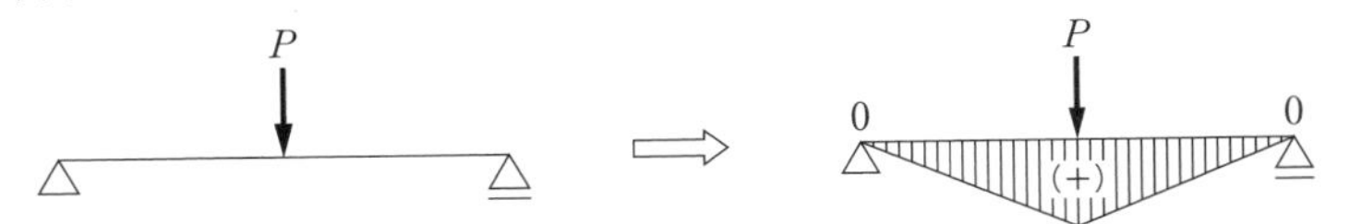

② 配筋図は，下に引っ張られるので図のように下側にする．

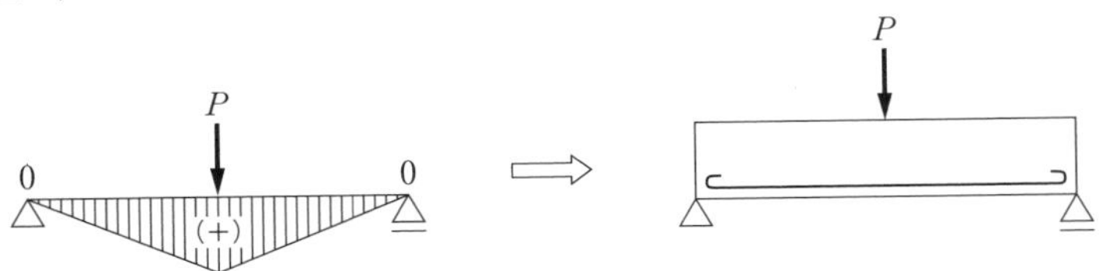

解答▶(2)

マスターPoint 梁の配筋は引張側（下側）にする．

選択問題

4 空調

全出題問題の中における『4章』の内容からの出題比率

全出題問題数 60 問中／必要解答問題数　空調設備 11 問及び衛生設備 12 問の中から 12 問選択（＝出題比率：20.0 %）

合格ラインの正解解答は得意とする分野の問題を中心に解答➡ 8 題以上（12問中）を目指したい！

過去 10 年間の出題傾向の分析による出題ランク

（★★★最もよく出る／★★比較的よく出る／★出ることがある）

●空気調和設備

★★★	建築計画における省エネルギー，定風量単一ダクト方式，変風量単一ダクト方式，ダクト併用ファンコイルユニット方式，床吹出し方式，冷房時・暖房時の湿り空気線図上の変化（コイルの冷却負荷と加熱負荷），日射負荷，実効温度差，ガラス窓，人体の発熱量，隙間風，空気調和設備の制御機器と検出要素
★★	エアフローウインドウ方式，TAC 温度，土間床と地中壁からの負荷
★	蒸気二重効用吸収式冷凍機，ヒートポンプ成績係数，マルチパッケージ方式，大温度差送風方式，冷房時・暖房時の湿り空気線図上の変化（外気取入量の計算）

●冷暖房設備

★★★	ヒートポンプ（HP）の暖房能力，冷暖房切替（四方弁），成績係数，水蓄熱及び氷蓄熱方式の比較，ピークカット，開放回路とポンプ動力，コージェネレーションシステム（CGS）の系統連系，内燃機関の発電効率，燃料電池の特長，地域冷暖房（床面積利用率向上，未利用排熱，火災・騒音，大気汚染防止，CO_2 削減）
★★	ヒートポンプでの蒸発圧力と蒸発温度，採熱源の適応条件，ガスエンジン HP，冷凍機の成績係数，CGS の排熱利用，地域冷暖房（人件費節約，熱需要密度）
★	空冷ユニットと高圧ガス保安法，HP の採熱源の特徴，蓄熱方式（装置容量，ダイナミック方式とスタティック方式，夜間の蓄熱運転），CGS（マイクロガスタービン，システムの経済性）

●換気・排煙設備

★★★	居室の換気上有効な開口面積，火気使用室の換気，CO_2 許容濃度基準の室内換気量の計算，自然排煙の開口面積，防煙垂れ壁，排煙口の位置・水平距離・手動開放装置の高さ，排煙口の連動，排煙機とダクトの風量計算
★★	開放式燃焼器具を使用した調理室の換気，機械換気方式の特徴と用途，エレベーター機械室の換気量計算，防煙区画の床面積，立てダクトの風量，吸込み風速とダクト内風速，排煙機の設置位置，避難方向と煙の流れ，特別避難階段の付室の排煙風量，排煙立てダクトの防火ダンパー，予備電源の容量
★	自然換気設備の給・排気口の位置と構造，映画館・集会場の居室の換気，排気筒の有効断面積，駐車場の換気設備，開放式燃焼器具とフードの構造，シックハウス対策の換気，電気室の換気量計算，天井チャンバー方式，常時閉鎖型と常時開放型の排煙口

4 1 空気調和設備

1 省エネルギー計画

1. 建築計画

- 建物の**平面形状は正方形**になるべく近づけるとよい．
- 長方形の建物の場合は**長辺が南北**に面するように配置する．
- ガラス窓からの**日射を遮へい**するひさしや**ブラインド**などを設ける．ブラインドはガラス窓の室内側に設けるより，**外側や複層ガラスの間に設ける**と遮へい効果が向上する．
- 同じ形状の建物の場合，非空調部分を外周部に配置する**ダブルコア方式**は**センターコア方式**に比べ年間熱負荷が少ない．
- 屋上や外壁には**熱通過率の小さい材料**を使用する．
- 屋上や外壁面を緑化したり，遮熱塗料を施す．

2. 空調計画と省エネ法（エネルギーの使用の合理化に関する法律）

省エネ法では，建物を建築しようとする者等に対して，第一種特定建築物（延床面積 2 000 m^2 以上）の場合は省エネ措置の届出・実施の義務化，第二種特定建築物（300 ～ 2 000 m^2 未満）の場合は省エネ措置の届出が義務化されている．省エネ措置の判断基準の概略は以下のとおりである．

⊕外壁，窓等を通しての熱の損失に関する基準

$$\text{PAL} = \frac{\text{ペリメーターゾーンの年間熱負荷〔MJ/年〕}}{\text{ペリメーターゾーンの床面積〔m}^2\text{〕}}$$

$$\leqq \text{判断基準} \times \text{規模補正係数}$$

⊕一次エネルギー消費量に関する基準

設計一次エネルギー消費量〔GJ/年〕≦ 基準一次エネルギー消費量〔GJ/年〕

2 空気調和の負荷

1. 設計条件

表4·1に，一般的な室内と屋外（外気）条件を示す．外気条件の温湿度の設定には，一般に**TAC温度**が用いられる．TAC温度は，ASHRAE（アメリカ暖房冷凍空調学会）の技術諮問委員会（Technical Advisory Committee）の提案によるもので，過去数年以上の夏季4か月（6～9月），冬季4か月（12～3月）の毎時間の外気温度の超過確率曲線を求め，超過確率（一般に2.5％）を一定に抑えたときの温度を採用している．**超過確率を大きくとると設計外気温度は小さく**なる．

表4・1　室内温湿度の推奨値

	夏　季	冬　季
一般建家 （事務所，住宅等）	25～27℃ 50～60％	20～22℃ 40～50％
営業用建物 （銀行，アパート等）	26～27℃ 50～60％	20～22℃ 40～50％
工業用建物 （工場など）	27～29℃ 50～65％	18～20℃ 40～50％

表4・2　冷暖房設計用乾球温度・露点温度〔℃〕

	暖房設計用				冷房設計用			
	屋外乾球温度		屋外露点温度		屋外乾球温度		屋外露点温度	
	1～24時	8～17時	1～24時	8～17時	1～24時	8～17時	1～24時	8～17時
札　幌	−12.0	−9.4	−16.0	−14.8	27.4	29.0	21.5	22.0
仙　台	−4.4	−2.3	−8.9	−9.1	29.0	30.4	23.8	24.2
東　京	−1.7	0.6	−11.4	−12.2	31.5	32.6	24.8	24.9
新　潟	−1.9	−1.2	−6.4	−6.0	31.0	32.2	24.3	24.5
名古屋	−2.1	0.3	−8.2	−9.0	32.9	34.3	24.6	24.9
大　阪	−0.6	1.1	−7.4	−7.4	32.8	33.6	24.5	24.5
福　岡	−0.1	1.5	−6.4	−6.0	32.4	33.3	25.1	25.3
鹿児島	−0.5	1.7	−5.0	−5.4	32.4	33.0	25.3	25.5

（空気調和・衛生工学便覧第12版より抜粋）

2. 冷房負荷

冷房負荷には窓からの日射や照明器具からの発生熱のように，室内気温を変化させる**顕熱負荷**と在室者から出る水蒸気のように，直接室内気温には変化を与えず，湿度（絶対湿度）に変化を与える**潜熱負荷**がある．

⊕**外壁及び屋根を通過する熱負荷**（顕熱）

$q_{wo} = K \cdot A \cdot \Delta t_e$ 〔W〕

K：熱通過率〔W/(m^2·K)〕，A：外壁，屋根の面積〔m^2〕

Δt_e：実効温度差〔K〕

≫**実効温度差**：実際の外壁や屋根は，太陽の直達日射や天空日射，外気温度等の影響を受けているので，その構造体の熱容量を考慮した温度差をいう．このときの外気温度を相当外気温度という．

⊕**内壁及び床面，天井面を通過する熱負荷**（顕熱）

$q_{wi} = K \cdot A \cdot \Delta t$ 〔W〕

Δt：室内外の温度差〔K〕

⊕**窓ガラスからの熱負荷**（顕熱）

$q_{GR} = A \cdot I_{GR} \cdot k_s$　　$q_{GT} = A \cdot K_G\ (t_o - t_i)$

q_{GR}：日射による取得熱量〔W〕，q_{GT}：伝熱による取得熱量〔W〕

I_{GR}：ガラス面のふく射量〔W/m^2〕，K_G：ガラスの熱通過率〔W/(m^2 · K)〕

A：ガラスの面積〔m^2〕，k_s：遮へい係数，t_o，t_i：外気及び室内の温度〔K〕

⊕**すき間風のもち込む熱量**（顕熱 + 潜熱）

顕熱量　$q_{IS} \fallingdotseq 0.33\ Q_i\ (t_o - t_i)$ 〔W〕

潜熱量　$q_{IL} = 833\ Q_i\ (x_o - x_i)$ 〔W〕

Q_i：すき間風の量〔m^3/h〕，t_o，t_i：外気及び室温〔K〕

x_o，x_i：外気及び室内の絶対湿度〔kg/kg(DA)〕

⊕**人体の発熱量**（顕熱 + 潜熱）

顕熱量 $q_{HS} = n \cdot h_S$ 〔W〕　　潜熱量 $q_{HL} = n \cdot h_L$ 〔W〕

n：人数〔人〕，h_S，h_L：1人当たりの作業別発生熱量〔W/人〕

→**室内温度が上がる**と全熱量はほとんど変わらないが，**潜熱量の占める割合が大きく**なる．

⊕**照明器具からの発熱量**（顕熱）

$q_{ES} = A \cdot W \cdot f$ 〔W〕

A：床面積〔m^2〕，W：単位床面積当たりの発熱量〔W/m^2〕

f：換算係数（蛍光灯 1.16，白熱灯 1.0）

⊕**その他の発生熱量**・・・これまであげた熱負荷のほかに，室内器具からの発生や空調機ファンなどからの発生熱がある．

⊕**外気負荷**（顕熱 ＋ 潜熱）・・・外気負荷の計算はすき間風の計算に準ずる．外気負荷は，風量算出には関係ないが，**装置負荷（コイル容量）**に関係する．

3. 暖房負荷

一般の暖房負荷計算では，**日射による影響や室内発生熱による負荷は安全側に働くので考慮しない場合が多い**が，室内の発生熱が多くなるような場合は，考慮しないと装置が大きくなりすぎるので注意する必要がある．

また，一般に**土間床，地中壁からの熱負荷は冷房負荷計算では無視するが，暖房負荷計算では考慮する**．

3 空気調和の設計

1. 湿り空気線図上の基礎的な変化

⊕**加　熱**・・・**図 4･1** は，温水コイルや電気ヒーターによって加熱した場合の変化を示す．空気中の水分量は変化しないので絶対湿度一定の変化となるが，相対湿度は低下する．

⊕**冷却及び冷却減湿**・・・冷却コイルで冷却する場合の状態変化は，**コイルの表面温度が処理空気の露点温度より高い場合**は，**空気中の水分量（絶対湿度）は変化しない**（①′②′ の変化）．一方，**冷却コイルの表面温度が処理空気の露点温度より低い場合**には，**コイル表面で結露が起こり，空気中の水分が凝縮して減湿**される（①②の変化）（**図 4･2** 参照）．

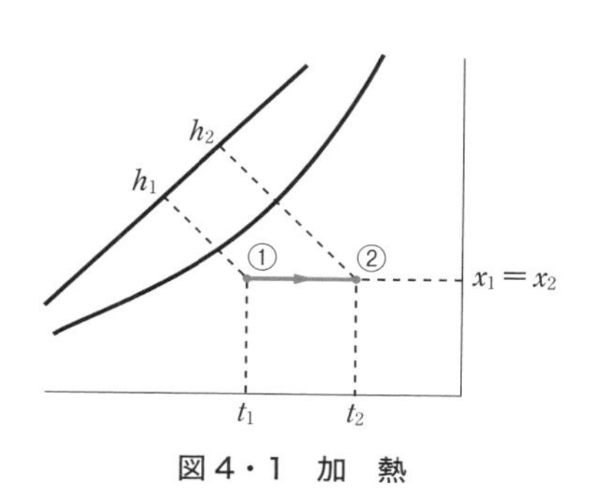

図 4・1　加　熱

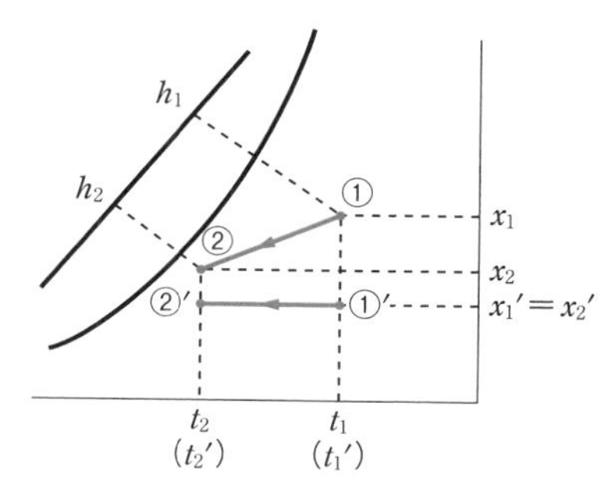

図 4・2　冷却及び冷却減湿

⊕**加　湿**

- **水噴霧加湿：図 4･3** のように**湿球温度一定の変化**（**断熱飽和変化**）となる．
- **蒸気加湿：図 4･3** のように**熱水分比** $u = 2\,500 + 1.846\,t_s$ で求めた直線と平行線上の変化となる（①②の変化）．100 ℃ の蒸気の場合は，**ほぼ真上に変化**する（①②′ の変化）．

⊕**混　合**･･･**図 4･4** のように①②の異なる状態の空気が混合された場合は，①と②を結ぶ線上になる．③の混合空気の状態点は，①の空気量を G_1〔kg/h〕，②の空気量を G_2〔kg/h〕とした場合，②③：③① = G_1：G_2 に内分された点となる．

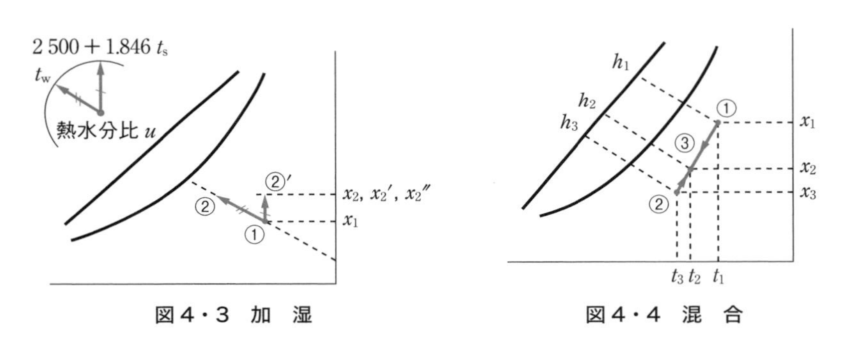

図4・3　加　湿　　　　図4・4　混　合

2. 定風量単一ダクト方式の湿り空気線図

空調方式の基本となる定風量単一ダクト方式（全空気方式）の湿り空気線図上の変化について考える．

⊕**冷房時の変化（図 4･5）**

外気（点①）と室内空気（点②）の還気が**混合**されて点③の状態となってコイルに入る．点③の空気は冷却コイルを通過すると**冷却減湿**されて点④の状態となり室内に送風される．このとき点②と点④を通る状態線にあることが必要である．また，点②と点④を通る**状態線（直線）の傾きは顕熱比（SHF）によって変化**する．顕熱比が 1.0 の場合は直線②④が水平となり，**顕熱比が大きくなるほど，直線②④の勾配は小さく**なる．

顕熱比（SHF）を求める

$$\mathrm{SHF} = \frac{q_S}{q_S + q_L}$$

q_S：室内顕熱負荷〔W〕，q_L：室内潜熱負荷〔W〕

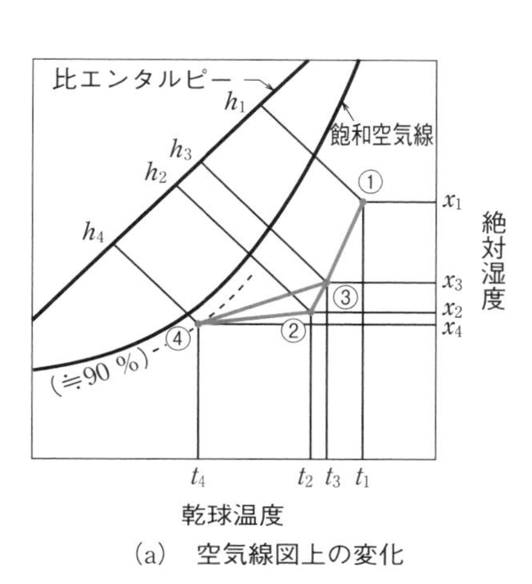

(a) 空気線図上の変化

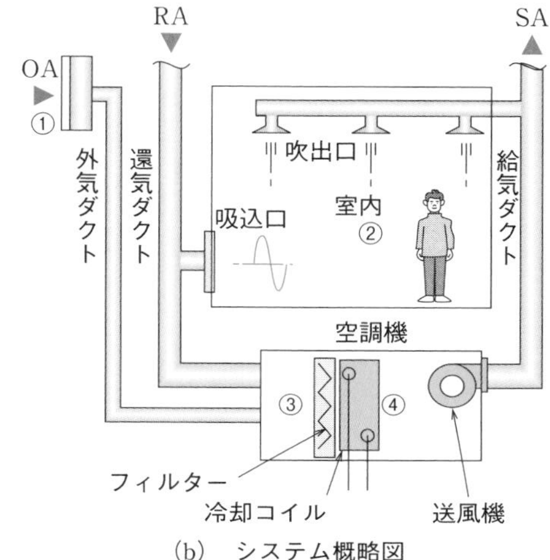

(b) システム概略図

図4・5 空気線図と概略システム図

送風量を求める

$$V = \frac{3\,600 \cdot q_S}{C_p \cdot \rho \cdot \Delta t}$$

V：送風量〔m³/h〕，q_S：室内顕熱負荷〔kW〕

C_p：空気の定圧比熱（≒1.00）〔kJ/(kg·K)〕

ρ：空気の密度（≒1.2）〔kg/m³〕

Δt：吹出し温度差〔℃〕（室内温度 － 室内吹出し空気温度）

一般にΔtは，10 ～ 12 ℃ 程度に取ることが多い．

冷却コイルの容量（冷房能力）を求める（図4·5 点③→④）

$$q_c = \frac{1\,000}{3\,600} \cdot V \cdot \rho \cdot (h_3 - h_4) \fallingdotseq 0.28 \cdot V \cdot \rho \cdot (h_3 - h_4)$$

q_c：冷却コイル容量〔W〕

h_3：冷却コイル入口空気の比エンタルピー〔kJ/kg(DA)〕

h_4：冷却コイル出口空気の比エンタルピー〔kJ/kg(DA)〕

⊕**暖房時の変化**（**図4·6**）・・・外気（点①）と室内還気空気（点②）が**混合**され，点③の状態となって加熱コイルに入る．加熱コイルを通過し**加熱**された空気は点④の状態となり，加湿器により**加湿**され点⑤の状態になり室内に送風される．この場合の加湿は**水噴霧加湿**（断熱変化）によるものだが，**蒸気加湿**の場合は

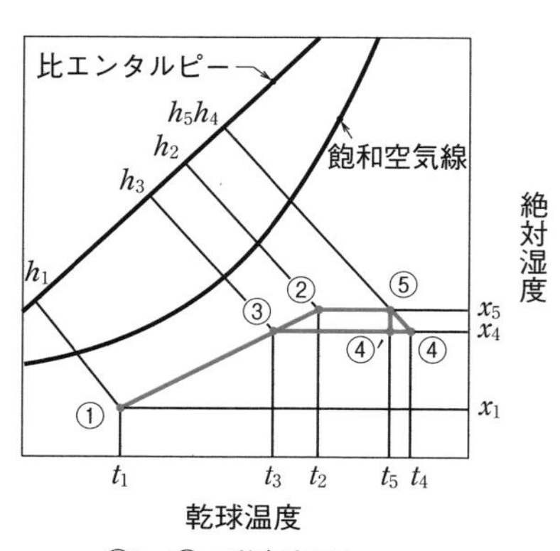

（a） 空気線図上の変化

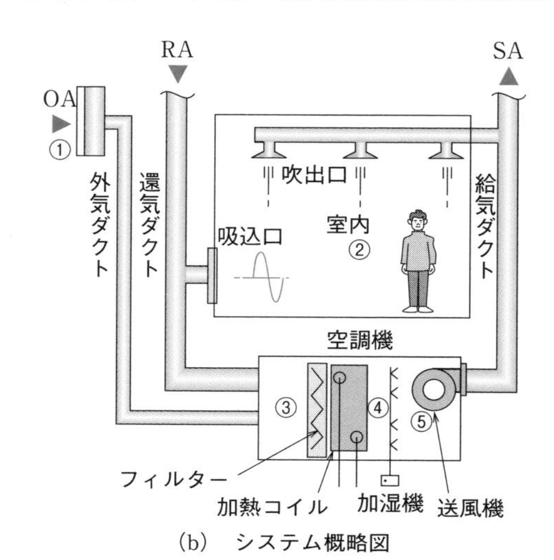

（b） システム概略図

図４・６ 空気線図と概略システム図

④′→⑤となる．

吹出し温度を求める

$$t_5 = \frac{3\,600 \cdot q_S}{V \cdot C_p \cdot \rho} + t_2$$

q_S：室内暖房負荷〔kW〕，V：送風量〔m³/h〕，

C_p：空気の比熱〔kJ/(kg·K)〕，t_5：吹出温度〔℃〕，t_2：室内温度〔℃〕

加熱コイルの容量（暖房能力）を求める

$q_h = 0.28 \cdot V \cdot \rho \cdot (h_4 - h_3)$

q_h：加熱コイル容量〔W〕

h_3：加熱コイル入口空気の比エンタルピー〔kJ/kg(DA)〕

h_4：加熱コイル出口空気の比エンタルピー〔kJ/kg(DA)〕

有効加湿量を求める

$L = \rho \cdot V \cdot (x_5 - x_4)$

L：有効加湿量〔kg/h〕，ρ：空気の密度（≒1.2）〔kg/m³〕

V：送風量〔m³/h〕

4 空調方式の種類と特徴

1. 定風量単一ダクト方式（CAV 方式）

中央機械室に設置した空気調和機から，空調された空気を 1 本の主ダクトと分岐ダクトによって各室に常時一定風量を供給するものである．

【長所】

- 換気量を十分確保できるので，**中間期（春・秋）などの外気冷房が可能**である．
- 効果的にじん埃が除去できるので**清浄度の高い室内環境**が得られやすい．
- 中央機械室に機器が集中しているので，**運転管理が容易**である．
- 他の空調方式に比べ**設備費が安い**．

【短所】

- 各室や各ゾーンの**個別制御が困難**である．
- 他の方式に比べ，**広いダクトスペース**が必要となる．
- 可変風量（VAV）方式に比べ，ファン動力が大きく**省エネルギー性が劣る**．

2. 変風量単一ダクト方式（VAV 方式）

変風量単一ダクト方式は，各ゾーン又は各室ごとに VAV ユニットを設け，それぞれの負荷変動に対して送風量を増減し空調するものである．

【長所】

- 負荷変動に対する応答が速く，ゾーンや各室ごとの**個別制御が可能**である．
- 低負荷時はファン動力の削減が可能で，CAV 方式に比べ**省エネルギー**である．

【短所】

- VAV 方式は，低負荷で風量が減少したときは，次のようなことに注意する．
- 気流分布及び**空気清浄度の確保が困難**となる．
- **湿度制御は成り行き**になる．
- **必要外気量の確保が困難**となる．

3. ダクト併用ファンコイルユニット方式

ファンコイルユニットを各室内のペリメーターゾーンに設置し，中央空調機で調整した一次空気をダクトでインテリアゾーンに供給する方式である．

【長所】

- ファンコイルごとに能力調整ができるので，**個別制御が容易**である．

• 全空気方式に比べ，**ダクトスペースが小さくなる.**

【短所】

• 全空気方式に比べ，**室内空気の撹拌や浮遊粉じんの処理が行われにくい.**

• ファンコイルユニットが分散化されるので**保守がしにくくなる.**

4. 床吹出し方式

床吹出し方式は，空調機からの給気を2重床チャンバーに送り込み，床に設けられた吹出し口より空調を行うものである．床吹出し方式は，天井吹出し方式に比べて，**吹出し温度差を小さく**とるため，**人間にとっての快適度は高い**（ただし，**冷房運転時における空調域の垂直方向の温度差が生じやすい**ので注意する）．また，浮遊粉じんの処理が天井吹出し方式に比べて行われやすく，OA 機器の配置替えなどに対して吹出口の位置が変更でき，風量も調整しやすい．

5. 各階ユニット方式

単一ダクト方式の空調機を各階ごとに設置し，各階で制御する方式で，運転時間が異なる場合や残業時の運転などに対する適応性がある．また，各階を貫通する大きなダクトがなくなる．短所としては空調機の分散，小型化のため保守管理がしにくい．

6. マルチパッケージ方式

冷凍機が内蔵してあり熱源機器が不要となる．1台で冷房，暖房ができるヒートポンプ式で，室外機1基に対して，多数の室内機を設けて空調することができるマルチパッケージ方式（通称：ビル用マルチタイプ）という．**運転が容易で，施工性がよく**，廃ガスなどの心配もなく一般家庭用からビル用まで広く普及している．

このタイプ（ヒートポンプ式）の特徴としては，同じ容量の**電気ヒーターと比べ効率がよい**が，空気熱源式では，冬季に外気温度が低下したり，夏季に凝縮温度が高くなったり，冷媒配管が長くなってしまうと，冷暖房能力が低下するので注意が必要である．

5 空気調和設備における各種自動制御システム

⊕**空気調和機ファン**（VAVの場合）・・・**給気ダクト内の静圧**又は**VAVユニットの開度**に応じて，**インバーターによる可変方式（回転数制御）**として**動力の節減**をはかる．

⊕**給気温度**・・・**給気ダクトに挿入した温度検出器**により信号を受けて，**冷温水コイルの電動２方弁の比例制御**を行う．配管系統が**VWV（変流量）システム**の場合，冷温水の制御弁には，**電動２方弁**や**電動３方弁**が用いられる．

⊕**空調用排気**・・・排気ダンパーは，**予冷・予熱時には一定時間閉**とするとともに，**空気調和機ファン停止時にも閉とする．**

⊕**外気取入れ**・・・外気取入れダクトに**モーターダンパー**を設け，**予冷・予熱時には外気が入らない**ように一定時間閉止し，経過後開放する．

⊕**フィルター**・・・フィルターの目詰まりや巻取りの監視が行えるよう，空気調和機のファンと連動運転とする．**自動巻取形空気清浄機**は，ファンと**インターロック**を取り，巻取り完了表示を中央監視盤に送るようにする．

⊕**加湿器**・・・代表室又は還気ダクトに**湿度検出器**を設置して制御し，ファンとインターロックをとり，ファン運転停止時に加湿器が作動しないようにする．

⊕**冷却塔**・・・冷却水温度の低下防止方法としては，**冷却塔ファンの二位置制御（ON−OFF制御）・回転数制御**，**冷却塔の台数制御**，**冷却水のバイパス制御**がある．

⊕**変風量単一ダクト方式の自動制御（デジタル式）**の例を**図4・7**に示す．

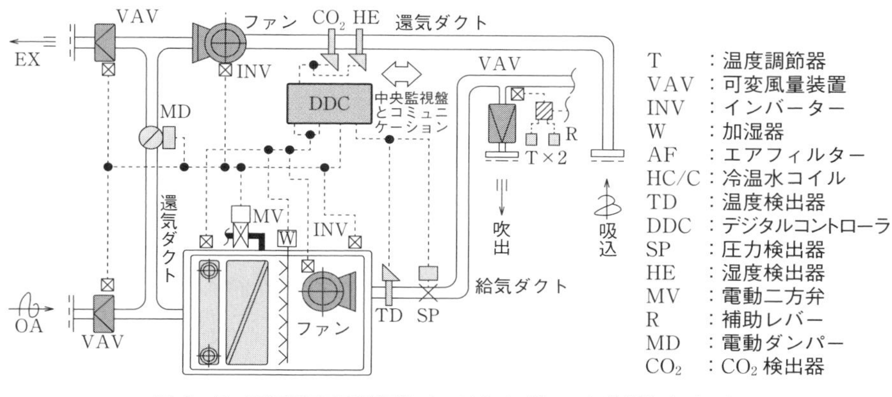

図4・7　変風量空気調和機（デジタル式）の自動制御方式の例

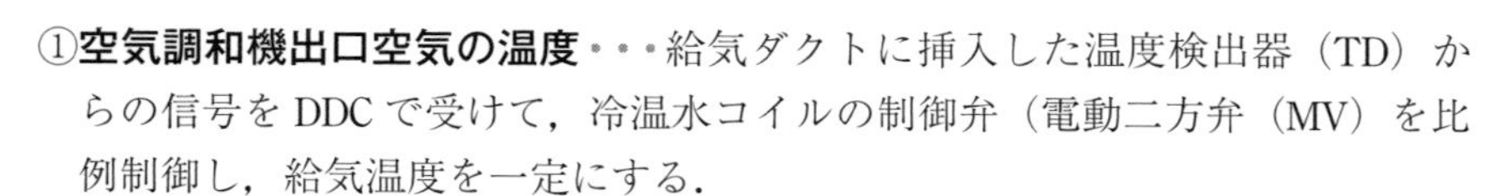

①**空気調和機出口空気の温度**・・・給気ダクトに挿入した温度検出器（TD）からの信号をDDCで受けて，冷温水コイルの制御弁（電動二方弁（MV）を比例制御し，給気温度を一定にする．

②**還気ダクト内の二酸化炭素濃度**・・・外気取入用電動ダンパー（MD）は，予冷，予熱の際にタイマー（TM）で閉とし，また，ファン停止時にも閉とする．

③**室内の温度**・・・室内に設置された温度調節器（T）の信号を受けて変風量装置（VAV）を比例制御し，室内温度を一定にする．

④**空気調和機のファン**・・・給気ダクト内に挿入された圧力（静圧）検出器（SP）からの信号をDDCで受けて，空気調和機のファンを回転数制御し，給気風量を制御する．

必ず覚えよう

〈空気調和設備〉

❶ 冷房熱負荷計算では，北面のガラス窓にも直達日射は当たるので日射の影響を考慮する．

❷ 土間床，地中壁からの通過熱負荷は，一般に，冷房負荷計算では無視するが，暖房負荷計算では考慮する．

❸ 実効温度差は冷房負荷計算で屋根や外壁からの通過熱負荷を求めるとき用いる．

❹ 吹出し温度差とは，室内空気とコイル出口空気の乾球温度差のことである．

❺ 空気調和機のコイル負荷を求める式

冷却（コイル）負荷〔W〕

$$q_c = \frac{1\,000}{3\,600} \cdot V \cdot \rho \cdot (h_3 - h_4) \quad \text{又は} \quad q_c = 0.28 \cdot V \cdot \rho \cdot (h_3 - h_4)$$

加熱（コイル）負荷〔W〕

$$q_h = \frac{1\,000}{3\,600} \cdot V \cdot \rho \cdot (h_4 - h_3) \quad \text{又は} \quad q_h = 0.28 \cdot V \cdot \rho \cdot (h_4 - h_3)$$

❻ 定風量単一ダクト方式は，同一負荷形態の室には対応しやすいが，負荷特性の異なる複数のゾーンに対しての負荷変動には対応できない．

❼ ダクト併用ファンコイルユニット方式は，一般に，全空気方式に比べて空気搬送動力が小さくなる．

❽ エアフローウインドウ方式は，窓面の熱負荷軽減に有効である．

❾ 空気調和機の冷温水コイルの制御弁は，給気ダクトに挿入した温度検出器からの信号を受けて給気温度を制御する．

❿ 加湿器の自動制御は，空気調和機ファンとインターロックを設定する．

問題 1 空気調和設備

建築計画に関する記述のうち，省エネルギーの観点から，適当でないものはどれか．

(1)建物の出入口には，風除室を設ける．
(2)東西面の窓面積を極力減らす建築計画とする．
(3)窓には，ダブルスキン，エアフローウインドウ等を用いる．
(4)非空調室は，建物の外周部より，なるべく内側に配置する．

解説 (4) **非空調室**は，建物の内側に配置するよりも，**外周の東西面に配置することで空調負荷を軽減**することができる．

解答▶(4)

問題 2 空気調和設備

空気調和計画において，系統を区分すべき室とゾーニングの主たる要因の組合せとして，最も適当でないものはどれか．

	(区分すべき室)	(主たる要因)
(1)	事務室と食堂	空気清浄度
(2)	事務室とサーバー室	温湿度条件
(3)	事務室と会議室	使用時間
(4)	東側事務室と西側事務室	日射

解説 (1) **事務室と食堂を区分すべき主な要因**は，**負荷傾向又は使用時間**であり，空気清浄度が要因ではない．

解答▶(1)

マスターPoint サーバー室（電算機室）は事務室系統と異なり，冬期においても冷房が必要となる．このように空調条件が異なる場合は温湿度（空調）条件別ゾーニングとするのが望ましい．東側や西側に面する室の外周部（ペリメーターゾーン）は，特に日射の影響（顕熱）が大きく左右するので，他の部分（インテリアゾーンなど）とは区分するのが望ましい．

問題 3 空気調和設備

冷房熱負荷計算に関する記述のうち，適当でないものはどれか．

(1) 人体からの発熱量は，室内温度が下がると顕熱分が大きくなり，潜熱分が小さくなる．

(2) 土間床，地中壁からの通過熱負荷は，一般的に，年中熱損失側であるため無視する．

(3) 北面のガラス窓からの日射負荷は，一般的に，直達日射が当たらないため無視する．

(4) 日射及び夜間放射の影響を受ける外壁の負荷計算には，通常の温度差の代わりに，実効温度差を用いる．

解説 (2) 土間床，地中壁からの通過熱負荷は，一般に，室温より地中温度が低く，年中熱損失側であるため冷房負荷計算では無視するが，暖房負荷計算では考慮する．

(3) 窓ガラスからの熱負荷には伝熱による熱負荷と日射による熱負荷があり，**北面のガラス窓にも直達日射は当たるので日射の影響を考慮**しなければならない．

解答▶(3)

問題 4 空気調和設備

熱負荷に関する記述のうち，適当でないものはどれか．

(1) 実効温度差は，外壁面全日射量，外壁日射吸収率，外壁表面熱伝達率等の要因により変わる．

(2) 壁体の構造が同じであっても，壁体表面の熱伝達率が大きくなるほど，熱通過率は大きくなる．

(3) 暖房負荷計算では，暖房室が外気に面したドアを有する場合，すき間風負荷を考慮する．

(4) 暖房負荷計算では，外壁の負荷は，一般的に，実効温度差を用いて計算する．

解説 (4) **暖房負荷計算**で外壁の負荷を求めるときは，外壁の熱通過率 × 壁面積 × 温度差（外気設計温度 − 室内設計温度）× 方位係数で求める．**実効温度差**は，**冷房負荷計算で屋根や外壁からの取得負荷を求める**ときに用いる．

解答▶(4)

マスターPoint 実効温度差とは，日射などの影響を受ける屋根や外壁が日射熱による蓄熱分を考慮した温度差のことで，方位や時間による外壁面全日射量，外壁日射吸収率，外壁表面熱伝達率等により異なる値となる．

問題 5 空気調和設備

下図に示す冷房時における定風量単一ダクト方式の湿り空気線図に関する記述のうち，適当でないものはどれか．

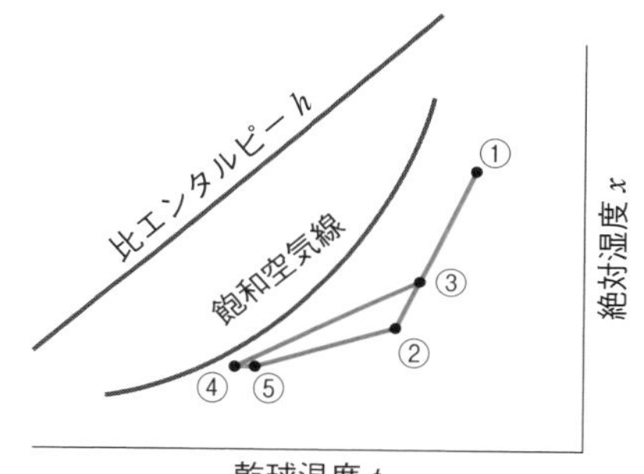

(1) コイル出口空気状態点④から⑤は送風機の発熱等による温度上昇であり．⑤から②は室内での状態変化で SHF の状態線上を移動する．

(2) 混合空気状態点③は，外気量と送風量の比から，「外気量/送風量 ＝ ②と③を結ぶ線分の長さ/①と②を結ぶ線分の長さ」として求める．

(3) 混合空気状態点③とコイル出口空気状態点④の比エンタルピー差から求めたコイル冷却負荷のうち，外気負荷は室内空気状態点②と混合空気状態点③の比エンタルピー差の部分となる．

(4) 冷房吹出温度差は，混合空気状態点③とコイル出口空気状態点④の乾球温度差から求める．

解説 (4) 冷房吹出温度差は，室内空気状態点②とコイル出口空気状態点④の乾球温度差から求める．

解答▶(4)

設問の冷房時における定風量単一ダクト方式のシステム概略図は下図のとおりである.

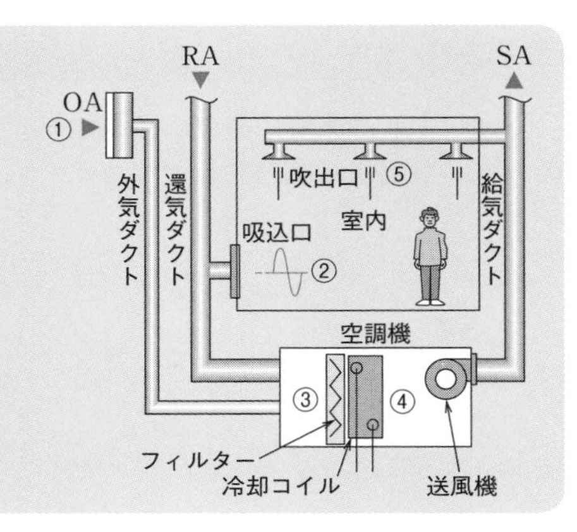

問題 6 空気調和設備

図に示す冷房時の湿り空気線図における空気調和機のコイルの冷却負荷の値として，適当なものはどれか．ただし，送風量は 6 000 m³/h，空気の密度は 1.2 kg/m³ とする．

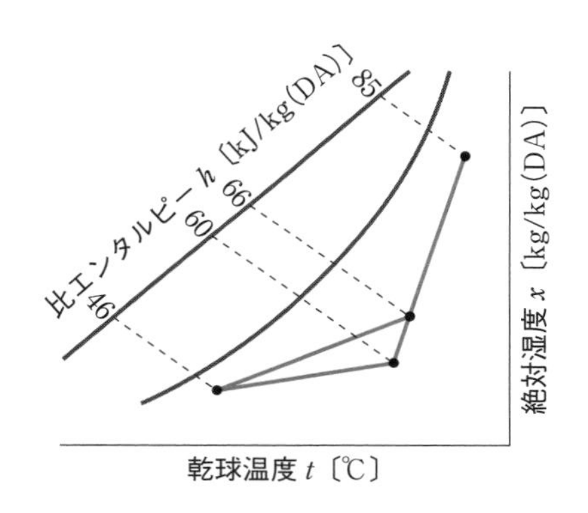

(1) 28 kW　(2) 40 kW　(3) 50 kW　(4) 78 kW

解説 空気調和機のコイルの冷却変化は③→④となるので，冷却負荷 q_c〔W〕は，次式で求めることができる．

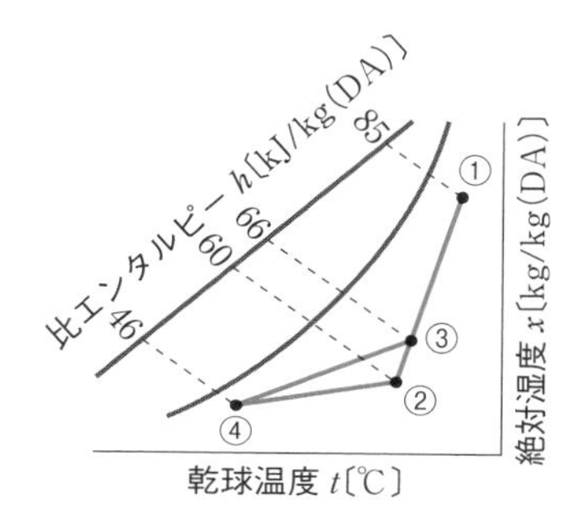

①外気の状態点
②室内空気の状態点
③冷却コイル入口の状態点
（①と②の混合空気の状態点）
④冷却コイル出口の状態点
（室内吹出空気の状態点）

$$q_c = \frac{1\,000}{3\,600} \cdot V \cdot \rho \cdot (h_3 - h_4)$$

ここに，V：送風量〔m^3/h〕→ 6 000 m^3/h

ρ：空気の密度〔kg/m^3〕→ 1.2 kg/m^3

h_3：冷却コイル入口空気の比エンタルピー〔kJ/kg（DA）〕→ 66 kJ/kg（DA）

h_4：冷却コイル出口空気の比エンタルピー〔kJ/kg（DA）〕→ 46 kJ/kg（DA）

$$q_c = \frac{1\,000}{3\,600} \times 6\,000 \times 1.2 \times (66 - 46) = 40\,000\ \text{W} = 40\ \text{kW}$$

となる．よって，（2）が適当である．

解答▶(2)

上式を次のように表わすこともできる．

$$q_c = 0.28 \cdot V \cdot \rho \cdot (h_3 - h_4)$$

問題 7 空気調和設備

図に示す暖房時の湿り空気線図において，空気調和機のコイルの加熱負荷量として，**適当なもの**はどれか．ただし，送風量は 10 000 m³/h，空気の密度は 1.2 kg/m³ とする．

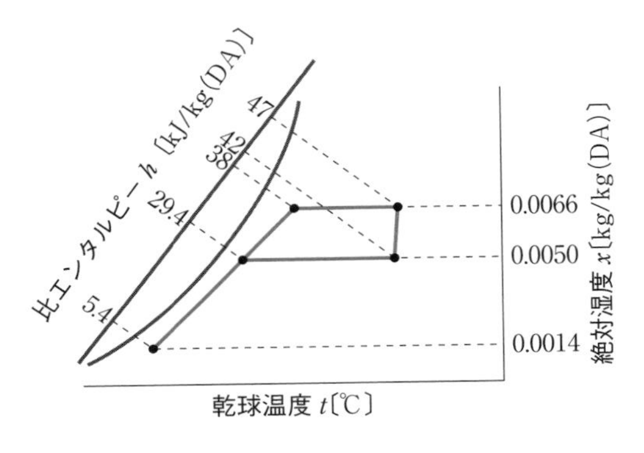

(1) 28 700 W　(2) 35 000 W　(3) 42 000 W　(4) 58 700 W

解説 空気調和機のコイルの加熱変化は③→④の変化となるので，加熱負荷量 q_h〔W〕は，次式で求めることができる．

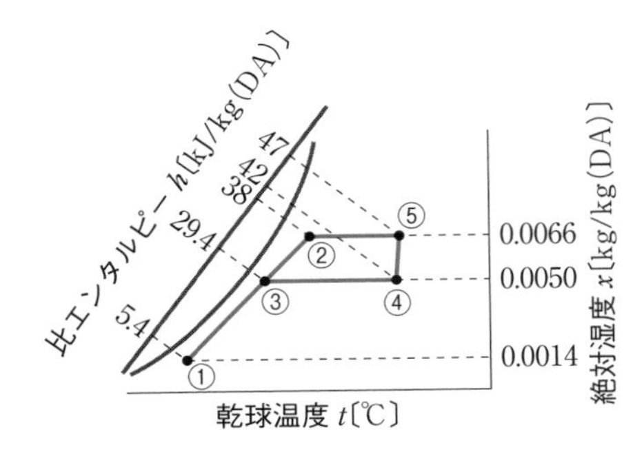

①外気の状態点
②室内空気の状態点
③加熱コイル入口の状態点
（①と②の混合空気の状態点）
④加熱コイル出口の状態点
（加湿器入口空気の状態点）
⑤加湿器出口空気の状態点
（室内吹出空気の状態点）

$$q_h = \frac{1\,000}{3\,600} \cdot V \cdot \rho \cdot (h_4 - h_3)$$

ここに，V：送風量〔m^3/h〕→ 10 000 m^3/h

ρ：空気の密度〔kg/m^3〕→ 1.2 kg/m^3

h_3：加熱コイル入口空気の比エンタルピー〔kJ/kg（DA）〕→ 29.4 kJ/kg（DA）

h_4：加熱コイル出口空気の比エンタルピー〔kJ/kg（DA）〕→ 42 kJ/kg（DA）

$$q_h = \frac{1\,000}{3\,600} \times 10\,000 \times 1.2 \times (42 - 29.4) = 42\,000\ \mathrm{W}$$

となる．よって，(3) が適当である．

解答▶(3)

問題 8 空気調和設備

空気調和方式に関する記述のうち，適当でないものはどれか．

(1) 床吹出し方式では，冷房時には効率的な居住域空調が行えるが，居住域の垂直温度差が避けられない．

(2) ダクト併用ファンコイルユニット方式は，全空気方式に比べ，外気冷房の効果を得にくい．

(3) 定風量単一ダクト方式は，変風量単一ダクト方式に比べ，負荷特性の異なる複数のゾーンに対しての負荷変動対応が容易である．

(4) 変風量単一ダクト方式に用いる変風量（VAV）ユニットは，試運転時の風量調整に利用できる．

(3) **定風量単一ダクト方式**は，送風量を一定にして送風温度を変化させるもので，**同一負荷形態の室には対応しやすいが**，同一系統内の部分的な空調の運転・停止はできない．**負荷特性の異なる複数のゾーンに対して，各室間で温湿度のアンバランスが生じやすい．**

解答▶(3)

マスターPoint 外気冷房とは，一般に，中間期（春・秋）に室内より外気温度が低い場合に行うものである．全空気方式（単一ダクト方式など）は風量を十分確保できるため外気冷房が可能となるが，ダクト併用ファンコイルユニット方式は，外気冷房を行うほどの風量（換気量）は確保できない．

問題 9 空気調和設備

空気調和方式に関する記述のうち，適当でないものはどれか．

(1) 床吹出し方式は，吹出口の移動や増設に対応しやすい．

(2) 変風量単一ダクト方式は，室の負荷変動に対応しやすい．

(3) エアフローウインドウ方式は，窓面の熱負荷軽減に有効である．

(4) ダクト併用ファンコイルユニット方式は，一般に，全空気方式に比べて空気搬送動力が大きい．

解説 (4) **熱搬送媒体で分類するとダクト併用ファンコイルユニット方式は空気−水方式であり，**定風量単一ダクト方式は**全空気方式である．空気のみで熱搬送するより，水と空気で熱搬送するほうが，効率がよくなるので搬送動力は少なくてすむ．**

解答▶(4)

マスターPoint エアフローウインドウ方式は，ガラス面における夏期の日射負荷や冬期のコールドドラフトを低減させるため，外周部（ペリメーター）から熱排気を強制的に天井裏ダクトに回すことで換気を行う方式である．日射や外気温度による室内への熱負荷を小さくすることができる．

問題 10 空気調和設備

空気調和機における自動制御に関する記述のうち，適当でないものはどれか．

(1) 加湿器は，冷温水ポンプとのインタロックを設定する．

(2) 冷却塔のファンは，冷却塔の冷却水出口温度による二位置制御とする．

(3) 外気取入れダンパーは，空気調和機の運転開始時に一定時間，閉とする．

(4) 加湿器は，代表室内の湿度調節器による二位置制御とする．

解説 (1) **加湿器の自動制御**は，代表室内の湿度調節器による**二位置制御**とし，**空気調和機ファンとインタロック**を設定し，空気調和機ファン運転停止時に加湿器が作動しないようにする．

解答▶(1)

マスターPoint 二位置制御は，目標値の上限を上回ったとき又は下限を下回ったときにON又はOFFのどちらかに動作する制御（ON-OFF制御）のことである．冷却塔ファン，加湿器などの制御に用いられる．また，比例制御は，二位置制御では不安定となる制御を改善したもので，操作量をある範囲内の制御量の変化に応じて0～100％の間を連続的に変化させる制御のことである．空気調和機の冷温水コイルの制御弁，空気調和機のファン制御，VAVユニット，外気及び排気用電動ダンパーの制御などに用いられる．

問題 11 空気調和設備

変風量単一ダクト方式の自動制御において，「制御する機器」と「検出要素」の組合せのうち，適当でないものはどれか．

（制御する機器）	（検出要素）
(1) 空気調和機の冷温水コイルの制御弁	空気調和機入口空気の温度
(2) VAVユニット	空調室内の温度
(3) 外気及び排気用電動ダンパー	還気ダクト内の二酸化炭素濃度
(4) 空気調和機のファン	VAVユニットの風量

解説 (1) **空気調和機の冷温水コイルの制御弁**は，給気ダクトに挿入した温度検出器からの信号をDDC（Direct Digital Controller）で受けて，冷温水コイルの制御弁（電動二方弁）を比例制御し，給気温度を制御する．したがって，**検出要素は空気調和機出口空気の温度**である．

解答▶(1)

マスターPoint 空気調和機のファンの制御は，VAVユニットの風量や給気ダクト内に挿入された圧力（静圧）検出器からの信号をDDCで受けて，空気調和機のファンを回転数制御し，給気風量を制御する．

4 2 冷暖房設備

1 ヒートポンプ

⊕**ヒートポンプ・・・ヒートポンプの熱源**は，一般には空気，地下水，排熱などあるが，そのほかにも河川水，下水道処理水，地熱，太陽熱など広く利用できる．適応条件としては，容易に得られること，量が豊富で時間的変化が少ないこと，平均温度が高く温度変化が少ないことがあげられる．

空気熱源ヒートポンプの特徴は，暖房時（冬期），蒸発器が屋外側となるので，外気温度が低くなる蒸発温度（圧力）も低くなる．室内の設定温度を上げると，凝縮温度（圧力）も高くなる．**蒸発温度の低下や凝縮温度の上昇が起きると圧縮仕事が増加するので成績係数（COP）が小さくなる．**

外気温度が0℃以下に低下した場合，屋外側の蒸発器の表面に霜が付き熱交換ができないので，一般に，**四方弁**を冷房サイクルに切り替えて**除霜運転**を行う．

ガスエンジンヒートポンプは，**圧縮機の駆動にガスエンジンを使用**して，**450～550℃の排ガスや70～90℃の冷却水から排熱回収**することができる．排熱回収するための熱交換器と搬送装置を備えたシステムが基本形となっている．

2 蓄熱槽

空調設備で用いられている蓄熱方式には，**顕熱利用の水蓄熱方式**と，**潜熱利用の氷蓄熱方式**などがある．蓄熱槽を設けることにより，冷凍機の高効率運転や深夜電力の使用が可能になる．

⊕**水蓄熱方式**（二重スラブ式を利用した水蓄熱槽）

- 高層建物では，水‒水熱交換器を設け，二次側を密閉回路とするのが一般的である．
- 冷凍機の入口水温は，一般に高温側と低温側の水を三方弁で混合して調節する．
- 蓄熱槽の効率を上げるために，槽の上面，底面，地中に接する側面及び冷水槽との温水槽との界壁等，周囲全体を断熱する必要がある．
- 水蓄熱槽をピストン流にすると，蓄熱量に対する有効取出し熱量が多くなる．

⊕氷蓄熱方式

- 氷蓄熱方式では，主に**氷の融解潜熱**と**水の顕熱**を利用する．
- 氷蓄熱方式には，**スタティック方式**と**ダイナミック方式**がある．
- 製氷方式のスタティック方式は，熱交換器表面に接した水を冷却し，氷として成長させるものである．
- 水蓄熱方式に比べて，氷の融解潜熱を利用するので**蓄熱槽を小さく**することができる．また，水蓄熱より低温で蓄熱するため熱損失は多くなるが，槽容量が小さくなるので熱損失は少なくてすむ．
- **氷充填率（IPF）**とは $\dfrac{\textbf{蓄熱槽内の氷質量}}{\textbf{氷と水の質量}}$ のことをいう．氷充填率が大きいということは蓄熱槽内の氷質量が大きいことになるので蓄熱量が増え，蓄熱槽の大きさを小さくできる．IPF はダイナミック形の方がスタティック形より大きい．
- 水蓄熱方式に比べて，製氷による冷媒蒸発温度の低下に伴い，**冷凍機の成績係数（COP）は小さく**なる．
- 氷蓄熱では，水蓄熱方式に比べ**温度差が大きく取れる**ため，**搬送動力の低減**ができる．5℃以下（4℃程度）の低温の冷水を取り出すことができるので，大温度差空調システムなどに用いられる．**大温度差空調システム**では吹出し温度が10℃程度となる．

⊕ピークカットとピークシフト・・・蓄熱槽の利用によって，ピークカットやピークシフトが可能となり，熱源機器を低効率で連続運転することがなくなり，最適な効率で運転が可能となる．**ピークカット**とは，昼間の最大負荷時間帯に熱源を停止して蓄熱分だけで補う方法である．また，昼間の最大負荷を夜間に蓄熱した分で補う方法をピークシフトという（**図4･8**(a)(b)参照）

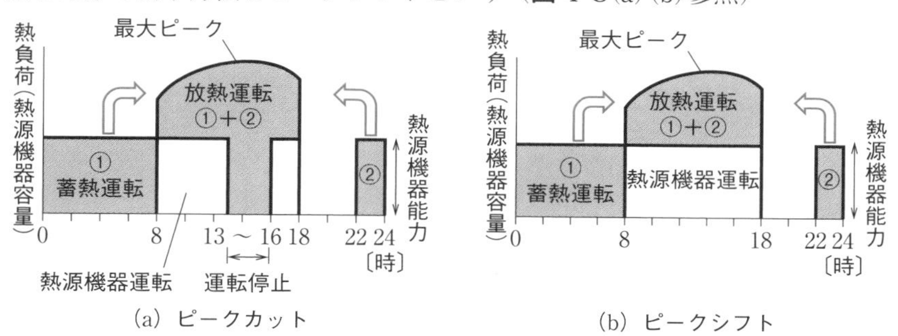

図4・8　蓄熱槽を用いた場合のピークカットとピークシフト

3 コージェネレーションシステム

コージェネレーションシステム（熱電供給方式）は，**石油・ガスなどを燃料としてエンジンやタービンを運転し，発電するとともに排ガスなどの排熱によって温水や蒸気を取り出して冷房，暖房，給湯用に利用するシステム**をいう．

1. コージェネレーションシステムの特徴

- 発電と排熱利用のバランスを図ることで，高い総合効率を得ることができる．ただし，需要側の**電力と熱の負荷バランス**により**総合エネルギー効率が変動**する．
- **電主熱従運転**は，電力負荷に追従して発電し，その排熱を熱利用する運転方式で，**排熱が余ったときは大気に放出**する．
- **熱主電従運転**は，熱負荷に合わせて，これをまかなうのに必要な排熱に見合う分だけ発電する方式で，余剰排熱が発生しないため**エネルギー効率の高い運転が可能**となる．
- 用途は，一般に**ホテル**や**病院**などの**熱需要**と**電気需要が同時**に発生する施設が適している．
- 系統連系されるコージェネレーションシステムでの自家発電機は，誘導電動機と同期発電機のうち，一般的に商用電源との並列運転ができる**同期発電機**が使用されている．

2. ディーゼルエンジン

排ガス中にすすが含まれるため，排ガスからの熱回収は容易ではない．

3. ガスエンジン

- 熱交換により**ジャケット冷却水**と**排熱ガスからの熱回収**が可能である．**ジャケット冷却**による回収熱では，**温水又は低圧蒸気**を得ることができる．**排ガス**からの排熱回収では，**温水**，**蒸気**，**温水・蒸気**の3通りの方法がある．排ガスからの高温排熱は排熱ボイラーを使って，**高圧蒸気**（0.8 MPa 程度）を取り出すこともできる．
- ジャケット冷却水を空気調和機などに直接供給するのは，耐圧や防食の点で好ましくない．冷温水吸収冷凍機を設置する場合は，できるだけ高温の温水を供給するために，**ガスエンジンの近く（同一階）に設置**するようにする．

4. ガスタービン

排熱回収源は排ガスのみで 500℃前後で排出されるため，一般に，**排熱ボイラーで蒸気の形で回収して利用される場合が多い**．その蒸気は**高圧蒸気**として取り出すことが可能なので，**蒸気二重効用吸収式冷凍機に使用**できる．

5. 各熱機関の比較（発電効率・熱回収率・熱電比）

- **発電効率**（出力）は，ディーゼルエンジンが最も良く，次いで，ガスエンジン，ガスタービンとなる．**発電効率 = 発電量/燃料消費量.**
- **熱回収率**は，ガスタービンが最も良く，次いで，ガスエンジン，ディーゼルエンジンとなる．**熱回収率 = 排熱利用量/燃料消費量.**
- **熱電比**は，ガスタービンが最も良く，次いで，ガスエンジン，ディーゼルエンジンとなる．**熱電比 = 供給可能熱出力/発電出力.**

6. 燃料電池

燃料電池は，**燃料の化学エネルギーを直接電気エネルギーに変換するので**，内燃機関のタイプとは異なり，**総合効率が高く，騒音や振動の発生が少なく，窒素酸化物**（NO_x）**の発生もないクリーンなエネルギー**である．

4 地域冷暖房

地域冷暖房は，1か所の又は数か所の熱源プラントで製造された蒸気，高温水，冷水などの熱媒を，ある一定の地域内の各建物や施設に供給し，冷暖房，給湯を行うシステムをいう．地域冷暖房の採算性は，熱需要密度〔MW/km^2〕が大きいことが条件となる．

1. 高温水による地域冷暖房の特徴

- 装置全体の熱容量が大きいので，負荷変動に対するボイラーの運転は安定している．
- 高低差のある広域地域では，配管こう配の問題が少ないので，蒸気より適している．
- 蒸気トラップ，減圧弁などの付属機器が少ないので，保守が容易である．
- 配管系が密閉式であるため，水や熱の損失が少ない．

2. 高温水の加圧方式

高温水の加圧方式には，**ガス加圧法**，**蒸気加圧法**，**ポンプ加圧法**，**静水頭加圧法などがあるが**，ガス加圧法が多く用いられており，金属を腐食させないように窒素ガス（N_2）やアルゴンガス（Ar）などを使用する．

3. サブステーション

熱源プラントから送られてきた熱媒の圧力，温度，流量などを調節し，放熱器や空調機などに供給する場所で，**直結方式**，**ブリードイン方式**，**熱交換（間接接続）方式**がある．安全性を考慮すると，熱交換方式がよい．

4. 地域冷暖房に関する特徴

- 熱源受入方式の**ブリードイン方式**は，需要家が利用した熱媒と供給側より送られてきた熱媒とを**三方弁などで混合して需要家側に供給**する方式である．
- **高温水を用いる場合**は，流動状態において，**装置のいかなる部分の管内圧力も飽和蒸気圧以上**に保たなければならない．
- 地域冷暖房の温熱源として，**変電所排熱**や**下水排熱**などの未利用エネルギーが使用できる．
- 熱供給者が**蒸気を温熱源として供給**する場合，一般に**高圧蒸気で供給**される．
- **海水・河川水・下水**などは，**暖房時のヒートソース**としてだけでなく，**冷房時のヒートシンク**としても利用できる．
- **炉筒煙管式ボイラー**は，大規模建物の蒸気供給用や**地域冷暖房用**として使用される．

必ず覚えよう

〈冷暖房設備〉

❶ ヒートポンプでは，外気温度が低くなると蒸発圧力（蒸発温度）が低くなり，暖房能力も低下する（成績係数 COP が悪くなる）．

❷ 氷蓄熱方式は，水蓄熱方式に比べて蓄熱槽の容量が小さくなる．

❸ 氷蓄熱方式におけるダイナミック方式は，スタティック方式に比べて冷凍機成績係数（COP）が高くなる．

❹ コージェネレーションシステム（原動機式）の発電効率は，ディーゼルエンジンが最も高く，次いでガスエンジン，ガスタービンの順となる．

問題 1 冷暖房設備（ヒートポンプ）

空気熱源ヒートポンプに関する記述のうち，適当でないものはどれか．

(1) ヒートポンプでは，外気温度が低くなると暖房能力が低下する．

(2) ヒートポンプの成績係数は，圧縮仕事の駆動エネルギーが追加されるため，往復動冷凍機の成績係数より高くなる．

(3) ヒートポンプの除霜運転は，一般的に，四方弁を冷房サイクルに切り替えて行う．

(4) ヒートポンプでは，外気温度が低くなると蒸発圧力，蒸発温度が高くなる．

解説 (4) ヒートポンプでは，**外気温度が低くなると蒸発圧力，蒸発温度も低く**なり，圧縮仕事が増加するため**成績係数**（COP：Coefficient Of Performance）は悪くなる．

解答▶(4)

マスターPoint 寒冷地で空気熱源ヒートポンプを使用する場合，外気温度が低くなると屋外機の熱交換器に霜が付着する場合があるため，電気ヒーターなどの補助熱源装置が必要な場合がある．また，ガスエンジンヒートポンプは，圧縮機の駆動にガスエンジンを使用して，450 ～ 550 ℃ の排ガスや 70 ～ 90 ℃ の冷却水から排熱回収することができ，寒冷地などで採用されている．

問題 2 冷暖房設備（ヒートポンプ）

空気熱源ヒートポンプに関する記述のうち，適当でないものはどれか．

(1) 空冷ユニットを複数台連結するモジュール型は，部分負荷に対応して運転台数を変えることができる．

(2) 空冷ユニットを複数台連結するモジュール型は，法定冷凍トンの算定をする場合，連結する全モジュールを合算する必要がある．

(3) ヒートポンプでは，外気温度が低くなると暖房能力が低下する．

(4) ヒートポンプの成績係数は，圧縮仕事の駆動エネルギーが暖房能力に追加されるため，冷凍機の成績係数より高くなる．

解説 (2) **空冷ユニットを複数台連結するモジュール型**は，部分負荷に対応して運転台数を変えることができる．法定冷凍トンは，一般に，個々の室外機は単独に設置される**法定20冷凍トン未満**のものであり，**室内機の冷媒系統も独立**しているため，**合算しなくてよい**．高圧ガス保安法による届出は不要となる．

解答▶(2)

マスターPoint ヒートポンプの採熱源は，容易に得られることが特長であるが，平均温度が高く，温度が少なく安定していることが望ましい．空気熱源のほかに，地下水，排熱などがあるが，そのほかにも河川水，下水道処理水，地熱，太陽熱など広く利用できる．

問題3 冷暖房設備（蓄熱方式）

蓄熱方式に関する記述のうち，適当でないものはどれか．

(1) 蓄熱を利用した空調方式では，ピークカットにより熱源機器の容量を低減することができる．
(2) 二次側配管系を開放回路とした場合，ポンプの揚程には循環の摩擦損失のほかに押上げ揚程が加わるため，ポンプの動力が大きくなる．
(3) 氷蓄熱方式は，氷の融解潜熱を利用するため，水蓄熱方式に比べて蓄熱槽の容量が大きくなる．
(4) 蓄熱槽を利用することで，熱源機器を低効率で連続運転することがなくなり，最適な効率で運転できる．

解説 (3) **氷蓄熱方式**は，**氷の融解潜熱を利用**するため，顕熱を利用する水蓄熱方式に比べて**蓄熱槽の容量が小さく**なる．また，氷蓄熱は水蓄熱より低温で蓄熱するため熱損失は多くなるが，全体としての熱損失は少なくてすむ．

解答▶(3)

マスターPoint 蓄熱を利用した空調方式では，ピークカットにより熱源機器の容量を低減することができる．ピークカットとは，昼間の最大負荷時間帯に熱源を停止して蓄熱分だけで補う方法である．また，昼間の最大負荷を夜間に蓄熱した分で補う方法をピークシフトという．

問題4 冷暖房設備（蓄熱方式）

氷蓄熱に関する記述のうち，適当でないものはどれか．

(1) 冷凍機の冷媒蒸発温度が低いため，冷凍機成績係数（COP）が低くなる．

(2) 氷蓄熱方式は，氷の融解潜熱を利用するため，水蓄熱方式に比べて蓄熱槽容量を小さくできる．

(3) 氷蓄熱方式は，冷水温度を低くできるため，水蓄熱方式に比べて搬送動力を小さくできる．

(4) ダイナミック方式は，スタティック方式に比べて冷凍機成績係数（COP）が低くなる．

解説 (4) 氷蓄熱のダイナミック方式は，液体と細氷片や微細な氷粒が混合した流動性のあるスラリー状態で蓄熱するため，冷凍機の熱交換器と蓄熱時の氷の成長による熱伝導抵抗の増加がないため，スタティック方式に比べて冷凍機成績係数（COP）は高くなる．

解答▶(4)

氷蓄熱方式は，水蓄熱方式に比べて冷媒の蒸発温度が低くなる．冷凍機の蒸発温度が低下すると，圧縮仕事が増加するため冷凍機の成績係数（COP）が低くなる．

問題5 冷暖房設備（コージェネレーションシステム）

コージェネレーションシステムに関する記述のうち，適当でないものはどれか．

(1) 発電電力と商用電力の系統連系により，電力供給の信頼性が上がる．

(2) システムの経済性は，イニシャルコスト及びランニングコストの試算結果により評価される．

(3) ガスタービンを用いるシステムの発電効率は，ディーゼルエンジン，ガスエンジンを用いるシステムに比べて高い．

(4) 燃料電池を用いるシステムは，発電効率が高く，騒音や振動の発生が少ない．

解説 (3) 内燃機関を用いたコージェネレーションシステムの発電効率（発電量/燃料消費量）を比較すると，ディーゼルエンジンが最も高く，次いでガスエンジン，ガスタービンの順となる．

解答▶(3)

マスターPoint コージェネレーションシステムの運転における電力の利用方式には，単独運転（系統分離）と受電並列運転（系統連携）がある．前者は，商用電力とコージェネレーションによる発電を分けて運転する方式で，後者は，コージェネレーションによる発電と商用電力の系統連系により電力を供給するもので，電力供給の信頼性が上がる．

問題 6 冷暖房設備（コージェネレーションシステム）

コージェネレーションシステムに関する記述のうち，適当でないものはどれか．

(1) 受電並列運転（系統連系）は，コージェネレーションシステムによる電力を商用電力と接続し，一体的に電力を供給する方式である．

(2) 燃料電池を用いるシステムは，原動機式と比べて発電効率が高く，騒音や振動が小さい．

(3) 熱機関からの排熱は，高温から低温に向けて順次多段階に活用するように計画する．

(4) マイクロガスタービン発電機を用いたシステムでは，工事，維持，運用に係る保安の監督を行う者として，ボイラー・タービン主任技術者の選任が必要である．

解説 (4) **電気出力 300 kW 未満等の要件を満たす小型ガスタービン**に対しては，ボイラー・タービン主任技術者（BT 主任技術者）の**選任は不要**である．

解答▶(4)

マスターPoint マイクロガスタービン（MGT）とは，発電出力が小さく（おおむね 200 kW 以下），回転数が 80 000 ～ 120 000 ppm の高速発電機を備えた超小型ガスタービンのことである．

問題 7 冷暖房設備（地域冷暖房）

地域冷暖房に関する記述のうち，適当でないものはどれか．

(1) 地域冷暖房には，熱源の集約化により，人件費の節約が図れること，火災や騒音のおそれが小さくなること等の利点がある．

(2) 地域冷暖房の社会的な利点には，大気汚染防止，二酸化炭素排出量削減等の総合的な環境保全効果がある．

(3) 建物ごとに熱源機器を設置する必要がないため，熱需要者側の建物は床面積の利用効率が高くなる．

(4) 地下鉄の排熱，ゴミ焼却熱等の未利用排熱は，地域冷暖房には利用することはできない．

解説 (4) **地域冷暖房**では，**ヒートポンプ技術**の利用により，**地下鉄の排熱，ゴミ焼却熱等の未利用排熱の有効利用**が可能である．

解答▶(4)

問題 8 冷暖房設備（地域冷暖房）

地域冷暖房に関する記述のうち，適当でないものはどれか．

(1) 建物ごとに熱源機器を設置する必要がないため，建物の床面積の利用率がよくなる．

(2) 熱源の集約化により，熱効率の高い機器の採用やエネルギーの有効利用が図れる．

(3) 地域冷暖房の採算面においては，一般的に，地域の熱需要密度は小さいほうが有利である．

(4) 熱源の集約化により，各建物に燃焼器具を設置する場合より，ばい煙の管理が容易である．

解説 (3) **地域冷暖房の採算面**は，一般的に，地域の**熱需要密度が大きい方が有利**である．

解答▶(3)

マスターPoint 熱需要密度とは，地域冷暖房施設における熱供給地域内の最大負荷を，供給地域面積で除した値で示される．また，使用時間帯の同じ需要者が多い場合や，熱負荷の負荷傾向が重なる場合より，分散·平均化された需要のほうが，採算上有利である．

4 3 換気・排煙設備

1 換気設備

1. 換気設備の目的

換気とは，室内の汚染された空気を室外に排出し，新鮮な外気と入れ換えることをいい，「室内空気の清浄化」「熱や水蒸気の除去」「酸素の供給」などの目的がある．

2. 換気方式

⊕**自然換気設備**・・・機械力は使わず，自然風によって生ずる**圧力差**と，建物内外の**温度差**（空気密度の差（浮力））を利用したものである．**浴場**，**教室**などは自然換気が適用される．

- **自然換気設備の構造**

給気口：給気口の上端は，居室の**天井の高さの 1/2 以下**に設けなければならない．なお，換気上有効な排気のための換気扇を設けた場合（機械換気設備の場合）は，天井の高さの 1/2 以下の位置に限定しなくてよい．

排気口：給気口より高い位置（天井から 80 cm 以内）に設け，常時解放された構造とし，かつ，排気筒の立ち上がり部分に直結する．

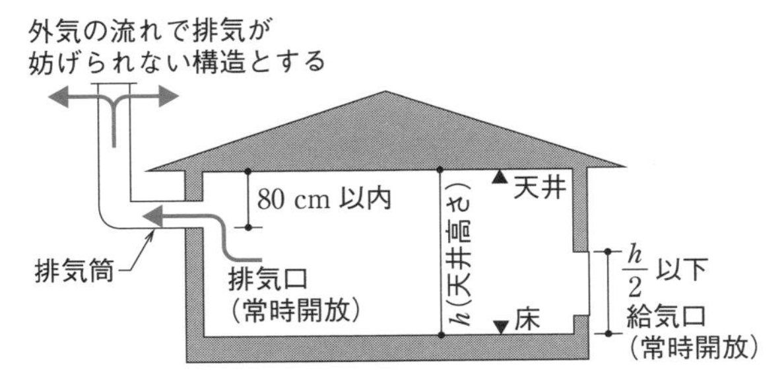

図 4・9　自然換気設備の構造

火を使用する室に設けなければならない換気を自然換気方式で行う場合の排気筒の有効断面積については次式で求められる（建設省告示第 182 号）．

$A_v = KQ/3600\sqrt{(3 + 5n + 0.2L)/h}$

ここに，A_v：排気筒の有効断面積〔m^2〕

K：燃料の燃焼に伴う理論廃ガス量〔m^3/kW〕

Q：燃料消費量〔kW〕，　n：排気筒の曲りの数

L：排気口の中心から排気筒の頂部の外気に開放された部分の中心までの長さ〔m〕

h：排気口の中心から排気筒の頂部の外気に開放された部分の中心までの高さ〔m〕

⊕**機械換気設備**・・・送風機などを利用して強制的に換気を行うものである．

- **第1種機械換気：給気側と排気側にそれぞれ送風機を設ける方式**である．室圧は正圧又は負圧どちらにもできる．
- **第2種機械換気：給気側のみに送風機**を設け，排気は**自然排気**する方式である．室圧は正圧となる．
- **第3種機械換気：排気側のみに送風機**を設け，給気は**自然給気**する方式である．室圧は負圧となる．

〈室の用途別にみた場合の換気設備〉

- **ホテルやレストラン等の業務用厨房**：確実な換気を行うため**第1種機械換気**を採用し，給気量より排気量の方を多めにし，**室内を負圧**とする．
- **調理室（住宅の台所等）**：開放式燃焼器具を使用した調理室の換気は，燃焼空気の供給のほかに，調理等で発生する水蒸気や臭気，燃焼ガスの排出が目的で，他室へ臭気等が流れ出さないよう**第3種機械換気で室内を負圧**とする．
- **浴室・シャワー室**：湿度を除去するために，**第3種機械換気で室内を負圧**とする．
- **ボイラ室**：燃焼空気の供給のため，**第2種機械換気**又は**第1種機械換気**で行い，**室内を正圧**とする．
- **エレベーター機械室**：熱の除去が主な目的で，**第1種換気方式**又は**第3種機械換気**で行なう．機械室内に設けられたサーモスタットで換気ファンの発停を行い，室温が許容値以下となるようにする．
- **喫煙室：第3種機械換気**又は**第1種機械換気**で行い，**室内を負圧**とする．たばこから発生する有毒ガスや粉じんを除去するため，空気清浄装置を設置するとよい．
- **書庫**：書庫内の湿気･臭気を除去するため，一般に，**第3種機械換気**で行い，**室内を負圧**とする．

- **実験室**及び**ドラフトチャンバー**：実験室などの局所換気用として設置されるもので，設置する室は，隣接する**他の室より負圧に保つ**ようにする．
- **駐車場**：確実な給排気を必要とするため，**第1種機械換気**で行い，排気ガスを隣室に漏洩させないよう**室内は負圧**とする．また，**大規模な地下駐車場**などの全体換気として**誘引誘導換気方式**が採用されている．この方式は給気側の送風機で送り込んだ外気をノズルから高速で吹き出すことで，室内や場内の汚染空気を排気側まで誘引誘導し，送風機で排気する．

3. 換気量の求め方

⊕**換気回数法による計算**・・・室容積に換気回数を乗じて換気量を算出する．換気回数法は，室内の環境基準値や汚染の状態が明確にされない場合などに用いられる．

⊕**許容値による計算**・・・室内の許容値と汚染量が提示された場合には，その許容値を守るため必要換気量を算出しなければならない．

二酸化炭素（CO_2）濃度基準の換気量

$$V = \frac{M}{C - C_0} \times 100 \quad [\mathrm{m^3/h}]$$

V：必要換気量〔$\mathrm{m^3/h}$〕

M：1人当たりCO_2発生量〔$\mathrm{m^3/(h \cdot 人)}$〕（$= 0.02$）

C：室内の二酸化炭素許容濃度〔%〕（一般に0.1 %）

C_0：外気の二酸化炭素濃度〔%〕（一般に0.03～0.04 %）

電気室（熱が発生する室）の換気量

電気室の換気は，熱の排除を主な目的とし，以下の式で求めることができる．

$$V = \frac{H \cdot 3\,600}{(\rho \cdot C_P \cdot \Delta t)} \quad [\mathrm{m^3/h}]$$

H：変圧器の発熱量〔W〕

Δt：室内外温度差（電気室許容最高温度〔℃〕－外気温度〔℃〕）

ρ：空気の密度1.2 kg/m^3，C_P：空気の定圧比熱1 000 J/(kg·K)

⊕**法規制による計算**（建築基準法第28条）

機械換気設備における居室の換気量（建築基準施行令第20条の2）

$$V = \frac{20 \cdot A_f}{N}$$

V：有効換気量〔$\mathrm{m^3/h}$〕，A_f：居室の床面積〔$\mathrm{m^2}$〕

N：実況に応じた1人当たりの占有面積〔m^2〕（＝ m^2/人）

なお，**上式の20は1人当たりの有効換気量が20 m^3/h ということ**である．A_f/N は最小在室者数を示しており，一般建築物の場合は床面積10 m^2 に1人 ＝ 0.1 人/m^2 となる（特殊建築物の居室の場合は0.3人/m^2）．算定人員は，最小在室者数と在室人員のうち大きいほうで求める．

火気使用室の換気量

煙突や排気フードの形状などによって計算式が異なる（**図4･10**参照）．

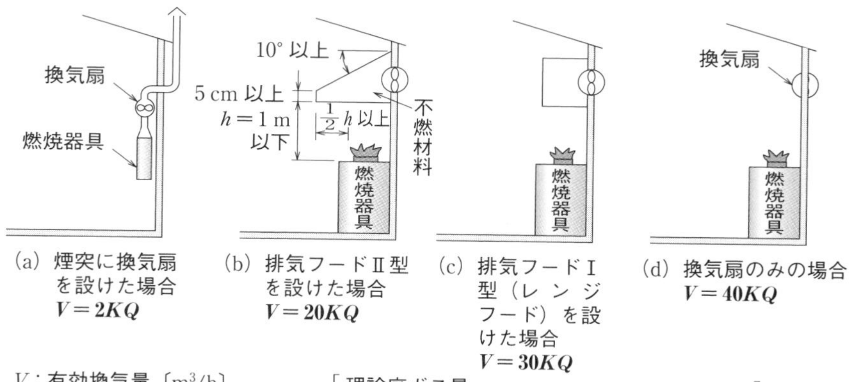

(a) 煙突に換気扇を設けた場合 $V = 2KQ$

(b) 排気フードⅡ型を設けた場合 $V = 20KQ$

(c) 排気フードⅠ型（レンジフード）を設けた場合 $V = 30KQ$

(d) 換気扇のみの場合 $V = 40KQ$

V：有効換気量〔m^3/h〕
K：理論廃ガス量〔$m^3/kW \cdot h$〕
Q：燃料消費量〔kW, kg/h〕

理論廃ガス量
都市ガス：0.93 $m^3/kW \cdot h$
LPG：0.93 $m^3/kW \cdot h$，灯油：12.1 $m^3/kW \cdot h$

図4・10　火気使用室の換気量

4. 火気使用室で換気設備を設けなくてよい場合〔建築基準法施行令第20条の3〕

- 火を使用する**調理室以外**の室で，発熱量（合計値）が**6 kW以下**の器具を使用する場合，**換気上有効な開口部**（**窓など**）があれば**換気扇を設けなくてもよい**．
- 床面積の合計が **100 m^2 以内の住戸の調理室**で，**12 kW以下**の火を使用する器具を設けた場合，**床面積の1/10以上の有効開口面積を有する窓**があれば，**換気設備を設けなくてよい**．

なお，密閉式燃焼器具のみを設けた室の場合は，燃焼のための空気は屋外から取り入れ，燃焼ガスも屋外に排気される．そのため，室内空気は汚染されないので（例：FF方式など），換気設備は設けなくてもよい．

2 排煙設備

1. 排煙設備の目的

排煙設備は，建築物の火災が起きたときに，発生した煙やガスを排除し，**人命の安全**を目的とするとともに，**消火活動上必要な設備**となっている．建築基準法や消防法にその設置や構造基準などが規定されている．

2. 排煙設備の設置対象となる建築物

① **延べ面積が 500 m² を超える特殊建築物**（特殊建築物とは，劇場，映画館，集会場，病院，ホテル，博物館，百貨店，遊技場など）．

【設置免除の建物】

- 共同住宅で防火区画が 100 m² 以下（ただし，高さ 31 m 以下の部分にある共同住宅の住戸では防火区画 200 m² 以下）．
- 学校又は体育館．
- 延べ面積が 500 m² 以下の建物．

② **3 階以上の建物で，延べ面積が 500 m² を超える建物**（事務所ビルなど）．

③ **延べ面積が 1 000 m² を超える建物**（床面積が 200 m² を超える大居室と，無窓の居室の場合が主となる．階数が 2 階以下の建物に適用される）．

④ **排煙上有効な開口部のない居室**（無窓の居室）

3. 排煙・防煙方式の種類

⊕**自然排煙方式**

自然排煙は煙の浮力を利用した方法で，直接外気に接する排煙口から排煙する方式である．

⊕**機械排煙方式**・・・**排煙機を用いて強制的に吸引**し，**排煙ダクトを使って煙を建物外に排出**する方式で，火災を減圧するため煙の拡散防止の効果もある．

⊕**加圧防煙方式**・・・**避難計画上重要な階段などに設置**され，**室内の内圧を高めて煙の侵入を防ぐ**方式のものである．

⊕**蓄煙方式**・・・**大空間等天井が高い場合に有効**な方法で，上部に煙を蓄えることで，煙の拡散の防止と，煙が下部にくるのを遅らせる．この場合火災室は密閉となる．

注意）**同一の防煙区画**において，**自然排煙と機械排煙を併用してはならない．**

併用すると，自然排煙により煙の流出が妨げられ，機械排煙の効率が悪くなるためである．

4. 排煙設備の構造

表 4·3 に排煙設備の構造基準について示す．

表 4・3　排煙設備の構造

分類		構造
防煙区画		・**500 m^2** 以内ごとに間仕切壁，天井面から **50 cm 以上（防火戸上部及び天井チャンバー方式を除く）の垂れ壁**，その他**不燃材料**で造り，又は覆う．
排煙口	設置位置	・天井面又は天井面から **80 cm 以内**で，かつ防煙垂れ壁以内の壁面．また，防煙区画の各部分からの**水平距離で 30 m 以内**になるように設ける． 直線距離は不可 30 m 以下 30 m 以下 排煙口
	手動開放装置の操作部	・壁面の場合，床面から **0.8 〜 1.5 m.** ・天井つり下げの場合，床面から 1.8 m. ・排煙口は常時閉鎖状態とする．
排煙ダクト		・小屋裏，天井裏の部分は金属以外の**不燃材料**で覆う． ・木材その他可燃物から **15 cm 以上離す**．
排煙機		・280 ℃ で 30 分以上耐える耐熱構造とする． ・天井高さ 3 m 以下の一般建築物では **120 m^3/min 以上とし，防煙区画の床面積 1 m^2 につき 1 m^3/min 以上．** ・**2 以上の防煙区画にかかるものは，最大床面積 × 2 m^3/min 以上．** ・停電の場合，**非常電源**（非常用発電機）を必要とする． ・エンジン駆動としてもよい．

表 4·3 以外のほかに，**排煙設備の構造の留意点**を次に示す．

排煙口

- **自然排煙設備の排煙口**は，防煙区画部分の**床面積の 1/50 以上の開口面積**を有し，かつ，**直接外気に接する場合を除き，排煙機を設ける．**
- **天井高さが 3 m 未満の場合**に設ける排煙口は，天井面又は天井から 80 cm 以内で防煙垂れ壁の下端より上の部分に設ける．**天井高さが 3 m 以上の場合**は，床面からの高さが 2.1 m 以上で，かつ天井高さの 1/2 以上の部分に設置する．
- 排煙口は，天井面又は壁の上部に設置し，**避難方向と煙の流れが反対方向**になるような位置に設置する．

- **排煙口のサイズ**は，**吸込み風速 10 m/s 以下**となるようにする．
- 排煙口には常時閉鎖型と常時開放型があり，1防煙区画だけを専用に受け持つ排煙機の場合は常時開放型を用いてもよいが，**2以上の防煙区画を1台の排煙機で受け持つ場合は常時閉鎖型の排煙口**でなければならない．
- パネル型排煙口のパネルの取り付けは，パネルが煙の排出を阻害しないよう排煙口扉の回転軸が排煙気流方向と平行になるように取り付ける．

  ≫パネル型排煙口：単翼ダンパー（パネル）にダンパー開放用の制御器を取り付けたものである．

⊕排煙ダクト

- **排煙立てダクトの風量**は，**各階の風量の最大防煙区画床面積〔m^2〕（2以上の場合は2つの合計が最大の防煙区画床面積〔m^2〕）× 1 $m^3/(min \cdot m^2)$** で算定した風量とする．
- **排煙ダクトサイズ**は，**ダクト内風速 20 m/s 以下**となるようにする．
- 垂直に各階を貫通して立ち上げる**排煙立てダクト**は，**耐火構造（鉄筋コンクリート造など）のシャフトに納める．**
- 廊下の横引き排煙ダクトは，立てダクト（メインダクト）まで，居室の横引き排煙ダクトと別系統にする（**図 4･11** 参照）．

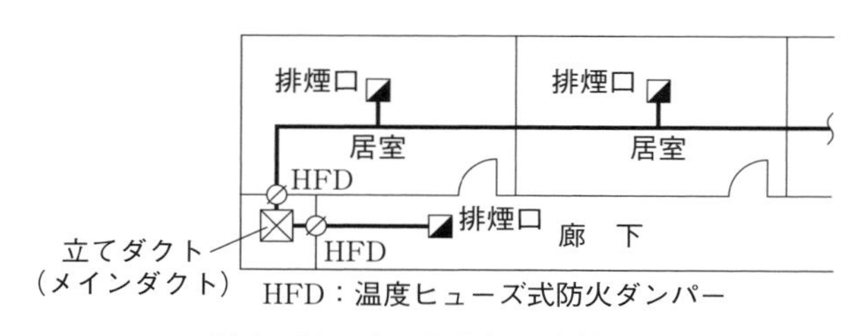

図 4・11　廊下と居室の別系統化

- **排煙ダクトに設ける防火ダンパー**は，**作動温度 280 ℃** のものを使用する
- **排煙立てダクト（メインダクト）**には，原則として，**防火ダンパーを設けない．**

⊕排煙機

- 排煙機の設置位置は，**最上階の排煙口よりも下の位置にならない**ようにする．
- 排煙機は，**一つの排煙口の開放に伴い自動的に作動**するようにする．
- 排煙機は，多翼形，軸流形等，一般の送風機に使用されている機種を用い，サージングやオーバーロードがないように排煙ダクト系に合う機種を選定する．

⊕その他

- 特別避難階段の付室又は非常用エレベーターの乗降ロビーに機械排煙方式を設けた場合，排煙風量は4 m³/s以上とする．また，特別避難階段の付室を兼用する非常用エレベーターの乗降ロビーの場合，排煙風量は6 m³/s以上とする(建築基準法施行令第123条第3項第2号(国土交通省告示第696号))．
- 非常用エレベーターの設置義務がある建築物における排煙設備の制御及び作動状況の監視は，中央管理室において行うことができるものとする．
- 電源を必要とする**排煙設備の予備電源**は，**30分以上**電力を供給し得る蓄電池又は自家発電装置などで常用電源が断たれたとき，自動的に切り替えられるものを設ける．

⊕天井チャンバー方式の排煙設備の留意事項

- 同一排煙区画内であれば，数室に間仕切りされても，間仕切りを変更しても対応できるので，排煙ダクト工事を行う必要はない．
- 天井内防煙区画部分の真下の天井面は，一般の場合と同じように，天井面より50 cm以上下方に突出した垂れ壁，その他これと同等以上に煙の流動を妨げる効果のある不燃材料の防煙壁又は間仕切り壁を設けなければならない．
- 天井に配置された吸込口から天井チャンバーを経て排煙口に導く方法なので，排煙口の開放が目視できない．その対策として手動開放装置に開放表示用のパイロットランプを設ける．
- 天井内の小梁，ダクト等により排煙が不均等になるおそれがある場合は，均等に排煙が行われるように，排煙ダクトを延長するなど，ダクト内抵抗に留意する必要がある．

5. 排煙機風量の計算例

図4･12のように機械排煙設備（本排煙設備は「階及び全館避難安全検証法」及び「特殊な構造」によらないものとする）において，排煙機の風量，排煙機に接続されるメインダクトの風量，立てダクトⓒ部の風量を求める．

Ⓐ排煙機の排煙量 V_s（m³/min）は，$V_s = 2 \times A$ で求められる．ここで，A は排煙機が受け持つ最大防煙区画床面積（m²）である．図より $A = 500$ m² となり代入すると，$V_s = 2 \times 500 =$ **1000 m³/min** となる．

ⒷとⒸについては，各階の防煙区画は最大2で各階の横引きダクト風量を求めると，最上階は (400 + 300) m² × 1 m³/(min･m²) = 700 m³/min，中間階は (500 + 300) m² × 1 m³/(min･m²) = 800 m³/min，最下階は (500 + 400) m² × 1 m³/(min･m²)

$= 900\ m^3/min$ となる．したがって，**Ⓑと©の受け持つ立てダクトの風量**は，いずれも $\mathbf{900\ m^3/min}$ となる．

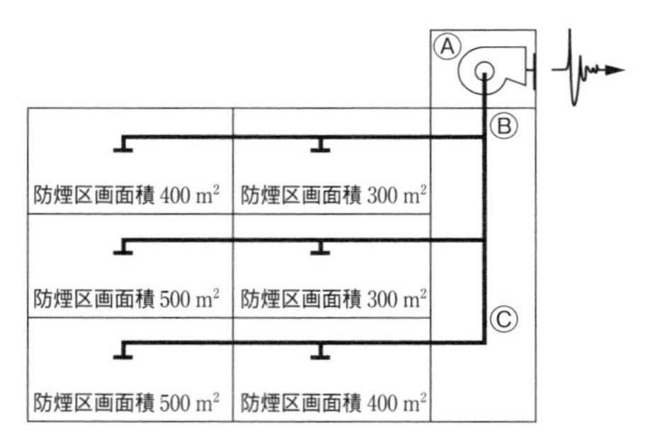

図 4・12　排煙機の風量とダクト風量を求める計算例

必ず覚えよう

〈換気・排煙設備〉

❶ 開放式燃焼器具を使用する厨房（台所）の換気は，室内を負圧に保つようにする．

❷ 床面積 1/20 以上の面積の窓その他，換気に有効な開口部を有する一般の居室（事務所の居室等）には換気設備は不要だが，特殊建築物の居室の場合は，機械換気設備または中央管理方式の空気調和設備としなければならない．

❸ 床面積が 100 m² 以下の住戸の調理室で，12 kW 以下の火を使用する器具を設けた場合，床面積の 1/10 以上の有効開口面積を有する窓があれば，換気設備を設けなくてよい．

❹ 機械換気設備における居室の有効換気量 V〔m³/h〕

$$V = \frac{20 \cdot A_f}{N}$$

❺ 室内の二酸化炭素許容濃度 1 000 ppm に保つための換気量 V〔m³/h〕

$$V = \frac{M}{C - C_0} \times 100$$

❻ エレベーター機械室の換気量 V〔m³/h〕

$$V = \frac{Q \cdot 3\,600}{(\rho \cdot C_P \cdot \Delta t)}$$

❼ 防煙区画の床面積は，500 m² 以下とする．

❽ 排煙口の吸込み風速は 10 m/s 以下，ダクト内風速は 20 m/s 以下とする．

問題1 換気・排煙設備（換気）

換気に関する記述のうち，適当でないものはどれか．

(1) 開放式燃焼器具を使用する台所は，燃焼空気を必要とするので，周囲の室より正圧となる第2種機械換気を採用した．

(2) 書庫は，書庫内の湿気・臭気を除去するため，周囲の室より負圧となる第3種機械換気を採用した．

(3) ドラフトチャンバーを設置する室は，隣接する他の室より負圧に保つようにした．

(4) 業務用厨房には，第1種機械換気を採用し，室内を負圧に保つようにした．

解説 (1) 開放式燃焼器具を使用する台所の換気は，燃焼空気の供給のほかに，燃焼ガスや調理中の水蒸気や臭気等が隣接する他の室に漏えいしないようにする．したがって，住居系の台所は第3種機械換気とし室内を負圧とするのが一般的である．

解答▶(1)

ドラフトチャンバーとは，実験室などの局所換気用として設置されるもので，設置する室は，隣接する他の室より負圧に保つようにする．

問題2 換気・排煙設備（換気）

換気に関する記述のうち，適当でないものはどれか．

(1) 自然換気設備の排気口は，給気口より高い位置に設け，常時解放された構造とし，かつ，排気筒の立ち上がり部分に直結する必要がある．

(2) 開放式燃焼器具の排気フードにⅡ型フードを用いる場合，火源からフード下端までの高さは1m以内としなければならない．

(3) 床面積1/30以上の面積の窓，その他，換気に有効な開口部を有する事務所の居室には，換気設備は不要である．

(4) 住宅等の居室のシックハウス対策として必要有効換気量を算定する場合の換気回数は，一般的に，0.5回/h以上とする．

解説 (3) 居室には換気のための窓，その他の開口部を設け，その換気に有効な部分の面積は，その居室の床面積に対して，1/20以上としなければならない（建築基準法第28条第2項）．設問は，床面積1/30以上なので換気設備が必要となる．

解答▶(3)

前記で床面積1/20以上でない場合の換気設備の有効換気量 V〔m³/h〕は，$V = 20A_f/N$ で求めた値以上としなければならない（A_f：居室の床面積〔m²〕，N：実況に応じた1人当たりの占有面積〔m²/人〕）．
※Nは，特殊建築物の居室にあっては3を超えるときは3とし，その他の居室にあっては10を超えるときは10とする．

問題3 換気・排煙設備（換気）

換気設備に関する記述のうち，適当でないものはどれか．

(1) 集会所等の用途に供する特殊建築物の居室において，床面積の1/20以上の換気上有効な開口部を有する場合，換気設備を設けなくてもよい．

(2) 密閉式燃焼器具のみを設けた室には，火気を使用する室としての換気設備を設けなくてもよい．

(3) 発熱量の合計が6 kW以下の火を使用する設備又は器具を設けた室（調理室を除く）は，換気上有効な開口部を有する場合，火気を使用する室としての換気設備を設けなくてもよい．

(4) 自然換気設備の排気口は，給気口より高い位置に設け，常時解放された構造とし，かつ排気筒の立ち上がり部分に直結する必要がある．

解説 (1) **特殊建築物**（不特定多数の人が集合又は集会する建築物で，劇場，映画館，演芸場，観覧場，公会堂及び集会場等）**の居室**は，通常の開口部による**自然換気では不十分**であるため，原則として**機械換気設備又は中央管理方式の空気調和設備**としなければならない．

解答▶(1)

床面積が100 m²以下の住戸の調理室で，12 kW以下の火を使用する器具を設けた場合，床面積の1/10以上の有効開口面積を有する窓があれば，換気設備を設けなくてよい．

問題 4 換気・排煙設備（換気）

換気設備に関する記述のうち，適当でないものはどれか．

(1) 火気使用室の換気を自然換気方式で行う場合，排気筒の有効断面積は，燃料の燃焼に伴う理論排ガス量，排気筒の高さなどから算出する．

(2) 事務室内での極軽作業時（二酸化炭素発生量 0.02 m³/(h・人)）の必要換気量の目安は，外気の二酸化炭素濃度が 350 ppm のとき，約 30 m³/h である．

(3) 一般建築物の居室において，床面積の 1/20 以上の換気上有効な開口をとれない場合は，換気設備を設けなければならない．

(4) 居室の換気を，中央管理方式の空気調和設備で行う場合，窓等の開口面積に応じた値を減じることができる．

解説 (4) 有効換気量 V〔m³/h〕は，$V = 20\,A_f/N$ 以上としなければならない．A_f は居室の床面積〔m²〕，N は実況に応じた 1 人当たりの占有面積〔m²/人〕（特殊建築物の居室にあっては 3 を超えるときは 3 とし，その他の居室にあっては 10 を超えるときは 10 とする）である．したがって，窓等の開口面積に応じた値を減じるというのは誤りである．

解答▶(4)

問題 5 換気・排煙設備（換気）

図に示す換気上有効な開口部を有しない 2 室に機械換気を行う場合，最小有効換気量 V〔m³/h〕として，「建築基準法」上，正しいものはどれか．ただし，居室（1）・（2）の最小有効換気量は，居室の床面積と状況に応じた 1 人当たりの占有面積から決まるものとし，居室（1）・（2）は特殊建築物における居室ではないものとする．

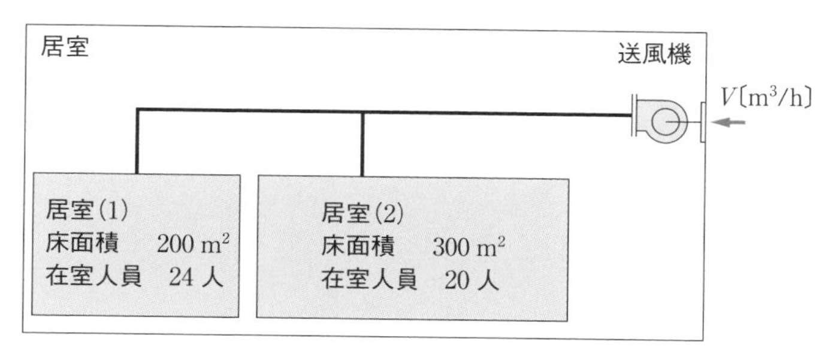

(1) 880 m³/h　(2) 1 080 m³/h　(3) 1 320 m³/h　(4) 1 620 m³/h

解説 機械換気設備における居室の有効換気量 V〔m³/h〕は，次式で求められる．

$$V = \frac{20A_f}{N}$$

ここに，A_f：居室の床面積〔m²〕

N：実況に応じた１人当たりの占有面積〔m²/人〕（N〔m²/人〕は，特殊建築物の居室にあっては３を超えるときは３とし，その他の居室にあっては10を超えるときは10とする）

上式の A_f/N は最小計算人数を示し，20は１人当たりの有効換気量が20 m³/h ということである．

・居室（1）の算定人員は，$\frac{A_f}{N} = \frac{200}{10} = 20$ 人だが，在室人員24人なので24人とする．

・居室（2）の算定人員は，在室人員が20人だが，$\frac{A_f}{N} = \frac{300}{10} = 30$ 人なので30人とする．

したがって，居室（1）・（2）の算定人員（合計）は24人＋30人＝54人となり，

54人 × 20 m³/(h・人) ＝ 1 080 m³/h

となる．よって，(2) が正しい．

解答▶(2)

問題 6 換気・排煙設備（換気）

在室人員24人の居室の二酸化炭素濃度を1 000 ppm以下に保つために必要な最小の換気量として，適当なものはどれか．ただし，外気中の二酸化炭素の濃度は400 ppm，人体からの二酸化炭素発生量は0.03 m³/(h・人）とする．

(1) 400 m³/h　(2) 600 m³/h　(3) 800 m³/h　(4) 1 200 m³/h

解説 室内の二酸化炭素許容濃度を基準とした換気量 V〔m³/h〕は次式で求められる．

$$V = \frac{M}{C - C_0} \times 100$$

ここに，M：居室の二酸化炭素発生量〔m³/h〕→ 0.03 m³/(h・人)

→ 0.03〔m³/(h・人)〕× 24〔人〕

C：居室の二酸化炭素許容値〔%〕→ 1 000 ppm ＝ 0.1 %

C_0：外気中の二酸化炭素の濃度〔%〕→ 400 ppm ＝ 0.04 %

上記の式にそれぞれの値を代入して求めると，

$$V = \frac{M}{C - C_0} \times 100 = \frac{0.03 \times 24}{0.1 - 0.04} \times 100 = 1\,200 \text{ m}^3/\text{h}$$

よって，(4) が適当である．

解答▶(4)

問題7 換気・排煙設備（換気）

エレベーター機械室において発生した熱を，換気設備によって排除するのに必要な最小換気量として，適当なものはどれか．ただし，エレベーター機器の発熱量は 8 kW，エレベーター機械室の許容温度は 40 ℃，外気温度は 35 ℃，空気の定圧比熱は 1.0 kJ/(kg･K)，空気の密度は 1.2 kg/m³ とする．

(1) 1 200 m³/h　(2) 2 400 m³/h　(3) 3 600 m³/h　(4) 4 800 m³/h

解説 エレベーター機械室において発生した熱を機械換気によって行う場合の最小換気量 V〔m³/h〕は次式で求める．

$V = Q \times 3\,600/(\rho \times C_p \times \Delta t)$

ここに，Q：エレベーター機器の発熱〔W〕→ 8 kW ＝ 8 000 W

ρ：空気の密度〔kg/m³〕→ 1.2 kg/m³

C_p：空気の定圧比熱〔J/(kg･K)〕→ 1.0 kJ/(kg･K) ＝ 1 000 J/(kg･K)

Δt：エレベーター機械室の許容温度と外気温度の差〔K〕→ 40 − 35 ＝ 5 K

上記の式にそれぞれの値を代入して求めると，

$V = Q \times 3\,600/(\rho \times C_p \times \Delta t) = 8\,000 \times 3\,600/(1.2 \times 1\,000 \times 5) = 4\,800$ m³/h

よって，(4) が適当である．

解答▶(4)

問題8 換気・排煙設備（排煙）

排煙設備に関する記述のうち，適当でないものはどれか．ただし，本設備は，「建築基準法」上の「区画，階及び全館避難安全検証法」によらないものとする．

(1) 自然排煙設備の排煙口は，防煙区画の床面積の 1/50 以上の排煙上有効な開口面積を有する必要がある．

(2) 機械排煙設備の排煙口は，防煙区画の各部分から水平距離で 30 m 以下となるよう設ける．

(3) 機械排煙設備において，特別避難階段の付室を兼用する非常用エレベーターの乗降ロビーの排煙風量は 6 m³/s 以上とする．

(4) 機械排煙設備において，排煙口は吸込み風速を 20 m/s 以下，排煙ダクトはダクト内風速を 10 m/s 以下となるようにする．

解説 (4) 排煙口の吸込み風速は 10 m/s 以下，ダクト内風速は 20 m/s 以下となるようにする．

解答▶(4)

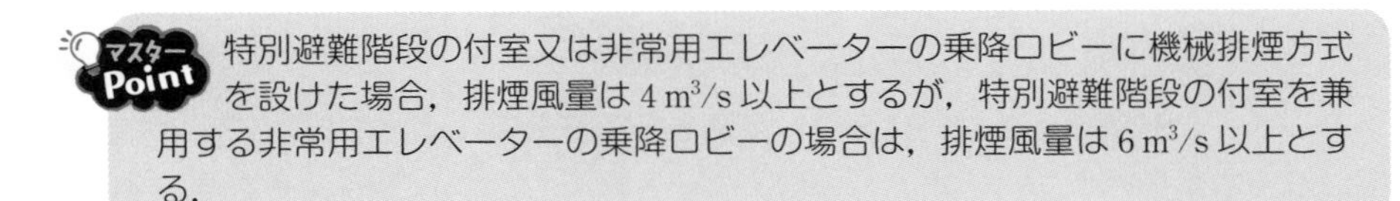

マスターPoint 特別避難階段の付室又は非常用エレベーターの乗降ロビーに機械排煙方式を設けた場合，排煙風量は 4 m³/s 以上とするが，特別避難階段の付室を兼用する非常用エレベーターの乗降ロビーの場合は，排煙風量は 6 m³/s 以上とする．

問題 9 換気・排煙設備（排煙）

排煙設備に関する記述のうち，適当でないものはどれか．ただし，本設備は「建築基準法」上の「階及び全館避難安全検証法」及び「特殊な構造」によらないものとする．

(1) 排煙ダクトに設ける防火ダンパーは，作動温度 280 ℃ のものを使用する．
(2) 同一の防煙区画において，自然排煙と機械排煙を併用してはならない．
(3) 常時開放型の排煙口は，2 以上の防煙区画を 1 台の排煙機で受け持つ場合に適した形式である．
(4) 同一防煙区画内に可動間仕切りがある場合，間仕切られる室それぞれに排煙口を設け連動させる．

(3) 排煙口には常時閉鎖型と常時開放型があり，1 防煙区画だけを専用に受け持つ排煙機の場合は常時開放型を用いることができるが，**2 以上の防煙区画を 1 台の排煙機で受け持つ場合は常時閉鎖型の排煙口**でなければならない．

解答▶(3)

マスターPoint 同一の防煙区画において，自然排煙と機械排煙を併用すると，自然排煙により煙の流出が妨げられ，機械排煙の効率が悪くなるので併用しない．

問題10 換気・排煙設備（排煙）

排煙設備に関する記述のうち，適当でないものはどれか．ただし，本設備は「建築基準法」上の「階及び全館避難安全検証法」及び「特殊な構造」によらないものとする．

(1) 排煙設備が設置対象となる建築物において，一般事務室の防煙区画の床面積は，1 000 m² 以下とする．

(2) 天井高さが 3 m 以上の居室に設ける排煙口は，床面からの高さが 2.1 m 以上で，かつ天井高さの 1/2 以上の壁の部分に設けることができる．

(3) 排煙口の位置は，避難方向と煙の流れが反対になるように配置する．

(4) 高さ 31 m を超える建築物における排煙設備の制御及び作動状態の監視は，中央管理室において行うことができるものとする．

解説 (1) 防煙区画の床面積は，500 m² 以下とする．

解答▶(1)

マスターPoint 天井高さが 3 m 以上の居室に設ける排煙口は，床面からの高さが 2.1 m 以上で，かつ天井高さの 1/2 以上の壁の部分に設けることができる．また，天井高さが 3 m 未満の場合は，天井面又は天井から 80 cm 以内で防煙垂れ壁の下端より上の部分に排煙口を設ける．

問題11 換気・排煙設備（排煙）

排煙設備に関する記述のうち，適当でないものはどれか．ただし，本設備は「建築基準法」上の「階及び全館避難安全検証法」及び「特殊な構造」によらないものとする．

(1) 排煙立てダクト（メインダクト）には，原則として，防火ダンパーを設けない．

(2) 2 以上の防煙区画を対象とする場合の排煙風量は，1 分間に 120m³ 以上で，かつ，最大防煙区画の床面積 1 m² につき 2 m³ 以上とする．

(3) 電源を必要とする排煙設備の予備電源は，20 分間継続して排煙設備を作動できる容量とし，かつ，常用の電源が断たれた場合に自動的に切り替えられるものとする．

(4) 同一防煙区画に複数の排煙口を設ける場合は，排煙口の一つを開放することで他の排煙口を同時に開放する連動機構付とする．

解説 (3) 電源を必要とする排煙設備の**予備電源**は，**30 分以上**継続して電力を供給し得る容量とする（蓄電池又は自家発電装置など）．常用の電源が断たれた場合は自動的に切り替えられるものとしなければならない．

解答▶(3)

問題 12 換気・排煙設備（排煙）

下図に示す 2 階建て建築物の機械排煙設備において，各部が受け持つ必要最小風量として，適当でないものはどれか．ただし，本設備は，「建築基準法」上の「区画，階及び全館避難安全検証法」によらないものとする．また，上下階の排煙口は同時開放しないものとし，隣接する 2 防煙区画は同時開放の可能性があるものとする．

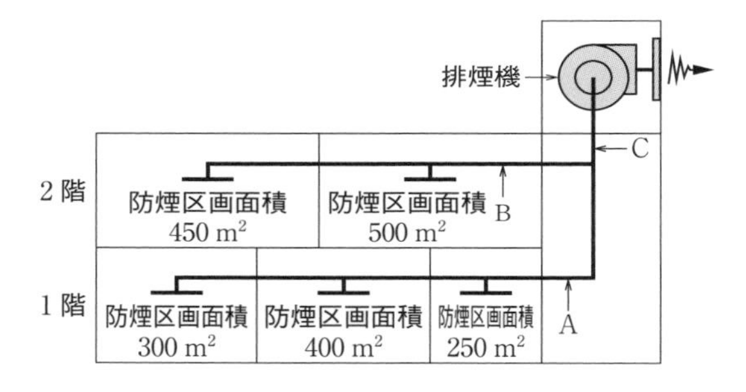

(1) ダクト A 部：42 000 m³/h　　(2) ダクト B 部：57 000 m³/h

(3) ダクト C 部：57 000 m³/h　　(4) 排煙機　：57 000 m³/h

解説 (1) **ダクト A 部**は，階の最大防煙区画面積〔m²〕（2 以上の場合は二つの合計が最大の防煙区画面積〔m²〕）に対し，1 m³/(min·m²) で算定する．したがって，

$$(300\ \mathrm{m^2} + 400\ \mathrm{m^2}) \times 1\ \mathrm{m^3/(min \cdot m^2)} = 700\ \mathrm{m^3/min} \rightarrow 42\,000\ \mathrm{m^3/h}$$

(2) **ダクト B 部**も同様に，

$$(450\ \mathrm{m^2} + 500\ \mathrm{m^2}) \times 1\ \mathrm{m^3/(min \cdot m^2)} = 950\ \mathrm{m^3/min} \rightarrow 57\,000\ \mathrm{m^3/h}$$

(3) 排煙立て**ダクト C 部**についても，上下階の排煙口は同時開放しないので，階の最大防煙区画面積〔m²〕（2 以上の場合は二つの合計が最大の防煙区画面積〔m²〕）に対し，1 m³/(min·m²) で算定する．

$$(450\ \mathrm{m^2} + 500\ \mathrm{m^2}) \times 1\ \mathrm{m^3/(min \cdot m^2)} = 950\ \mathrm{m^3/min} \rightarrow 57\,000\ \mathrm{m^3/h}$$

(4) **排煙機の排煙量** Q〔m³/min〕は，2 m³/(min·m²) × 最大防煙区画床面積〔m²〕となるので，

$$2\ \mathrm{m^3/(min \cdot m^2)} \times 500\ \mathrm{m^2} = 1\,000\ \mathrm{m^3/min} \rightarrow 60\,000\ \mathrm{m^3/h}$$

となる．よって，(4) が適当でない．

解答▶(4)

選択問題

5 衛生

全出題問題の中における『5章』の内容からの出題比率

全出題問題数 60 問中／必要解答問題数 12 問（＝出題比率：20.0％）

合格ラインの正解解答数➡ 8 題以上（12問中）を目指したい！

なお，空調（2章）と衛生（3章）のうち，空調が11問，衛生が12問（合計23問）出題され，そのうち選択で，12問解答しなければならない．ここでは，自分が得意とする分野を解答すること．

過去10年間の出題傾向の分析による出題ランク

（★★★最も よく出る／★★比較的よく出る／★出ることがある）

●上下水道

★★★	上水道施設のフロー，上水道の配水管の構造・施工，下水道の流速と最小管径，汚水ます・雨水ます，トラップます・ドロップます
★★	給水装置，遊離残留塩素と結合残留塩素，伏越し
★	給水管の決定，銅管と流速の関係

●給水・給湯設備

★★★	給水方式の比較，給水圧力，水槽類の法的基準，給水用語，給湯循環ポンプの（循環水量・揚程・位置）
★★	水槽の求め方，ポンプの求め方，給湯温度，レジオネラ症，安全装置

●排水・通気設備

★★★	排水配管方式，オフセット，ブランチ間隔，トラップの封水破壊の原因，排水管の掃除口と排水ます，ループ通気方式，通気管の大気開口部
★★	排水勾配，間接排水，トラップの構造，二重トラップ，阻集器，排水槽と排水ポンプの関係，通気の役目，結合通気管，通気管の管径決定，排水口空間
★	排水・通気用語

●消火設備　ガス設備　浄化槽設備

★★★	消火原理，屋内消火栓設備，不活性ガス消火設備，都市ガスとLPガスの比較，ガス漏れ警報器（ガス設備），浄化槽のフロー，処理対象人員（浄化槽設備）
★★	スプリンクラー設備，加圧送水装置（消火設備）都市ガスの種類，ボンベの設置（ガス設備）BOD除去率，生物膜法と活性汚泥法の比較，浄化槽の設置（浄化槽設備）

5 1 上下水道

1 上水道

上水道は，水道法上の**水道**のことである．水道とは，導管及びその他の工作物により水を人の飲用に適する水として供給する施設の総体をいう．ただし，臨時に施設されたものを除く．

1. 上水道施設

水道の水源水が需要者に供給されるまでには，原水の質及び量，地理的条件，水道の形態などに応じ，取水施設（貯水施設），導水施設，浄水施設，送水施設，配水施設，給水装置の作業プロセスを経て供給される．**図 5･1** は，上水道施設一般構成図の例を示す．

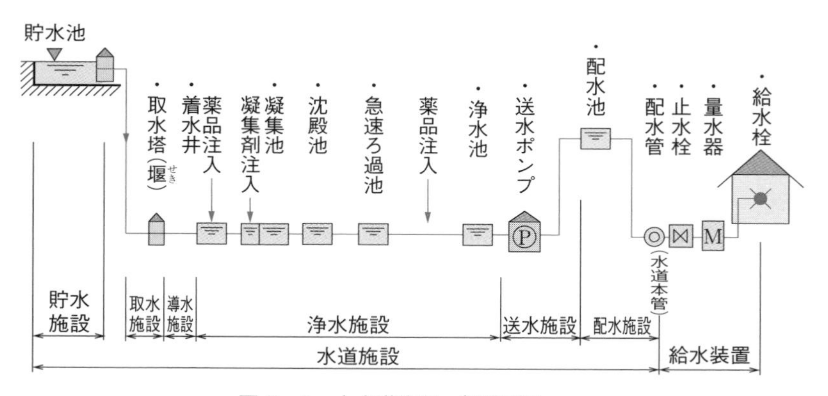

図 5・1　上水道施設一般構成図

⊕**取水施設・・・河川，湖沼，又は地下水源から水を取り入れ，粗いごみや砂等を取り除いて導水施設へ送り込む**施設である．取水施設には，状況に応じて取水門，取水塔，取水枠，取水管渠（かんきょ）等が設けられている．**注意点**は以下のとおり．

① 取水門では，砂利などの流入を少なくし，**1 m/s 以下**の流水速度とする．
② 取水塔は，貯水池や湖等のように年間の水位変動が多い場合に設ける．
③ 取水塔の取水口の位置は，**2 m 以上**の水深がないと設置困難である．

⊕**導水施設・・・取水施設から浄水施設までの水路**のことである．導水方式には，水源と浄水施設の水位関係によって**自然流下方式**と**ポンプ加圧方式**がある．水理的には，自由水面をもつ開渠，暗渠及びトンネル，圧力管路がある．

⊕**浄水施設**・・・**原水を水質基準に適合**させるために**沈殿**，**ろ過**，**消毒等を行う**施設．導水施設から流れてきた原水を，いったん**着水井**（ちゃくすいせい）（**水位の動揺を安定させるとともに，水量を調節する**）で安定させてから，次の浄水処理を行う．

【浄水の処理フロー】

着水井……原水中に浮遊している砂等の粒子を短時間で沈殿除去するために薬品を注入する（前塩素処理）．

↓

沈殿池（凝集池）……凝集剤を原水に混和させる**混和池**と**フロック形成池**から構成されている．**凝集剤には水道用硫酸アルミニウム**や**PAC**（水道用ポリ塩化アルミニウム）が一般的に使用されている．

↓

急速ろ過池……ろ過速度120～150 m/日でろ過される池，**急速ろ過法に対して緩速ろ過法**（かんそく）（3～5 m/日）がある．緩速ろ過法に比べて，**濁度**，**色度の高い水を処理**する場合によく用いられる．

↓

塩素注入……ろ過池では細菌を完全に除去できないので消毒剤（さらし粉，液化塩素，**次亜塩素酸カルシウム**，**次亜塩素酸ナトリウム**）を用いる．pH，水温によって殺菌力が変わる．

↓

浄水池

⊕**送水施設**・・・**浄水施設から配水池まで必要な量の水を送るためのポンプ，送水管等からなる**施設である．送水の方法は自然流下式が望ましいが，水位関係により必要に応じてポンプ加圧式とする．

⊕**配水施設**・・・**浄化した水を給水区域内の需要者に必要な圧力で必要な量を配水**するための施設．配水池の有効容量は，計画1日最大給水量の8～12時間分．

⊕**給水装置**・・・**配水管から分岐した給水管とこれに直結する給水栓などの給水器**具のことで，配水管に直結していない受水槽以下の設備は水道法の対象となる給水装置でないが，その構造，材質等については建築基準法に定められている．給湯器等は，水道事業者の承認を受けた場合に限り給水装置として使用できる．なお，1地区の水道の配水管に，**他の水道事業者が経営する配水管と連結**してもよい．

水道法施行規則第17条第3項に次のように規定されている．

〔 給水栓における水が，**遊離残留塩素を 0.1 mg/L**（**結合残留塩素**の場合は **0.4 mg/L**）以上保持するように塩素消毒をすること．ただし，供給する水が病源生物に著しく汚染されるおそれがある場合又は病原生物に汚染されたことを疑わせるような生物若しくは物質を多量に含むおそれがある場合の給水栓における水の遊離残留塩素は，0.2 mg/L（結合残留塩素の場合は，1.5 mg/L）以上とする．〕

2. 配水管路の水圧

① **最大静水圧**：**0.74 MPa** を超えてはならない．

② **最大動水圧**：**最高 0.5 MPa** 以下とすることが望ましい．

③ **最小動水圧**：**0.15 ～ 0.2 MPa** を標準とする．

3. 水道施設の配水管の埋設深度と施工

① 配水管（給水管）の埋設深度

- 公道（車道部分）……**1.2 m 以上**
- 公道（歩道部分）……0.9 m 以上
- 私道……0.75 m 以上
- 宅地内……0.3 m 以上（車道部 0.6 m 以上）

② 配水管と他の埋設物との交差，又は近接して埋設する場合は，最低 **30cm 以上**離すこと．

③ 給水装置の取付口の間隔は **30 cm 以上**離すこと．

④ 伸縮自由でない継手を用いた管路の露出部は，**20 ～ 30 m の間隔**に伸縮継手を設けること．

⑤ 施工・維持管理上，口径 **800 mm 以上**の管路には，**入孔**（マンホール）を要所に設けること．

⑥ 管径 **400 mm 以上のバルブ**には，必要に応じて**バイパス弁**を設けること．

⑦ 配水管の基礎は，軟弱層が深い場合は，管底以下，**管径の 1/3 ～ 1/1 程度**（最低 50 cm）を砂や良質土に置き換えること．

⑧ **80 mm 以上の配水管**には，原則として**占用物件の名称，管理者名，埋設年などを明示**すること．

⑨ **標識テープ**（青色の胴巻きテープ）**やシールを貼る**こと．

⑩ **不断水工法**（断水することなく水道本管より穿孔（せんこう）分岐する工法）を行うにあたり，十分な耐久性や水密性の構造・材質のものを選定し，**試験掘りを行い管種や外径，水圧，真円度などを確認**すること．

2 下水道

下水道は，**下水**（生活排水や工業排水又は雨水をいう）を排除するために設けられる排水管，排水渠，その他の排水施設，これらに接続して下水を処理するために設けられる処理施設など，その他施設の総体をいう．

1. 下水道施設

⊕**公共下水道**・・・下水道法より「主として市街地における下水を排除し，又は処理するために，地方公共団体が管理する下水道で，終末処理場を有するもの又は流域下水道に接続するものであり，かつ，汚水を排除すべき排水施設の相当部分が暗渠である構造のもの」をいう．

⊕**流域下水道**・・・河川や湖沼の流域内にある二つ以上の市町村の行政区域を越えて下水を排除するもの．各市町村ごとに公共下水道を建設するよりも，一括して下水を処理することにより，建設費も安く，運営上からも効果的である．

⊕**都市下水路**・・・市街地の雨水を排除する目的で作られるもので，終末処理場をもたないので水質の規制がある．

2. 下水の排除方式

① **分流式**：汚水と雨水とを別々の管路系統で排除する．
② **合流式**：汚水と雨水とを同一の管路系統で排除する．

【分流式の長所と短所】

【長所】雨天時に汚水を水域に放流することがないので，水質保全上有利．
【短所】汚水管渠は小口径のため，所定の管内流速をとるのに，勾配が急になり埋設が深くなるため経済的でない．

【合流式の長所と短所】

【長所】下水管が１本ですむため，施工が容易である．
【短所】降雨時には，計画時間最大汚水量の３倍以上のものが処理されないまま放流され，公共用水域を汚濁する．

3. 下水管渠の種類

小管径 ―― 陶管
　　　　└― **鉄筋コンクリート管**
中・大管径 ―― **遠心力鉄筋コンクリート管**（ヒューム管）

① 最近では，軽量で施工性がよいということで，硬質塩化ビニル管（VU管）や強化プラスチック複合管が使用されてきている．

② 水路用遠心力鉄筋コンクリート管には内圧管と外圧管があり，埋設用排水管には主に外圧管が用いられる．

4. 計画下水量

⊕**汚水管渠・・・計画時間最大汚水量**（計画日最大汚水量の1時間当たりの1.3～1.8倍の量）とする．

⊕**雨水管渠・・・計画雨水量**とする．

⊕**合流管渠・・・計画時間最大汚水量**と**計画雨水量**を加えたものとする．

5. 流速と勾配及び最小管径

⊕**汚水管渠**・・・0.6～3.0 m/s，200 mm（小規模下水道では150 mm）

⊕**雨水管渠・合流管渠**・・・0.8～3.0 m/s，250 mm

① 流速は，下水中の沈殿しやすい物質が**沈殿しないだけの流速**にすること．

② **下流にいくほど漸増**させる．

③ **勾配は下流にいくにしたがい緩やか**にする．

④ **排水管の土かぶり**は，建物の敷地内では原則として**20 cm以上**とする．

6. 下水管渠の布設

一般的に次の接合方法が用いられる．

① **水面接合**：水理学上最も**理想的な方法**で，おおむね計画水位を一致させるように接合する．

② **管頂接合**：地表勾配が大きくて，工事費への影響が多い場合に用いる．

③ **管底接合**：地表勾配が小さくて，掘削深さが少なくてすみ，ポンプ排水の区域に適している．

管渠の径が変化する場合の接合方法は，原則として**水面接合**又は**管頂接合**とする．

7. 伏越し（ふせこし）

下水管渠がやむをえず水道管，ガス管，河川等の下を横断する場合をいう．

① 伏越し管内流速は，**上流管渠より速く**（20～30％増）する．

② 重要な箇所は**2本以上の並列**とする．

8. 2本の管渠の合流

① 2本の管渠が合流する場合の中心交角は，**60° 以下**とする．
② 曲線をもって合流する場合の曲率半径は，**内径の5倍以上**とする．

9. 取付け管

道路を横断して布設している管で，**下水を本管に接続**する管をいう．
一般的に管径は150 mmであるが，流量の多いところは200 mm以上を使用する．勾配は10 ～ 20 ‰（1/100 ～ 2/100）以上とする．
汚水本管への取付け位置は，汚水中の浮遊物質の堆積等で管内が閉塞することがないように**本管の水平中心線より上方に取り付け**，その取付け部は本管に対し**60°** 又は **90°** とする（**図5･2**）．

10. 管渠の基礎

① 硬質ポリ塩化ビニル管などは，**自由支承**（基礎が管の変形とともに変わる）の砂や砕石基礎とする．
② 鉄筋コンクリートなどの管渠は，条件に応じて**自由支承**の基礎や**固定支承**のコンクリート基礎とする．

11. ま　す

① **ます**は，内径又は内法が **15 cm 以上**の円形又は角形とする．
② 雨水浸透ますは，内径又は内法が **30 cm 以上**の円形又は，角形とする．
③ 汚水ますの底部には**インバート**を設ける（**図5･3**）．
④ 雨水ますの底部には，**深さ 15 cm 以上の泥だめ**を設ける（**図5･4**）．
⑤ ますは，**公道と民有地の境界付近の公道側に設置**する．

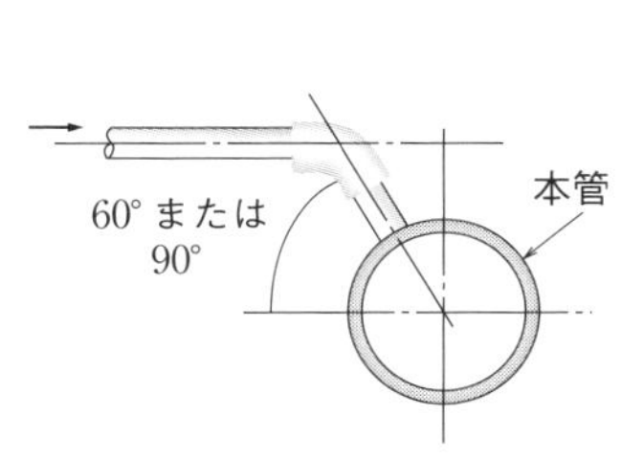

図5・2　取付管の取付位置

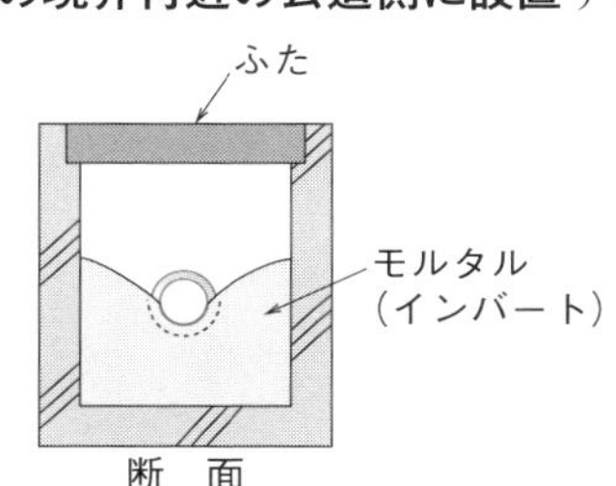

図5・3　汚水ます
（インバートます）

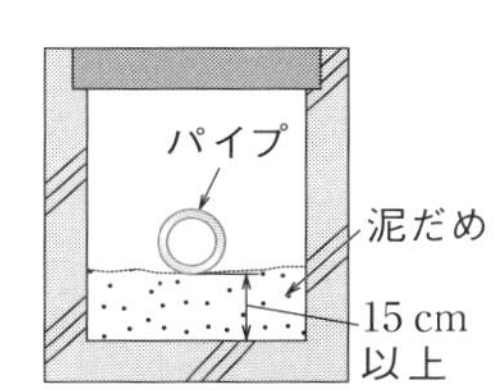

図5・4　雨水ます

問題 1 上水道

上水道に関する記述のうち，適当でないものはどれか．

(1) 浄水施設のうち凝集池は，凝集剤と原水を混和させる混和池と微小フロックを成長させるフロック形成池で構成される．

(2) 送水施設は，浄水施設から配水池までの施設であり，ポンプ，送水管等で構成される．

(3) 取水施設は，取水された原水を浄水施設まで導く施設であり，その方式には自然流下式，ポンプ加圧式及び併用式がある．

(4) 配水施設は，浄化した水を給水区域の需要者にその必要とする水圧で所要量を供給するための施設で，配水池，ポンプ，配水管等で構成される．

解説 取水施設は，河川，湖沼，又は地下水源から水を取り入れ，粗いごみや砂等を取り除いて導水施設へ送り込む施設である．(3) の記述が示すのは，**導水施設**であり，取水施設から浄水施設までの水路のことである．

解答▶(3)

マスターPoint 浄水施設での消毒に用いられる塩素剤には，塩素ガスを高圧で液化した液化塩素や多く採用されている液体の次亜塩素酸ナトリウム，粉末，顆粒・錠剤などの次亜塩素酸カルシウムがある．

問題 2 上水道

上水道に関する記述のうち，適当でないものはどれか．

(1) 導水施設は，取水施設から浄水施設までの施設をいい，導水方式には自然流下式，ポンプ加圧式及び併用式がある．

(2) 浄水施設には消毒設備を設け，需要家の給水栓における水の遊離残留塩素濃度を 0.1 mg/L 以上に保持できるようにする．

(3) 送水施設の計画送水量は，計画 1 日最大給水量（1 年を通じて，1 日の給水量のうち最も多い量）を基準として定める．

(4) 浄水施設における緩速ろ過方式は，急速ろ過方式では対応できない原水水質の場合や，敷地面積に制約がある場合に採用される．

解説 (4) 浄水施設における**急速ろ過方式**は，**緩速ろ過方式**では対応できない原水水質の場合や，敷地面積に制約がある場合に採用される．**急速ろ過方式の方が優れている．**

解答▶(4)

問題 3 上水道

配水管及び水道直結部の給水管に関する記述のうち，適当でないものはどれか．

(1) 軟弱地盤や構造物との取合い部等，不同沈下のおそれのある箇所には，たわみ性の大きい伸縮可とう継手を設ける．

(2) 給水管を分岐する箇所での配水管内の最小動水圧は 0.15 MPa とし，最大静水圧は 0.74 MPa を超えないようにする．

(3) 水道直結部の給水管は，耐圧性能試験により 1.5 MPa の静水圧を加えたとき，水漏れ，変形等の異常が認められないことを確認する．

(4) 不断水工法により配水管の分岐を行う場合，既設管に割 T 字管を取り付けた後，所定の水圧試験を行って漏水のないことを確認してから，穿孔作業を行う．

解説 (3) 耐圧性能試験において 1.75 MPa の静水圧を 1 分間加えたとき，水漏れ，変形，破損その他の異常が生じないこととされている．

解答▶(3)

耐圧に関する基準が厚生省令『給水装置の構造及び材質の基準に関する省令』において定められている．

問題 4 上水道

上水道の配水管に関する記述のうち，適当でないものはどれか．

(1) 給水管を分岐する箇所での配水管内の動水圧は，0.1 MPa を標準とする．

(2) 配水管より分水栓又はサドル付分水栓によって給水管を取り出す場合は，他の給水装置の取付口から 30 cm 以上離す．

(3) 配水管を他の地下埋設物と交差又は近接して敷設する場合は，少なくとも 30 cm 以上の間隔を保つ．

(4) 配水管を敷設する場合の配管の基礎は，軟弱層が深い場合，管径の 1/3 ～ 1/1 程度（最小 50 cm）を砂又は良質土に置き換える．

解説 (1) 給水管を分岐する箇所での配水管内の最小動水圧は，0.15 ～ 0.2 Mpa である．

解答▶(1)

問題 5 上水道

上水道の配水管路に関する記述のうち，適当でないものはどれか．

(1) 2階建て建物への直結の給水を確保するためには，配水管の最小動水圧は 0.15 〜 0.2 MPa を標準とする．

(2) 伸縮自在でない継手を用いた管路の露出配管部には，40 〜 50 m の間隔で伸縮継手を設ける．

(3) 公道に埋設する配水管の土かぶりは，1.2 m を標準とする．

(4) 公道に埋設する外径 80 mm 以上の配水管には，原則として，占用物件の名称，管理者名，埋設した年等を明示するテープを取り付ける．

解説 (2) 伸縮自在でない継手を用いた管路の露出配管部には，**20 〜 30 m** の間隔で伸縮継手を設ける．

解答▶(2)

問題 6 下水道

下水道に関する記述のうち，適当でないものはどれか．

(1) 合流式の下水道では，降雨の規模によっては，処理施設を経ない下水が公共用水域に放流されることがある．

(2) 地表勾配が急な場合の管渠の接合は，原則として，地表勾配に応じて段差接合又は階段接合とする．

(3) 硬質塩化ビニル管，強化プラスチック複合管等の可とう性のある管渠の基礎は，原則として，自由支承の砂又は砕石基礎とする．

(4) 分流式の下水道において，管渠内の必要最小流速は，雨水管渠に比べて，汚水管渠の方が大きい．

解説 (4) 分流式の下水道において，管渠内の必要最小流速は，雨水管渠 0.8 m/s に比べて，**汚水管渠 0.6 m/s の方が小さい．**

解答▶(4)

マスターPoint 雨水管渠及び合流管渠の流速は，汚水管渠に比べ最小流速を大きくする．

問題 7 下水道

下水道の管渠に関する記述のうち，適当でないものはどれか．

(1) 汚水管渠の流速は，計画下水量に対し 0.6 ～ 3.0 m/s とする．

(2) 管渠の最小口径は，雨水管渠では 150 mm，汚水管渠では 250 mm を標準とする．

(3) 管渠径が変化する場合の接続方法は，原則として水面接合又は管頂接合とする．

(4) 管渠に取付管を接続する場合，取付管の管底が本管の中心部より上方になるように取り付ける．

(2) 管渠の最小口径は，雨水管渠及び合流管渠では **250 mm**，汚水管渠では **200 mm** を基準とする．

解答▶(2)

マスターPoint　雨水管，合流管の方が汚水管より流速が大きく（速く），配管径が大きく（太く）なる．

問題 8 下水道

下水道に関する記述のうち，適当でないものはどれか．

(1) 汚水ますの形状は，円形又は角形とし，材質は，鉄筋コンクリート製，プラスチック製等とする．

(2) 管渠底部に沈殿物が堆積しないように，原則として，汚水管渠の最小流速は，0.6 m/s 以上とする．

(3) 処理区域内において，くみ取便所が設けられている建築物を所有する者は，公示された下水の処理を開始すべき日から5年以内に，その便所を水洗便所に改造しなければならない．

(4) 可とう性の管渠を布設する場合の基礎は，原則として，自由支承の砂又は砕石基礎とする．

解説 (3) 下水道法第 11 条の 3 第 1 項に「下水の処理を開始すべき日から **3 年以内**に，その便所を水洗便所に改造しなければならない．」と定められている．

解答▶(3)

問題 9 下水道

排水設備に関する記述のうち，適当でないものはどれか．

(1) 汚水ますの上流側管底と下流側管底との間には，原則として，2 cm 程度の落差を設け，半円状のインバートで滑らかに接続する．

(2) 雨水排水系統に設ける雨水浸透ますは，ます本体が透水性を有するもので，原則として，内径又は内のりが 30 cm 以上の円形又は角形とする．

(3) 取付け管を接続する際に 90° 支管を用いるときは，管頂から 60° 以内の上側から流入させる．

(4) T 字形会合の汚水ますでは，流れを円滑にするため，管渠とますの中心線を一致させる．

解説 (4) 流れをよくするために**管の中心をずらし**，インバートの曲率半径を大きくする．

解答▶(4)

マスターPoint T 字形の汚水ますは，図のように汚物が乗りあがらないようにインバートの肩の部分を垂直に管頂の高さまで立ち上げる．また，中心線をずらす．

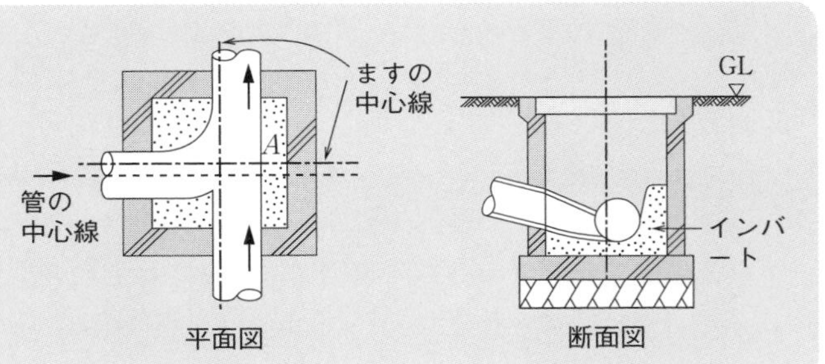

〈参考図〉

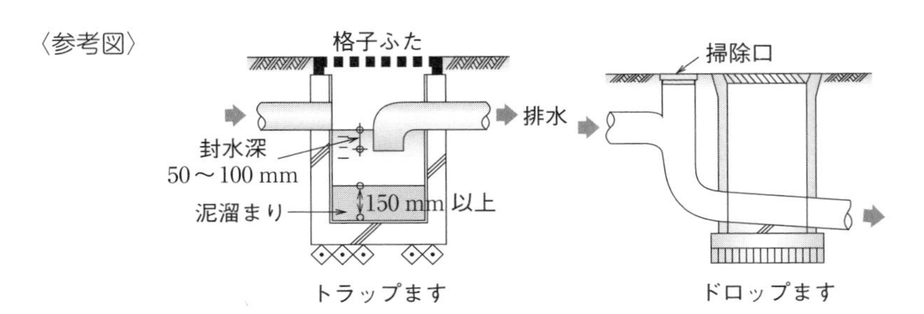

給水・給湯設備

1 給水設備

1. 給水方式

給水方式には，水道直結方式，高置水槽方式，圧力水槽方式，ポンプ直送方式，直結増圧給水方式等がある．

⊕**水道直結方式**（**直結直圧給水方式**）・・・水道本管から直接に水道管を引き込み，止水栓及び量水器を経て各水栓器具類に給水するものである．一般住宅，2階建ての建物にこの方式がとられる．

【長所】

- **使用箇所まで密閉された管路で供給**されるため，**最も衛生的**である．
- 断水のおそれが少ない．停電時でも給水できる．
- 設備機器（ポンプ，受水槽等）が不要で，**設備費が最も安い**．
- 受水槽や高置水槽用のスペースが不要である．

【短所】

- 給水量が多い場合は不可．
- 近隣の状態により給水圧の変動がある．

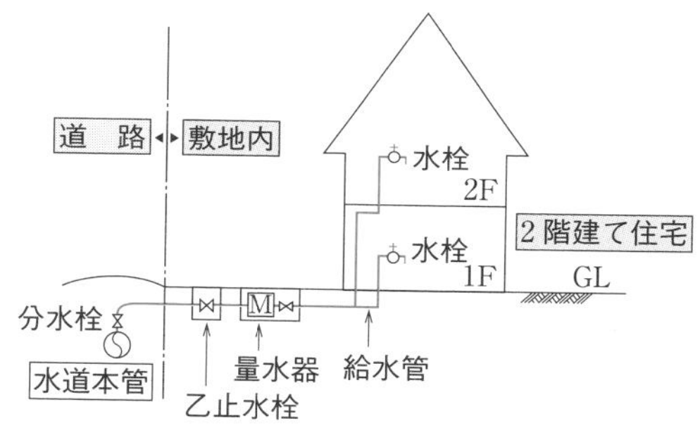

図５・５　水道直結方式

⊕**直結増圧給水方式**・・・受水槽を通さず直結給水用増圧装置（増圧ポンプの口径が75 mm以下）を利用して直接中高層階へ給水する方式である．対象となる建物は，事務所ビル，共同住宅，

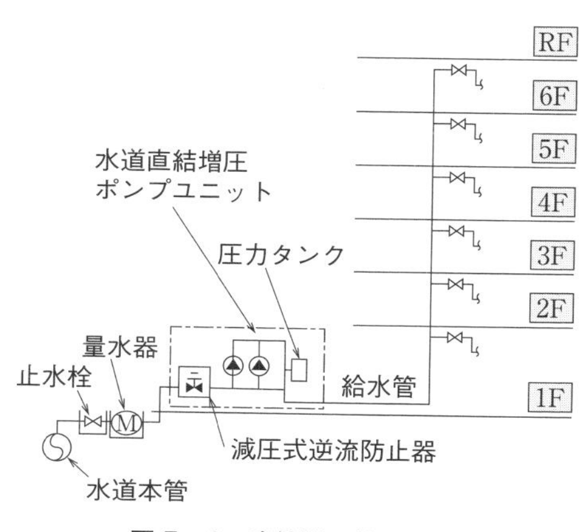

図５・６　直結増圧給水方式

店舗等で高さ10階程度の建築を対象とする．危険物を取り扱う事務所や病院，ホテルなど常時水が必要とされ断水による影響が大きい施設は対象外となる．

【長所】

- 水が**新鮮で衛生的**であり，設置スペースが有効に利用できる．

【短所】

- 水道工事や災害時には**断水のおそれ**がある．

⊕**高置水槽方式**（高架水槽方式）・・・水道本管から引き込まれて**給水管を通った水を，いったん受水槽にため，揚水ポンプで建物の屋上部にある高置水槽へと揚水し，そこから重力で各水栓器具類に給水**するものである．高層建物にこの方式がとられる．予想給水量が同じ場合において，高置水槽方式は，ポンプ直送方式と比べてポンプの容量を小さくすることができる．

【長所】

- 給水圧が他に**比べ最も安定**している．
- 扱いやすいため，従来最も多く用いられている．
- **断水時でも水槽に残っている水量が利用できる．**

【短所】

- **設備費が割高**である．
- **水質汚染**の可能性が大きい．
- **上階では水圧不足**を，**下階では過大水圧**を生じやすい．

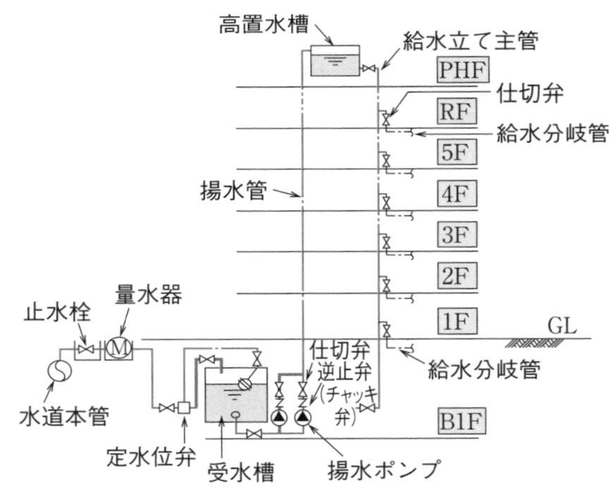

図5・7　高置水槽方式

⊕**圧力水槽方式**（加圧給水方式）・・・水道本管から引き込まれて**給水管を通った水を，いったん受水槽にため，圧力タンクをもったポンプにより各水栓器具類に加圧給水**するものである．中層建物，高置水槽が置けない場合（日照権問題等で）に，よくこの方式がとられる．

【長所】

- 設備費が高置水槽方式に比べて安い．
- 高圧が得られやすいため，工場等の高水圧を必要とする場所に適用できる．
- 高置水槽が不要．

【短所】

- 給水圧の変動が大きい.
- 維持管理費が割高である.

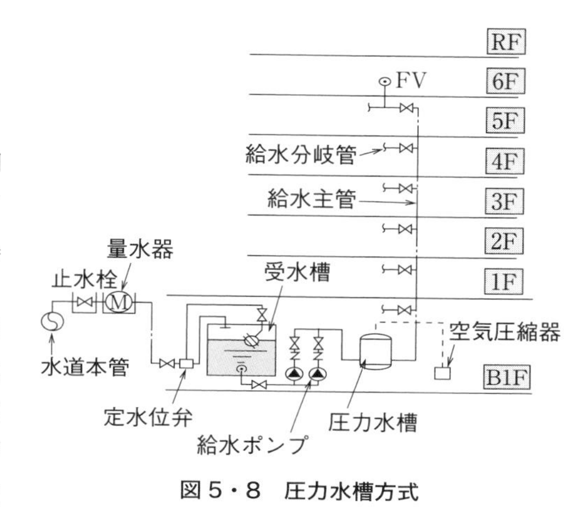

図５・８　圧力水槽方式

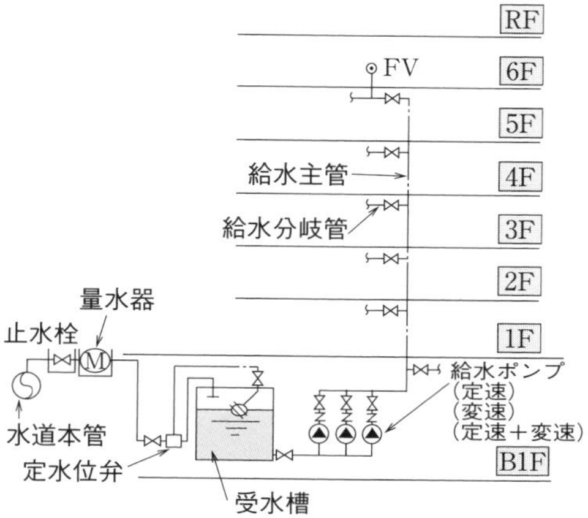

図５・９　ポンプ直送方式

⊕**ポンプ直送方式**（タンクなし加圧方式又はタンクレスブースタ方式）・・・水道本管から引き込まれて**給水管を通った水を，いったん受水槽にため，数台のポンプによって各水栓器具類に給水**するものである．この方式には，定速方式，変速方式及び定速・変速併用方式がある．**定速方式**は，数台の定速ポンプを並列に設け，そのうち1台を常に運転し，使用水量に応じて変動する吐出し管の流量又は圧力を検知し，残りのポンプを必要に応じて発停させる．**変速方式**は，変速電動機により駆動させるポンプを使用して，定速方式と同じように流量又は圧力の変化に応じてポンプの回転数を変化（**インバータ制御**）させ，給水量を制御して圧力を一定にさせる．ポンプ直送方式のポンプ制御方式には，吐出し圧力一定方式と末端圧力推定方式がある．

【長所】

- 運転台数又は回転数を制御し，安定した給水ができる.

【短所】

- 複雑な制御が行われており，故障時等の対策が必要である.
- 設備費が最も高価である.

2. 給水量

建物の種類や規模によって，水を使う量が違ってくるため，それらに応じて給水が行われる．住宅と事務所ビル，学校，ホテル，店舗の１人当たりの１日平均給水量を示す．

住宅：200 ～ 400 L/（人・日）
事務所：60 ～ 100 L/（人・日）
学校：70 ～ 100 L/｛（生徒 + 職員）・日｝
ホテル客室部分：350 ～ 450 L/（床・日）
飲食店舗：55 ～ 130 L/（客・日）
劇場・映画館：25 ～ 40 L/（延べ床面積・日）

大便器洗浄弁の１回当たりの使用水量は，一般に 13 ～ 15 L 程度である．

3. 給水圧力

給水は，給水圧力によって大きく左右されることがある．**表 5･1** に器具の最低必要圧力を示す．大便器洗浄弁の最低必要圧力は，通常のもので 70 kPa，低圧作動のもので 40 kPa 程度である．

表 5・1　最低必要圧力

器　具	必要圧力〔kPa〕
一般水栓	30
洗浄弁（FV）	70
シャワー	70
瞬間湯沸器（小）	40
（中）	50
（大）	80

給水圧力は，一般的に 400 ～ 500 kPa（0.4 ～ 0.5 MPa）以下とし，これ以上の圧力であると減圧弁を取り付けること．

高層建築物では，**水栓，器具等の給水圧力は 500 kPa，大便器洗浄弁にあっては 400 kPa** を超えないようにする．

給水装置の耐圧性能試験では，**1.75 MPa の静水圧を 1 分間加えたとき**，水漏れ，変形，破損その他の異常がないことを確認する．

4. 管内流速

管内流速は **0.6 ～ 2.0 m/s 以下**（平均 1.5 m/s）にするのが望ましい．

給水圧力及び流速が大きいと，給水器具や食器類が破損しやすくなる．また，**ウォータハンマの原因**となりなすい．

5. ウォータハンマの原因と防止対策

【ウォータハンマの原因】

- 配管延長が長く，その経路が不適当な場合.
- 急閉鎖形の弁や水栓が使用されている場合.
- 配管内の圧力が高い場合や流速が速い場合.
- 配管内に不適当な逆流や空気だまりが発生する場合.

【ウォータハンマの防止対策】

- 水栓類や弁類は，急閉止するものをなるべく使用しないようにする.
- 常用圧力を過度に高くしない．また，流速を過度に大きくしないこと.
- 配管内に不適当な逆流や空気だまりを発生させない.
- 高置タンクに給水する**揚水管の横引き配管**は，できるだけ**下階層で配管**を展開することが望ましい.

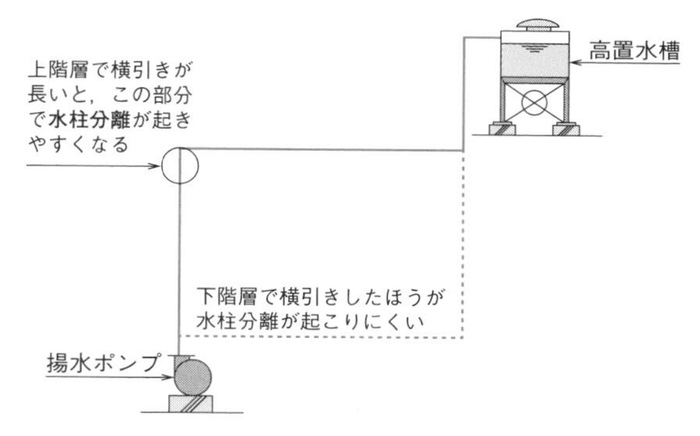

図 5・10　ポンプの停止時に起きやすい水柱分離

- 給水管内の流速は，一般に **2.0 m/s 程度以下**とする.
- 発生の原因となる弁等の近くに**エアチャンバー**（**水撃防止器具**：管内の圧力変動を吸収するもの）を設けるとよい.

6. 水槽類の法的基準

給水タンク及び貯水タンク（受水槽, 高置水槽など）の設置及び構造に関して，建設省告示第 1674 号第 2 に次のように規定されている．建築物の内部，屋上又は最下階の床下に設ける場合においては，次に定めるところによること.

①　外部から給水タンク又は貯水タンク（以下「給水タンク等」という）の天

井，底又は周壁の保守点検を容易かつ安全に行うことができるように設けること．

- 貯水槽の下部，周囲は**600 mm 以上**，上部は，**1 000 mm 以上**の保守点検のためのスペースを確保する．
- 貯水槽の天井及び床には，**1/100 以上の勾配**をつける．

② 貯水タンク等の天井，底又は周壁は，建築物の他の部分と兼用しないこと．

- 容量が大きい場合には，**迂回壁**（間仕切り壁）を設ける．

③ 内部には，飲料水の**配管設備以外の配管設備を設けない**こと．

④ 内部の保守点検を容易かつ安全に行うことができる位置に，ほこりその他衛生上有害なものが入らないように有効に立ち上げた**マンホール**（**直径 60 cm 以上**の円が内接することができるものに限る）を設けること．ただし，給水タンク等の天井がふたを兼ねる場合においては，この限りでない．

⑤ ④のほか，**水抜き管**を設ける等内部の保守点検を容易に行うことができる構造とすること．

⑥ ほこりその他衛生上有害なものが入らない構造の**オーバフロー管**を有効に設けること．

- 水槽の通気管及びオーバフロー管には，防虫網を設ける．
- オーバフロー管及び水抜き管は間接排水とし，十分な吐水口空間を設け排水管に接続する．

⑦ ほこりその他衛生上有害なものが入らない構造の**通気のための装置**を有効に設けること．

⑧ 給水タンク等の上にポンプ，ボイラ，空気調和器等の機器を設ける場合においては，飲料水を汚染することのないように衛生上必要な処置を構ずること．

- **飲料用 FRP 製水槽と鋼管との接続**には，**フレキシブルジョイント**を設けて，配管の重量や配管の変位による荷重が直接槽にかからないようにする．
- **パネル組立て式受水槽の組立てボルト**は，上部気相部には鋼製ボルトを合成樹脂で被覆したものを，液相部にはステンレスボルトを使用する．

7. 設計用給水量

① 人員による **1 日予想（使用）給水量** Q〔L/日〕

生活給水は，一般的に人員から算出する．

$$Q = NQ_N$$

N：給水対象人員〔人〕，Q_N：1人1日当たり使用水量〔L/(人･日)〕

② 人員による**時間当たり平均予想給水量** Q_H〔L/h〕

$$Q_H = \frac{Q}{T_D}$$

T_D：1日平均使用時間〔h/日〕

- 建物の時間当たり平均予想給水量は1日の予想給水量を1日平均使用時間で除したものである．

③ **時間最大予想給水量** Q_{Hm}〔L/h〕

$$Q_{Hm} = (1.5 \sim 2)Q_H$$

- **時間最大予想給水量**は一般に時間当たり平均予想給水量の**1.5～2.0倍**とする．
- **瞬時最大予想給水量**は一般に時間当たり平均予想給水量の**3.0～4.0倍**とする．
- 高置水槽方式による揚水ポンプの給水量は，**時間最大予想給水量**とする．
- 圧力タンク方式・ポンプ直送方式や直結増圧給水方式による給水ポンプの給水量は，**瞬時最大予想給水量**以上とする．

8. 水槽の決定

① 受水槽容量 V〔L〕の求め方

$$V = \frac{Q}{2}$$

受水槽の容量は，一般に**1日予想給水量（1日の使用水量）の半日分（1/2）程度**とする．

② 高置水槽容量 V_H〔L〕の求め方

時間最大予想給水量 Q_{Hm} から求める．

$$V_H = (0.5 \sim 1)Q_{Hm}$$

高置水槽容量は，時間最大予想給水量の**0.5～1.0倍**とする．

9. 給水管の決定

給水配管の管径の求め方には，流量線図による方法，管均等表による方法等がある．

① 流量線図による方法

- 器具の数を拾い出し，公衆用か私室用かにより**器具給水負荷単位**を求める．
- 器具給水負荷単位が求まったら，**同時使用流量**を求める．
- 次に使用する配管材料が決まれば，摩擦損失（**動水勾配**）と同時使用流量によって，流量線図から配管サイズを求める．

② 管均等表による方法

- 管均等表による方法，簡便法で器具数の少ない枝管等の管径を決定する場合によく使用される．
- **大便器洗浄弁**の接続配管は**最小 25 mm** とし，小便器洗浄弁の接続配管は**最小 13 mm** とする．

10. 給水用語

① **給水器具**：衛生器具のうち，特に水及び湯を供給するために設けられる給水栓，洗浄弁及びボールタップ等の器具をいう．

② **クロスコネクション**：飲料水系統の配管とその他の系統（雑排水管，汚水管，雨水管，ガス管等）の配管を接続することをいう．クロスコネクションすると水の汚染につながるので禁止されている．

上水配管と井水（せいすい）配管とを**逆止弁及び仕切弁を介して接続しても**クロスコネクションとなる．

③ **逆サイホン作用**：断水や過剰流量のとき，給水管内が負圧になることがあり，いったん吐水された水が逆流し給水管内に混入する作用をいう．洗浄弁付き大便器等は，必ずバキュームブレーカを取り付けること．

④ **バキュームブレーカ**：給水系統へ逆流することを防止するものである．圧力式と大気圧式があり，**大便器に付いているものは大気圧式**である．大気圧式バキュームブレーカは，大便器洗浄弁の大便器

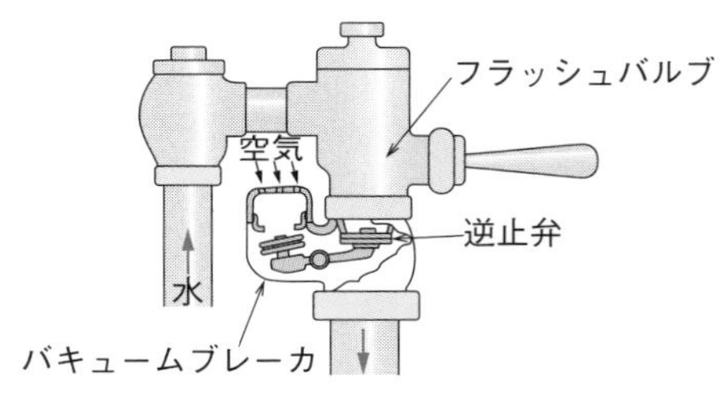

図 5・11 バキュームブレーカの構造図

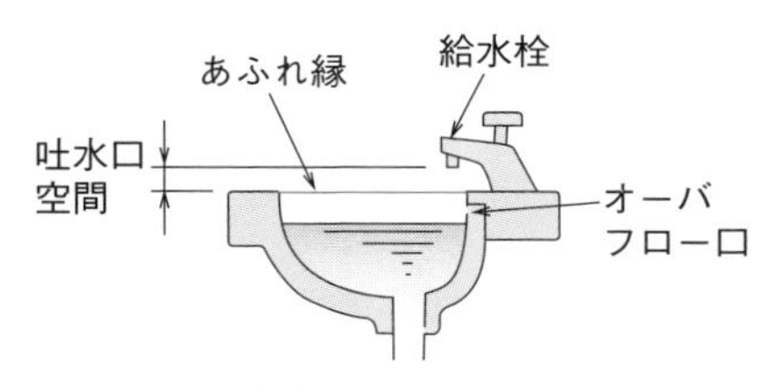

図 5・12 衛生器具における吐水口空間とあふれ縁

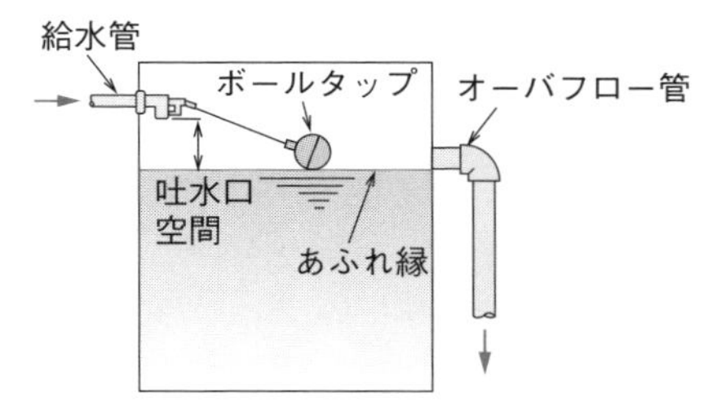

図 5・13 水槽における吐水口空間とあふれ縁

側のように，**常に圧力がかからない箇所**に設け，**器具のあふれ縁より，上部に設置**する．

大気圧式バキュームブレーカは，逆サイホン作用は防止できるが，逆圧による逆流は防止できない．

⑤ **あふれ縁**：衛生器具におけるあふれ縁は，洗面器などのあふれる部分をいう．水槽類のあふれ縁は，オーバフローの位置をいう．

⑥ **吐水口空間**：**給水栓又は給水管の吐水口端とあふれ縁との垂直距離**をいう．必ず吐水口空間をとらないと，逆流して水の汚染につながる．逆サイホン作用の防止には，吐水口空間の確保が有効である．

2 給湯設備

1. 給湯方式

給湯方式は，局所式と中央式に分けられる．

局所式・・・それぞれお湯を必要とする場所に湯沸器を設置し，個別に給湯する方式である．飲料用の給湯使用温度は95℃程度と高いので，給湯方式は一般に局所式が採用される．

中央式・・・機械室，ボイラ室等にボイラ，湯沸器を設置し，それぞれお湯を必要な場所に給湯する方式である．

2. 加熱方式

加熱方式には，瞬間式と貯湯式がある．

瞬間式・・・瞬間湯沸器を用い，水道水を直接湯沸器に通過させて，瞬間的に温めお湯をつくる方法をいう．小規模な建物（住宅など）に多く用いられている．

貯湯式・・・ボイラ等で加熱したお湯を，いったん貯湯槽（ストレージタンク）

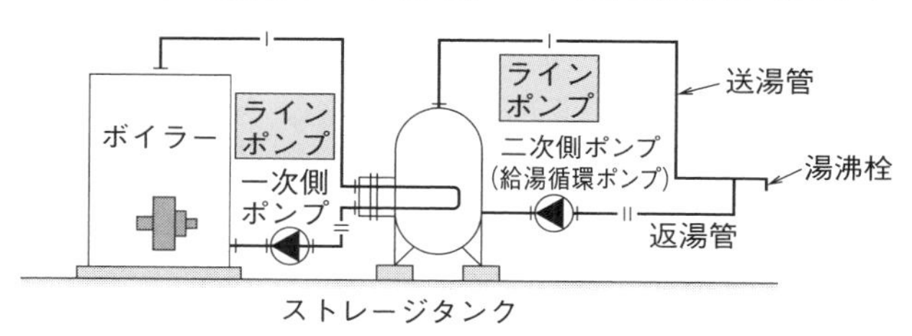

図5・14　加熱方式（貯湯式）

に蓄え，常にお湯を温め使用するときにそのお湯を給湯する方法をいう．大規模な建物（ホテルなど一斉にお湯を使用する建物）に多く用いられている．

3. 加熱機器

⊕瞬間湯沸器・・・瞬間湯沸器には，元止め式と先止め式がある．

① **元止め式：**瞬間湯沸器に付いているスイッチにより，お湯を出したり止めたりする方式で，流しの上部に取り付けてある小さな（一般的に4号，5号，6号といわれる湯沸器）瞬間湯沸器は，すべてこれである．

② **先止め式：**一般的に屋外に設置してある瞬間湯沸器（10号，13号，16号程度の湯沸器）から配管により各所の水栓へ給湯し，それぞれの給湯栓（水栓）の開閉によって出したり止めたりする方式をいう．

号数は，水温を25℃上昇させるときの流量（L/分）の値をいう．
1号：1.75 kW，1分間当たり1Lの湯量

- 住戸セントラル給湯（中央式）に使用される瞬間式ガス給湯器は，冬季におけるシャワーと台所における湯の同時使用に十分に対応するためには，**24号程度**の能力のものが必要である．
- Q機能付きガス瞬間湯沸器とは，**冷水サンドイッチ現象**に対応する機能を有する湯沸器のことである．

⊕ボイラー・・・給湯ボイラーにはいろいろあるが，一般的には小型温水ボイラー（簡易ボイラー）が使用されている．最高使用水頭は10 m以下である．また，真空式温水発生機（無圧式温水発生機）がよく使用されている．

① 真空式温水発生機は，「**ボイラー及び圧力容器安全規則**」の適用は受けない．

② 加熱装置の容量は，加熱能力を大きくすれば，貯湯容量を**小さく**できる．

4. 給湯温度

給湯温度は，一般的に**60℃程度**の湯を水と混合して適当な温度とする．

表5・2　用途別使用温度

用　途	使用温度(℃)	用　途	使用温度(℃)
飲料用	50 ～ 55	洗面・手洗い用	40 ～ 42
浴　用（成人）	42 ～ 45	厨房用（一般）	45
（小児）	40 ～ 42	（皿洗い機洗浄用）	60
（治療用）	35	（皿洗いすすぎ用）	70 ～ 80
シャワー	43	プール	21 ～ 27

中央式給湯設備の場合の給湯温度は，**レジオネラ症患者**の発生を防ぐために，**55℃以下**にしないほうがよい．

5. 給湯循環ポンプ

中央式給湯方式に設置する循環ポンプは，一般に，末端の給湯栓を開いた場合にすぐに熱い湯が出るようにするために設ける（湯を循環させることにより**配管内の湯の温度の低下を防ぐ**ためにある）．

① 循環ポンプの循環水量は，循環配管系からの**放散熱量を給湯温度と返湯温度との差で除す**ことにより求められる（給湯管と返湯管との温度差は5℃程度である）．

② 循環ポンプの揚程は，ポンプの循環量をもとに，一般に給湯管と返湯管の長さの合計が最も大きくなる配管系統の摩擦損失を計算し求める．

③ 一般に**循環ポンプは返湯管側**に設ける．

④ 返湯管の管径は給湯管径のおおむね1/2を目安とする．

⑤ 循環ポンプは，送湯管に水用サーモスタットを設け，送湯管の温度が低下したら運転するようにする．

⑥ 循環ポンプは，**背圧に耐えること**のできるポンプを選定する．

⑦ 実際にポンプが吸い上げることのできる水の温度は，**60℃程度以下**である．

6. 安全装置

加熱により水の膨張が装置内の圧力を異常に上昇させないために設ける装置で，法令上，材質，構造，性能，設置の規制がある．

⊕**膨張タンク**･･･膨張タンクには開放型と密閉型があり，ボイラーや配管内の膨張した水を吸収するものである．

① 密閉式膨張タンクを設ける場合は，膨張管ではなく，逃し弁を設ける．

② 密閉式膨張タンクに設ける逃し弁の作動圧力の設定は，膨張タンクにかかる給水圧力よりも高く設定する．

③ 補給タンクを兼ねる開放式膨張タンクの有効容量は，加熱による給湯装置内の水の膨張量に給湯装置への補給水量を加えた容量とする．

⊕**安全弁**･･･自動圧力逃し装置のことで，単式安全弁と複式安全弁がある．

⊕**逃し管**･･･給湯ボイラや貯湯槽の逃し管（膨張管）は単独配管とし，膨張タンクに開放すること．なお，**止水弁を設けてはならない**．

① 逃し弁は，スプリングによって弁体を弁座に押さえつけている弁である．

② 逃し弁は，1か月に1回，レバーハンドルを操作して作動を確認する．

⊕**自動空気抜き弁**・・・負圧になるようなところに設置してはならない．

7．給湯配管

① 給湯管の管径はピーク時の湯の使用流量により決定し，返湯管の管径は必要循環流量で決定する．

② 長い直線配管には伸縮管継手を使用して，管の伸縮量を吸収する．

③ 給湯横主管には，湯の流れ方向に1/200～1/300程度の上り勾配を付け，最高部に自動空気抜き弁を設ける．

④ 給湯配管に銅管を用いる場合は，**管内流速が1.5 m/s程度以下**になるように管径を決める．

⑤ 給湯配管に使用する銅管の腐食には，**かい食**（エロージョン，コロージョン：流速が速い場合に起きる局所腐食）と**孔食**（腐食して孔があくこと）がある．

⑥ 返湯管の管径は，一般には給湯配管の**呼び径の1/2程度**としているが，循環ポンプを決定後，流速を検討し，管径を調整する．

⑦ ベローズ型伸縮管継手は，ベローズが腐食や疲労破壊して内部の流体が漏れることがあるので注意が必要である．

❶ 配管内に水柱分離が起きるとウォータハンマの原因となる．

❷ 受水タンク上部には，排水管や，ポンプなどの機器や配管を設けない．

❸ 高置水槽方式の揚水ポンプより，圧力水槽方式，ポンプ直送方式，水道直結増圧方式のポンプの方が大きくなる．

❹ 上水配管と井水配管及びその他の配管とは，絶対にクロスコネクションしてはならない．

❺ 大気圧式バキュームブレーカや逆止弁等，圧力に対して故障しやすい弁類は，常に圧力のかからない箇所に設ける．

❻ 給湯温度は貯湯タンク内で60℃以上とする．

❼ 湯茶用の飲用は，貯湯式とし90℃で沸かして供給する．

❽ 循環ポンプは，返湯管側（貯湯槽の入り口側）に設ける．

❾ 循環ポンプの循環量は，循環管路の熱損失（放散熱量）と許容温度降下（給湯温度と返湯温度との差）によって求める．

❿ 循環ポンプの揚程は，給湯管と返湯管の長さが最も遠く（長く）なる循環管路の摩擦損失を求める．

問題 1 給水設備

給水設備に関する記述のうち，適当でないものはどれか．ただし，予想給水量は同じとする．

(1) 直結増圧方式は，高置タンク方式に比べて，給水引込み管の管径が大きくなる．
(2) 直結増圧方式は，各水道事業体によりメータ口径や配管システム等が詳細に決められている．
(3) 直結増圧方式と高置タンク方式は，ポンプの吐出し量が同じになる．
(4) 直結増圧方式では，逆流を確実に防止できる逆流防止器が必要である．

(3) 直結増圧方式と高置タンク方式のポンプの吐出し量は，同じではない．

解答▶(3)

マスターPoint 直結増圧方式の増圧ポンプは，直接各水栓に供給するもので，高置タンク方式の揚水ポンプは，受水槽からいったん高架水槽に押し上げ貯留させるためのポンプであるため吐出し量は違う．

問題 2 給水設備

給水設備に関する記述のうち，適当でないものはどれか．

(1) 共同住宅の設計に用いる1人当たりの1日平均給水量は，100 L/(人·日)とする．
(2) シャワーの必要最小圧力は，70 kPa 程度である．
(3) ポンプ直送方式における給水ポンプの揚程は，受水槽の水位と給水器具の高低差，その必要最小圧力，配管での圧力損失から算出する．
(4) 水栓の給水圧力の上限は，事務所ビルでは 400 ～ 500 kPa とする．

解説 (1) 共同住宅，集合住宅は，一般的に1人・1日当たりの平均給水量は，200 ～ 350 L/(人・日) である．100 L/(人·日) は，事務所なみである．

解答▶(1)

マスターPoint 空気調和・衛生工学会では，住宅における1日の平均給水量は 200 ～ 400 L/(人·日) であるが，節水などを考慮し 160 ～ 250 L/(人·日) と言われており，設計時には一般的に 250 L/(人·日) で計算されている．

問題3 給水設備

給水設備に関する記述のうち，適当でないものはどれか．

(1) 逆サイホン作用による汚染の防止には，吐水口空間の確保が有効である．
(2) 揚水ポンプの吐出側の逆止め弁は，揚程が 30 m を超える場合，衝撃吸収式とする．
(3) 一般水栓の最低必要吐出圧力は，70 kPa である．
(4) 大気圧式バキュームブレーカは，常時水圧がかからない箇所に設ける．

解説 (3) 一般水栓の最低必要吐出圧力は，**30 kPa** である．

解答▶(3)

マスターPoint 洗浄弁やシャワーの最低必要圧力は **70 kPa 以上**，水洗（ボールタップ含む）は **30 kPa 以上**である．
　大便器の洗浄弁の最低必要圧力は **70 kPa 以上**であるが，水圧が確保できない場合には，低圧洗浄弁（40 kPa）を使用する（ただし，サイホン式，サイホンジェット式，ブローアウト式便器には使用不可）．

問題4 給水設備

給水設備に関する記述のうち，適当でないものはどれか．

(1) 高層建築物では，高層部，低層部等の給水系統のゾーニング等により，給水圧力が 400 ～ 500 kPa を超えないようにする．
(2) 揚水ポンプの吐出側の逆止め弁は，揚程が 30 m を超える場合，ウォータハンマの発生を防止するため衝撃吸収式とする．
(3) クロスコネクションの防止対策には，飲料用とその他の配管との区分表示のほか，減圧式逆流防止装置の使用等がある．
(4) 大気圧式のバキュームブレーカは，常時水圧のかかる配管部分に設ける．

解説 (4) 大気圧式のバキュームブレーカは，**常時水圧がかからない配管部分や水栓**に設ける．

解答▶(4)

マスターPoint バキュームブレーカは，大便器やホース接続水栓などに設けられ，あふれ縁より負圧破壊性能の **2 倍**（配管に接続する場合は 15 cm）以上，上部に設置する．

問題 5 給水設備

給水設備に関する記述のうち，適当でないものはどれか．

(1) 衛生器具の同時使用率は，器具数が増えるほど小さくなる．

(2) 一般水栓の最低必要吐出圧力は，30 kPa である．

(3) 受水タンクの水抜き管は，間接排水として排水口空間を設ける．

(4) 揚水管の横引配管が長くなる場合，上層階で横引きをする方が水柱分離を生じにくい．

解説 (4) 揚水管の横引配管が長くなる場合，できるだけ**下層階で横引きをする方が水柱分離が生じにくい**．

解答▶(4)

マスターPoint 水中分離ができるとウォータハンマの原因となる．

問題 6 給水設備

給水設備に関する記述のうち，適当でないものはどれか．

(1) 水道直結増圧ポンプの送水量は，原則として，時間平均予想給水量に基づき決定する．

(2) 受水タンクの容量を過大に設定すると，タンク内滞留中に残留塩素が消費され，水が腐敗しやすくなる．

(3) 受水タンクの保守点検スペースは，上部は 1 m 以上とし，周囲及び下部は 0.6 m 以上とする．

(4) 受水タンクの底部には吸込みピットを設け，底面の勾配をピットに向かって 1/100 程度とする．

解説 (1) 水道直結増圧ポンプの送水量は，原則として，**瞬時最大予想給水量（ピーク時）**に基づき決定する．

解答▶(1)

マスターPoint 高置水槽方式の揚水ポンプより，圧力水槽方式，ポンプ直送方式，直結増圧給水方式のポンプの方が大きくなる．

問題 7 給湯設備

給湯設備に関する記述のうち，適当でないものはどれか．

(1) 瞬間湯沸器を複数台ユニット化し，大能力を出せるようにしたマルチタイプのものがある．

(2) 密閉式膨張タンクを設けた場合は，配管系の異常圧力上昇を防止するための安全装置は不要である．

(3) 中央式給湯管の循環湯量は，一般に，給湯温度と返湯温度の差，並びに循環経路の配管，及び機器からの熱損失より求める．

(4) 給湯管は，配管内のエアを排除してから循環させる下向き供給方式とした．

解説 (2) 密閉式膨張タンクを設けた場合は，配管系の異常圧力上昇を防止するための**逃し弁**を付ける．

解答▶(2)

問題 8 給湯設備

給湯設備に関する記述のうち，適当でないものはどれか．

(1) 密閉式膨張タンクを使用する場合は，水圧の低い位置に設置する方がその容量は小さくなる．

(2) 給湯管に銅管を用いる場合は，かい食防止のため，管内流速が 3.0 m/s 以下になるように管径を決定する．

(3) 住戸に使用するガス瞬間湯沸器は，冬期におけるシャワーと台所の同時使用に十分対応するため，24 号程度の能力が必要である．

(4) 中央式給湯設備の熱源に使用する真空式温水発生機の運転には，有資格者を必要としない．

解説 (2) 給湯管に銅管を用いる場合は，流体の衝撃などによって継続的に破壊されるかい食（エロージョン：腐食）にならないように管内流速を **1.5 m/s 以下**になるように管径を決定する．

解答▶(2)

マスターPoint 瞬間式ガス湯沸し器の号数は，水温を 25 ℃ 上昇させるときの流量（L/min）の値をいう．

問題 9 給湯設備

給湯設備に関する記述のうち，適当でないものはどれか．

(1) 中央式給湯設備の熱源に使用する真空式温水発生機の運転には，有資格者を必要としない．

(2) 循環ポンプの揚程は，貯湯タンクから最高所の給湯栓までの配管の摩擦損失抵抗及び給湯栓の最低必要吐出圧力を考慮して求める．

(3) 循環式浴槽設備では，レジオネラ症防止対策のため，循環している浴槽水をシャワーや打たせ湯には使用しない．

(4) 瞬間湯沸器の 1 号は，流量 1 L/min の水の温度を 25 ℃ 上昇させる能力を表しており，加熱能力は約 1.74 kW である．

解説 (2) 循環ポンプの揚程は，ポンプの循環量をもとに，一般的に給湯管と返湯管の長さの合計が最も大きくなる配管系統の摩擦損失水頭を計算して求める．

解答▶(2)

問題 10 給湯設備

給湯設備に関する記述のうち，適当でないものはどれか．

(1) 中央式給湯設備の下向き循環方式の場合，配管の空気抜きを考慮して，給湯管，返湯管とも先下り勾配とする．

(2) 中央式給湯設備の循環ポンプの循環量は，循環配管路の熱損失と許容温度降下により決定する．

(3) 給湯管の管径は，主管，各枝管ごとの給湯量に応じて，流速及び許容摩擦損失により決定する．

(4) 中央式給湯設備の循環ポンプは，強制循環させるため，貯湯タンクの出口側に設置する．

解説 (4) 中央式給湯設備の循環ポンプは，配管内の湯の温度の低下を防ぐために設けるため，返湯管側（貯湯タンクの入り口側）に設ける．

解答▶(4)

循環ポンプは，配管内の湯の温度の低下を防ぐためにあり，強制に循環させ水量・水圧を出すためにあるのではない．

5 3 排水・通気設備

1 排水設備

1. 排水方式

排水は，汚水，雑排水，雨水及び特殊排水（化学系排水などの一般の排水系統への直接放流ができない排水，工業廃液，放射能を含んだ排水など）がある．排水方式には，合流式と分流式とがある．

① **合流式**：建物内の合流は，汚水と雑排水（洗面・台所・風呂など）が一つの配管により排水される．

② **分流式**：建物内の分流は，汚水と雑排水が別々の配管によって排水される．

2. 排水勾配

建物内の排水横枝管の一般的勾配がSHASE（空気調和・衛生工学会規格）で**表5·3**のように決められている．

表5・3　排水勾配

管径〔mm〕	勾　配
65 以下	1/50
75 ～ 100	1/100
125	1/150
150 以上	1/200

3. 排水流速

自然流下式の排水管の横管における流速は，**0.6 ～ 1.5 m/s** とする．

4. 排水配管方式

① **ねじ込み式排水管継手**（ドレネージ継手：排水管の方向変換をするとき適正な継手）を使用する．排水管用の継手は方向性を有し，管と接続した場合に，内面がほぼ平滑になるような構造となっている．

② 雨水排水立て管と汚水排水立て管を兼用してはならない．

③ **1階部分の排水と2階以上の排水は別系統**とし，単独に屋外の排水ますに接続する．

④ 各種器具の**排水負荷単位**は，器具の種別による同時使用率，使用頻度等を考慮して決定する．

⑤ 器具排水負荷単位法で，大便器（洗浄弁方式）が3個接続される排水横枝管の管径は100 mmとする．

⑥ 排水立て管は，どの階においても**最下部の最も大きな排水負荷を負担する部分の管径と同一管径**（たけのこ配管の禁止）とする．

⑦ 排水管の管径を決めるにあたり，排水立て管，排水横管いずれにしても，**排水の下流方向の管径は小さくしてならない**．

⑧ 排水管の管径は，**最小30 mm**とし，**かつトラップ口径より小さくしてはならない**．

⑨ 排水立て管に垂直に対して**45°を超えるオフセット**を設ける場合は，**図5・15**のようにオフセットの**上下600 mm以内**に排水枝管を接続してはならない．オフセットとは，**配管経路を図5・15のように平行移動する目的で，エルボやベンド継手で構成されている移行部分**をいう．45°以内の角度のときは，立て管とみなし，管径は同径とする．

- 排水立て管に45°を超えるオフセットを設ける場合は，**オフセットの管径は，排水横主管**として決定する．

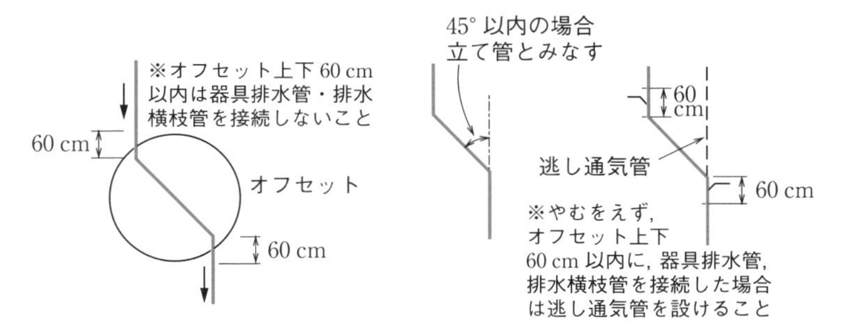

図5・15　排水管のオフセット

⑩ 飲料用水，消毒物（蒸留水装置，滅菌器，消毒器等の機器）等の貯蔵，または取扱う機器や洗濯機などからの排水は直接一般系統の排水管に連結せずに，**間接排水**とする．

- 各階に設置された水飲み器など同種器具をまとめて配管する場合は，最下階で**排水口空間**をとってもよい．
- 間接排水管の長さが500 mmを超える場合には，機器・装置などに近接してトラップを取り付けなければならない．
- 各種の飲料用貯水槽等の排水口空間の最小寸法は，**150 mm**とする．

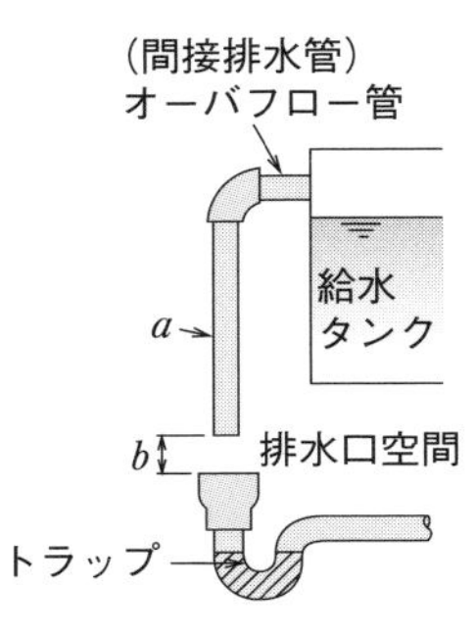

図5・16　間接排水管と排水口空間

表5・4　間接排水管管径と排水口空間距離

間接排水管管径 a	排水口空間距離 b
25 mm 以下	最小　50 mm
30 ～ 50 mm	最小 100 mm
65 mm 以上	最小 150 mm

- 間接排水とすべき機器・装置ごとに，排水口空間をとって，一般排水系統に接続されたトラップを有する水受け容器へ開口する．
- 間接排水を受ける水受け容器は，**排水トラップを設ける．**

⑪　寒冷地に埋設する排水管は，凍結深度以下に埋設する．

5. トラップの役目

臭気を防ぎネズミや害虫の外からの侵入を防ぐこと．

6. トラップの種類

トラップの種類には，Sトラップ，Pトラップ，Uトラップ，ワントラップ（ベルトラップ），ドラムトラップがある．

ドラムトラップは，非サイホン式トラップであり，混入物をトラップに堆積させ，清掃できる構造となっている．

7. 排水トラップの構造

阻集器以外のトラップの封水深（**ウェア**から**ディップ**までの垂直距離）は，排水管内の圧力変動，蒸発などで減少するため，**50 mm 以上 100 mm 以下**とする．なお，排水トラップの封水深は，容易に掃除ができる構造とすること．

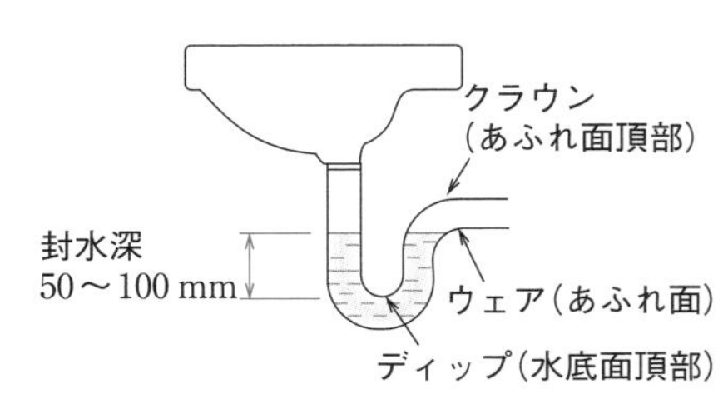

図5・17　トラップの封水深

トラップのディップとは，トラップにおいて封水がこれ以上低下すると有効封水深がなくなる部分をいう．

① **つくり付けトラップ**とは，水受け容器と一体となっているトラップのことをいう．
② トラップの水封中に継手を用いる場合は，金属すり合せ継手を使用することが望ましい．
③ 頂部通気付トラップは，蒸発を速めるので使用してはならない．
④ トラップの水封部には，掃除口を設けてもよい．

8. トラップの封水破壊（損失）の原因

① **自己サイホン作用**：洗面器に多く，特にSトラップに接続した場合（Pトラップより封水が破られやすい），洗面器を満水にして流したときに起きる現象をいう．自己サイホン作用を防止するため，器具排水口からトラップウェアまでの垂直距離は，**600 mm** を超えてはならない．
② **跳ね出し作用**（跳び出し作用）：排水立て管が満水状態（多量）で流れたとき空気圧力が高くなり，逆に室内側に跳ね出すことがある（最下階によく見られる）．
③ **吸込み作用**（吸出し作用，誘導サイホン作用）：排水立て管が満水状態で流れたとき，トラップの器具側は負圧となり，立て管側へと引っ張られてサイホン作用を起こすことがある（中間階によく見られる）．
④ **蒸発作用**：器具を使用してないと，溜まっている排水が蒸発して封水が破られることがある（ワントラップに多く見られる）．
⑤ **毛管現象作用**：トラップ部に毛髪や繊維などが引っかかっていると，毛管作用で封水が破られることがある（ワントラップのわん形部分を取り外す人がいるが，封水機能を失う）．

【トラップの封水破壊現象の防止】

- 各個通気管を設ける．
- 器具底面の勾配の緩い器具を使用する．
- 長い期間使用しない床排水口には，プラグ（栓）をする．
- 器具トラップに毛髪等が引っ掛かっている場合は，掃除をして除去する．
- **（流出脚断面積）/（流入脚断面積）比の大きいトラップ**を使用する．

  ≫**（流出脚断面積）/（流入脚断面積）比**：排水がトラップから**流出する側と，流入する側の配管断面積の比**をいう．この比が**小さい**と，**トラップ流出側の口径が小さい**ため**自己サイホン作用が起きやすく**なる．

9. 二重トラップの禁止

トラップは，器具一個に対してトラップ一個が原則である．二個以上のトラップが同一排水管系統上にあると，トラップ間の空気が密閉状態となるので水が流れなくなってしまうことがある．

10. 阻集器

阻集器は，排水管に有害な物質を阻集・分離するだけでなく，排水中に含まれている貴金属などの分離・回収にも利用される．

⊕**グリース阻集器**・・・グリース阻集器は，厨房その他の調理場から排出される排水中に含まれる油脂分を分離・収集するために設けるものである．グリース阻集器の**ちゅう芥は毎日，グリースは，7～10日間**ぐらいの間隔で除去・清掃することが望ましい．

⊕**オイル阻集器**・・・オイル阻集器は，ガソリンなどが排水管内に流入して引火・爆発することを防止するものである．オイル阻集器に通気管を設ける場合は，**単独系統**として屋外に開放する．

⊕**砂阻集器**・・・砂阻集器は，土砂等が排水管内に流入し，沈積して閉塞することを防止するものである．トラップ封水深は150 mm以上とすることが望ましい．

11. 排水管径の決定

⊕**トラップの口径**・・・器具排水管の管径はトラップの口経以上とし，かつ30 mm以上とする．

表5·5に衛生器具の接続最小口径（トラップ口径と等しい）を示す．ただし，地中や地階の床下に埋設される排水管は**50 mm以上**が望ましい．

⊕**ブランチ間隔**・・・排水立て管に接続する排水横枝管又は排水横主管の間隔をいう．ブランチ間隔を2.5 mと決めている．**1ブランチ間隔は，2.5 mを超える**

表5・5　衛生器具の接続最小口径（トラップ口径）

器　具	接続口径〔mm〕	器　具	接続口径〔mm〕
大便器	**75**	床排水	40～75
小便器	40	汚物流し	75
小便器(ストール型)	50	医療用流し	40
洗面器	30	**掃除用流し**	**65**
手洗器	30	**浴　槽**	40
料理流し	40	**浴　槽（公衆用）**	50～75
洗濯用流し	40	**シャワー**	50

ものをいう.

12. 排水管の掃除口と排水ます

掃除口の大きさは，管径が100 mm以下の場合は**配管と同一管径**とし，管径が100 mmを超える場合には**100 mm**より小さくしてはならない.

【排水管の掃除口の設置位置】

- 排水横主管及び排水横枝管の起点.
- 延長が長い排水横管の途中.
- 排水管が45°を超える角度で方向を変える箇所.
- 排水横主管と敷地排水管の接続箇所に近いところ.
- 排水立て管の最下部又はその付近.
- 管径100 mm以下の排水横管には，その管長が15 m以内ごと．100 mmを超えた場合30 m以内ごと.

【排水ますの設置箇所】

- 敷地排水管の直管で，管内径の120倍を超えない範囲内.
- 敷地排水管の起点.
- 排水管の合流箇所及び敷地排水管の方向変換箇所.
- 勾配が著しく変化する箇所.
- その他，清掃・点検上必要な箇所.

13. 排水槽及び排水ポンプ

⊕**排水槽**・・・汚水や雑排水を貯留する排水槽は，通気管以外の部分から臭気が漏れない構造とし，底部は吸込みピット（排水ピット）を設け排水の滞留や汚泥ができるだけ生じないように，**ピットに向かって勾配をつける**（1/15～1/10の勾配）．吸込みピットは，フート弁や水中ポンプの吸込み部の周囲および下部に200 mm以上の間隔をもった大きさとする.

① 排水タンクには点検･清掃のため，内径60 cm以上のマンホールを設ける.

② 排水槽の通気管は，単独通気管とし，最小50 mm以上とする.

⊕**排水水中ポンプ**・・・排水水中ポンプは，流入部を避けた位置とし，周囲の壁などから200 mm以上離して設置する．また，マンホールはポンプの直上に設置する.

① 床置き型のポンプは，十分な支持を行う.

② ポンプ本体を槽外で操作して，着脱できるようにしたものもある.

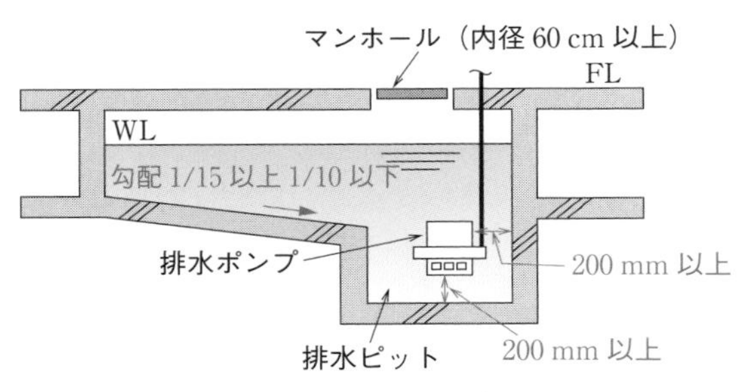

図5・18　排水水中ポンプ

【排水槽及び排水ポンプの維持管理】

- 排水槽の清掃後，漏水の有無（水位の低下）を確認したあとに，ポンプの絶縁抵抗の測定，アース線の接続を確認してから運転し，ポンプの逆回転・過電流の有無をチェックする．
- 排水槽の清掃を **6 か月以内ごとに一回**行う．

2 通気設備

1. 通気の役目

① **排水管内の流れをスムーズ**にする．
② **トラップの封水を保護**する（**排水管内の圧力変動を緩和**する）．
③ 排水管内に**空気が流れるので清潔**になる．

2. 通気方式

通気方式には，伸頂通気方式，各個通気方式，ループ通気方式等がある．

⊕**伸頂通気方式・・・排水立て管の頂部を管径を縮小せずに延長して大気に開放す**る方式である．伸頂通気方式は，通気立て管を設けず，伸頂通気管のみによる通気方式である．

⊕**各個通気方式・・・各器具トラップごとに通気管を設け，それらを通気横枝管に接続して，その横枝管の末端を通気立て管又は伸頂通気管に接続**する方式である．自己サイホン防止に有効である．各個通気管は，器具**トラップのウェア**から管径の **2 倍以上**離れた位置から取り出す．

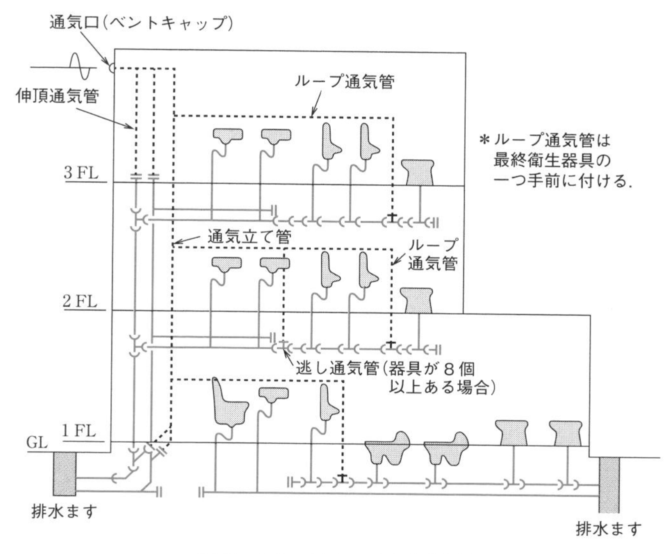

図 5・19　排水・通気系統図

ループ通気方式（回路通気方式)…その系統の**末端の器具の立て管寄りに通気管を取り出す**方式である．その階における**最高位置の器具のあふれ縁より 150 mm 以上立ち上げ**，通気立て管に接続する．

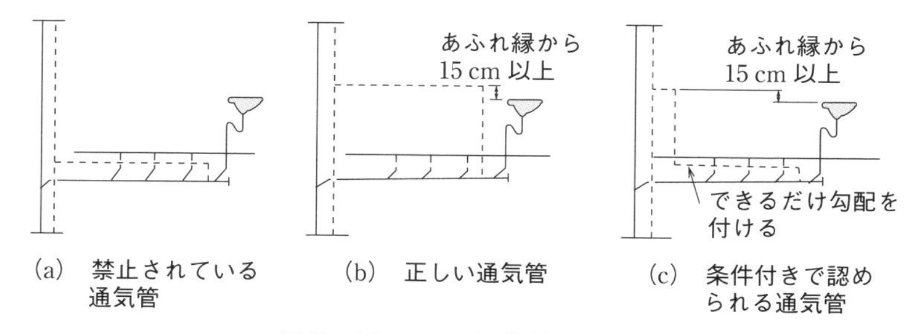

図 5・20　ループ通気管の接続法

通気立て管・・・排水立て管でブランチ間隔が 3 以上の場合，通気方式をループ通気方式又は各個通気方式とするときには，通気立て管を設ける．

結合通気管・・・高層建築物にこの方式が取り入れられ，排水立て管より分岐し通気立て管に接続するものをいい，最上階から数えて**ブランチ間隔 10 以内ごとに設ける．**

⊕**逃し通気管**・・・**便器8個以上は，逃し通気管**を設ける．一つのループ通気管が受け持つことのできる大便器等の器具の数は，平屋建て及び屋上階を除き**7個以下**で，それ以上ある場合は，**排水横枝管の器具最下部から逃し通気管を設け，ループ通気管へ接続**する．

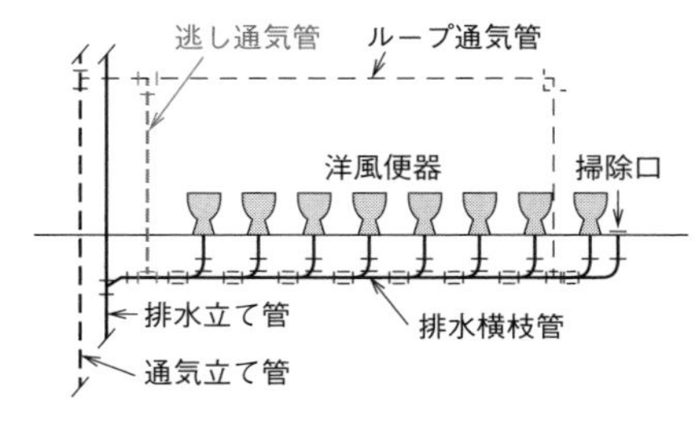

図5・21　逃し通気管の取り方

⊕**湿り通気管**・・・2個以上のトラップを保護するため，器具排水管と通気管を兼ねるものをいう．

⊕**返し通気管**・・・器具の通気管を器具のあふれ縁より15 cm以上立ち上げてから，また立ち下げて排水横枝管などに接続するものをいう．

3. 通気管の取出し

⊕**排水横管からの通気管の取出し**・・・垂直ないしは**45°以内**の角度で取り出す．

⊕**通気立て管の下部の取出し**・・・通気立て管の下部の取出しは，通気立て管と同一の管径で，最低位の排水横枝管より低い位置で排水立て管に接続するか，又は排水横主管に接続する．

⊕**通気立て管の上部の取出し**・・・通気立て管の上部の取出しは，通気管をそのままの管径で延長し大気に開放させるか，最高位の衛生器具のあふれ縁から150 mm以上立ち上げて伸頂通気管に接続する．

4. 通気配管の禁止及び注意点

① 床下通気配管の禁止及び通気管どうしを床下で接続してはならない．
② 雨水立て管に通気立て管の接続禁止．
③ 浄化槽，汚水ピット，雑排水ピット等の通気管は単独通気配管とする．
④ 換気ダクトとの接続禁止．
⑤ 管内の水滴が自然流下で排水管へ流れるように勾配を設ける．

5. 通気管の管径決定共通事項

① 通気管の最小管径は，**30 mm**とする．
② 各個通気管の管径は，それが接続される排水管の管径の**1/2以上**とする．
③ 結合通気管の管径は，通気立て管と排水立て管のうち，いずれか小さいほ

うの管径以上にしなければならない．

④　伸頂通気管は，原則として排水立て管の上端の管径とする．

⑤　ループ通気管の管径は，排水横枝管と通気立て管のいずれか小さいほうの管径の1/2以上とする．

⑥　逃し通気管の管径は，それに接続する排水横枝管の1/2以上とする．

6. 通気管の大気開口部

通気管の大気開口部の窓と出入口等との関係について**図5·22**に示す．

通気管の末端を，窓等の付近に設ける場合は，それらの上端から600 mm以上立ち上げて開口するか，開口部から水平に3 m以上離して開口する．

①　通気管の末端の有効開口面積は,管内断面積以上とし,防虫網を取り付ける．

②　通気管の末端は，建物の張出しの下部に開口してはならない．

③　屋上に通気管を立ち上げて開口する場合は,200 mm以上立ち上げること．また屋上を庭園，物干し場等に使用する場合は，通気管は2 m以上立ち上げた位置で開口する．

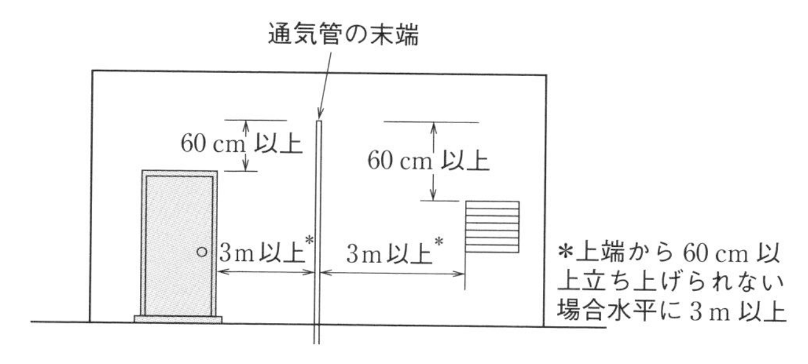

図5・22　通気管と大気開口部の関係

必ず覚えよう

❶ 排水トラップの深さは，ウェアとディップとの垂直距離をいう．

❷ トラップの深さは，50 mm以上100 mm以下とする．

❸ 自己サイホンを防止するには，器具排水口からトラップウェアまでの垂直距離は，600 mmを超えてはならない．

❹ 誘導サイホン作用及び自己サイホン作用を起こしやすいトラップは，各個通気管を設ける．

問題 1 排水・通気設備

排水・通気設備に関する記述のうち，適当でないものはどれか．

(1) 通気弁は，大気に開放された伸頂通気管のように正圧緩和の効果は期待できない．

(2) 排水横枝管の勾配は，管径 65 mm 以上 100 mm 以下は 1/100 とする．

(3) 大便器の器具排水負荷単位は，公衆用と私室用で異なる．

(4) ブランチ間隔とは，排水立て管に接続している各階の排水横枝管又は排水横主管の間の鉛直距離が 2.5 m を超える排水立て管の区間をいう．

解説 (2) 排水横枝管の勾配は，管径 75 mm 以上，100 mm 以下は，1/100 である．

解答▶(2)

排水勾配は 50 mm では 1/50，100 mm では 1/100 と覚えておく．
「SHASE-S 206-2000 給排水衛生設備規準同解説」（空気調和・衛生工学会）で，138 ページの表の 5·3 のように決められている．

問題 2 排水・通気設備

排水トラップ及び阻集器に関する記述のうち，適当でないものはどれか．

(1) 阻集器にはトラップ機能をあわせ持つものが多いので，器具トラップを設けると，二重トラップになるおそれがある．

(2) 排水トラップの深さ（封水深）は 50 mm 以上 100 mm 以下とするが，特殊の用途の場合には 100 mm を超えるものもある．

(3) オイル阻集器は，ガソリンなどの流出する箇所の近くに設け，ガソリンなどを阻集器の水面に浮かべて回収し，それらが排水管中に流入して，爆発事故を起こすのを防止する．

(4) トラップの自己サイホン作用を防止するため，器具排水口からトラップウェアまでの鉛直距離は 800 mm 以下としなければならない．

解説 (4) トラップの自己サイホン作用を防止するため，器具排水口からトラップウェアまでの鉛直距離は，600 mm 以下とする．

解答▶(4)

問題 3 排水・通気設備

排水トラップに関する記述のうち，適当でないものはどれか．

(1) ドラムトラップは，サイホン式トラップに比べて脚断面積比が大きいので，破封しにくい．

(2) 排水トラップの深さ（封水深）とは，トラップのあふれ面とトラップの水底面との間の垂直距離をいう．

(3) 器具排水口からトラップウェアまでの垂直距離は，600 mm 以下とする．

(4) 自己サイホン作用とは，衛生器具自身の排水によって生じるサイホン作用により，封水が正常な深さより少なくなる現象をいう．

解説 (2) 排水トラップの深さは，トラップのウェアとディップとの間の垂直距離をいう．

解答▶(2)

トラップのウェアとは，トラップ下流のあふれる部分の下端（あふれ面）をいい，ディップとは，トラップ底部の上端（水底面頂部）をいう．

問題 4 排水・通気設備

排水・通気設備に関する記述のうち，適当でないものはどれか．

(1) 排水横枝管の勾配は，管径 65 mm 以上 100 mm 以下の場合は 1/100 を最小勾配とする．

(2) 排水立て管に 45° を超えるオフセットを設ける場合，オフセットの上部および下部 600 mm 以内には，排水横枝管を接続しない．

(3) ループ通気管の管径は，その排水横枝管と通気立て管の管径のうち，いずれか小さい方の 1/2 以上とする．

(4) 排水管に設ける通気管の最小管径は，30 mm とする．

解説 (1) 排水横枝管の勾配は，管径 75 mm 以上 100 mm 以下の場合は 1/100 を最小勾配とする．

解答▶(1)

問題5 排水・通気設備

排水・通気設備に関する記述のうち，適当でないものはどれか．

(1) 通気立て管の上部は，管径を縮小せずに延長し，大気に開放する．

(2) トラップますは，50～100 mm の封水深を確保できるものとする．

(3) 管径 150 mm の排水横主管には，掃除口を 30 m ごとに取り付ける．

(4) 特殊継手排水システムには，排水横枝管の流れを排水立て管内に円滑に流入させ，排水立て管内の流速を高める効果がある．

解説 (4) 特殊継手排水システムには，排水横枝管の流れを排水立て管内に円滑に流入させ，排水立て管内の**流速を減ずる効果**がある．

解答▶(4)

特殊継手排水システムは，伸頂通気管から流入空気の量を減らしたもので，伸頂通気方式より性能の良いシステムである．

問題6 排水・通気設備

排水・通気設備に関する記述のうち，適当でないものはどれか．

(1) 器具排水負荷単位法により通気管径を算定する場合の通気管長さは，通気管の実長に局部損失相当長を加算する．

(2) 結合通気管の管径は，通気立て管と排水立て管のうち，いずれか小さい方の管径以上とする．

(3) 建物の階層が多い場合の最下階の排水横枝管は，排水立て管に接続せず，単独で排水ますに接続する．

(4) 排水立て管に 45 度を超えるオフセットを設ける場合，オフセットの上部及び下部 600 mm 以内には排水横枝管を接続しない．

解説 (1) 通気管の管径決定法には，器具排水負荷単位法と定常流量法がある．器具排水負荷単位法は，**通気管が接続される排水管の管径と，受け持つ器具排水負荷単位数の合計から，通気管の長さを考えて管径を決定**する．

解答▶(1)

問題 7 排水・通気設備

排水設備の排水槽に関する記述のうち，適当でないものはどれか.

(1) 排水槽の通気管を単独で立ち上げ，最上階で他の排水系統の伸頂通気管に接続して大気に開放した.

(2) 排水槽の吸込みピットは，水中ポンプの吸込み部の周囲に 200 mm の間隔をあけた大きさとした.

(3) 排水槽の底部には，吸込みピットに向かって 1/10 の勾配をつけた.

(4) 排水槽の容量は，最大排水量又は排水ポンプの能力を考慮して決定する.

解説 (1) 排水槽の通気管は，最小 50 mm 以上の**単独通気管**とする.

解答▶(1)

マスターPoint 排水槽の底部には，吸込みピット（排水ピット）を設け排水の滞留や汚泥が生じないように，ピットに向かって **1/15 ~ 1/10** の勾配をつける．なお，排水槽に入る汚水管（排水管）は，排水用水中ポンプ上や排水ピット上からできるだけ離すこと．

問題 8 排水・通気設備

排水槽及び排水ポンプに関する記述のうち，適当でないものはどれか.

(1) 排水槽の容量は，一般的に，流入排水の負荷変動，ポンプの最短運転時間，槽内貯留時間等を考慮して決定する.

(2) 通気弁は，大気開口された伸頂通気のような正圧緩和の効果がないため，排水槽の通気管末端には使用してはならない.

(3) 排水の貯留時間が長くなるおそれがある場合は，臭気の問題等から，一定時間を経過するとタイマーでポンプを起動させる制御方法を考慮する.

(4) 汚水用水中モーターポンプは，小さな固形物が混入した排水に用いられ，口径の 40 % 程度の径の固形物が通過可能なものである.

解説 (4) 汚水用水中モーターポンプは，固形物をほとんど含まない水を排出するポンプで，**口径の 10 % 以下の径の固形物が通過可能**なものである．なお，ポンプの口径は 40 mm 以上を選ぶこと.

解答▶(4)

問題9 排水・通気設備

排水・通気設備に関する記述のうち，適当でないものはどれか．

(1) 伸頂通気方式において，誘導サイホン作用の防止には，排水用特殊継手を用いて管内圧力の緩和を図る方法がある．

(2) 自己サイホン作用の防止には，脚断面積比の小さなトラップのほうが大きなトラップに比べて有効である．

(3) 通気弁は，大気に開放された伸頂通気管のような正圧緩和の効果は期待できない．

(4) 排水立て管に接続する排水横枝管の垂直距離の間隔が 2.5m を超える場合，その間隔をブランチ間隔という．

解説 (2) 自己サイホン作用の防止には，**脚断面積比の大きなトラップのほうが小さいトラップに比べて有効である．**

解答▶(2)

通気方式の中で，自己サイホン防止に1番有効な方式は，各個通気方式である．

問題10 排水・通気設備

排水・通気設備に関する記述のうち，適当でないものはどれか．

(1) ループ通気管の取出し管径は，排水横枝管の管径と，接続する通気立て管の管径のいずれか小さい方の 1/2 以上とした．

(2) 通気管の管径は，通気管の長さと接続される器具排水負荷単位の合計から決定した．

(3) 通気管の末端を窓などの開口部から 600 mm 以上立ち上げて開放できないので，その開口部から水平に 2 m 離して開放した．

(4) 通気立て管の下部は，最低位の排水横枝管より低い位置で排水立て管に接続した．

解説 (3) 通気管の末端を窓，換気口などの付近に設ける場合は，それらの上端から 600 mm 以上立ち上げて開放するか，**開口部から水平に 3 m 以上離して開放**する．

解答▶(3)

5 4 消火設備

1 消火設備

消火には，いろいろな方法，設備，規制条件がある．ひととおり覚えておこう．

1. 消防用設備等

消防用設備等とは，消防法施行令（第７条）によると**消防の用に供する設備**（消火設備，警報設備，避難設備）と，**消防用水及び消火活動上必要な施設**をいう．

2. 消火設備の消火原理

ここで，消防用設備等のうち消火設備の消火原理を述べることにする．

⊕**屋内消火栓設備，屋外消火栓設備，スプリンクラー設備，ドレンチャー設備**・・・水を一斉に放出し，熱を吸収し，**冷却効果**により消火するものである．

⊕**水噴霧消火設備**・・・水噴霧消火設備は，水噴霧ヘッドからの噴霧水による**冷却効果**と，噴霧水が火災に触れて発生する水蒸気による**窒息効果**により消火するものである．この消火は，特に**油火災**などに使用され，油面を覆い乳化（エマルション）作用を起こす．

⊕**泡消火設備**・・・泡消火設備は，燃焼物を泡で覆うことにより**窒息効果及び冷却効果**により消火する．水噴霧消火設備と同じように**油火災**（自動車修理工場，駐車場）等に使用されている．

⊕**不活性ガス消火設備**・・・不活性ガス消火設備は，不活性ガスを空気中に放出して酸素の容積比を低下させ，**窒息効果**により消火するものである．

① ガス体のため動力が不要で，しかも室内のすみずみまで浸透し消火する．**受変電室**など水を嫌う場所の消火に使用される．

② 起動装置は，イナートガス消化剤（窒素，IG-55 又は IG-541）を放射する設備にあっては，自動式とする．

③ 起動装置の操作部は，床面からの高さが **0.8 m 以上 1.5 m 以下**の箇所に設ける．

④ ボイラー室の全域放出方式の設備に使用する消火剤は，二酸化炭素とする．

⊕**粉末消火設備**・・・粉末消火設備の主成分は，炭酸水素ナトリウム，炭酸水素カルシウム，炭酸水素カリウムと尿素がある．噴射ヘッドから放射される粉末が

5章 衛生

熱分解により二酸化炭素と水蒸気を発生し，可燃物と空気を遮断する**窒息効果**と，熱分解のときの熱吸収による**冷却効果**により消火するものである．

3. 屋内消火栓設備

屋内消火栓には，その操作を2人以上で行う**1号消火栓**と，1人で行うことができる**2号消火栓**との2種類がある．その他に1人で行うことができる**易操作性1号消火栓**がある．屋内消火栓設備には，**非常電源を附置**し，30分以上作動できる容量以上とする．

⊕**屋内消火栓の設置について・・・1号消火栓**においては消火対象物の階ごとに，その階の各部分から一つのホース接続口までの水平距離が**25 m 以下**となるように設けること．**2号消火栓**においては**15 m 以下**とする．

⊕**1号消火栓と2号消火栓の比較**

表5・6　1号・2号消火栓の比較

項　目	1号消火栓	2号消火栓
放水圧力	0.17 ～ 0.7 MPa	0.25 ～ 0.7 MPa
放水量	130 L/min	60 L/min
ポンプ吐出能力	消火栓設置個数（最大2）× 150 L/min	消火栓設置個数（最大2）× 70 L/min
水源の水量	消火栓設置個数（最大2）× 2.6 m^3	消火栓設置個数（最大2）× 1.2 m^3

⊕**屋内消火栓箱**

① 箱の表面に**消火栓と表示**すること．

② 箱の上部には，取り付ける面と**15° 以上**の角度となる方向に沿って10 m 離れた場所から容易に識別できる**赤色の灯火**（ランプ）を取り付けること．

③ **消火栓の開閉弁**は，**床面から 1.5 m** の高さに設置すること．

⊕**加圧送水装置**

① 加圧送水装置には，屋内消火栓のノズル先端における放水圧力が**0.7 MPa を超えないための措置**を講じる．

② 加圧送水装置には，定格負荷運転時の**ポンプの性能を試験**するための配管設備を設ける．

③ 加圧送水装置には，締切運転時における**水温上昇防止のための逃し配管**を設ける．

④ 加圧送水装置は，**直接操作によってのみ停止**されるものであること．

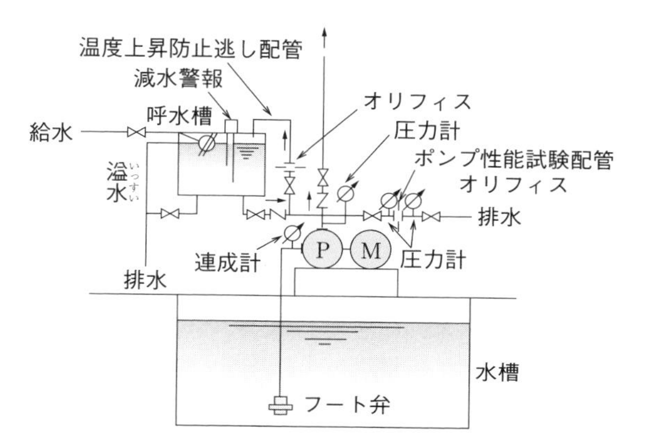

図 5・23　加圧送水装置回り

4. スプリンクラー設備

⊕**スプリンクラー設備の種類・・・**スプリンクラー設備は，火災を小規模のうちに消火させる散水式の自動消火設備で，特に**初期消火には有効な設備**である．使用されるヘッドによって，開放型と閉鎖型に大別される．

開放型：劇場の舞台部など火のまわりが速い部屋などに用いられる．

閉鎖型：一般によく使用されている．湿式と乾式があり，**湿式のスプリンクラー設備**は，加圧送水装置からスプリンクラーヘッドまでの配管を加圧充水している．**乾式のスプリンクラー設備**は，配管の途中に弁を設けて弁のポンプ側には加圧水を，弁のヘッド側には圧縮空気を充填している．

⊕**スプリンクラーヘッドの種類・・・スプリンクラーヘッド**とは，配管の先端に取り付け水を放出する部分をいい，**開放型スプリンクラーヘッドと閉鎖型スプリンクラーヘッド**がある．また，配管に取り付ける方向によって，上向き型，下向き型，上下両方向型がある．

① スプリンクラーヘッドは，日本消防検定協会の検定に合格し，検定合格表示ラベルを貼付したものを使用する．**放水圧力**は，0.1 ～ 1.0 MPa であり，**放水量**は，80 L/min である．

② 標準型ヘッドには，有効散水半径が 2.3 m のものと 2.6 m のものがある．

③ 標準型ヘッドのうち閉鎖型スプリンクラーヘッドは，原則として，当該ヘッドの取付面から 0.4 m 以上突き出した梁などによって区画された部分ごとに設ける．

④　事務所用途の建築物（地上 10 階以下）の場合，水源の水量を算出するスプリンクラーヘッド梁の同時開放個数は，湿式，乾式，予作動式の別によらず，標準型ヘッドで 10 個，高感度型で 8 個（11 階以上の場合標準ヘッドで 15 個，高感度型で 12 個）である．

⑤　閉鎖型スプリンクラーヘッドは，その取り付ける場所の正常時における最高周囲温度に応じた標示温度を有するものを設ける．

5. 不活性ガス消火設備

不活性ガス消火設備は，イナートガス消火設備と二酸化炭素設備があり，不活性ガスを放出して酸素の容積比を低下させて窒息効果により消火するものである．

⊕消火剤の種類

1）二酸化炭素

2）イナートガス消火剤

①窒素

② IG-55（窒素とアルゴンの容積比 50：50）

③ IG-541（窒素とアルゴンと二酸化炭素の容積比 52：40：8）

⊕設置基準

駐車場や通信機器室で**常時人がいない部分**には，**全域放出方式**の不活性ガス消火設備を設ける．**常時人がいる部分**には，**全域放出方式**又は**局所放出方式**の不活性ガス消火設備を**設けてはならない**．

局所放出方式及び移動式不活性ガス設備に使用する消火剤は，**二酸化炭素**であ

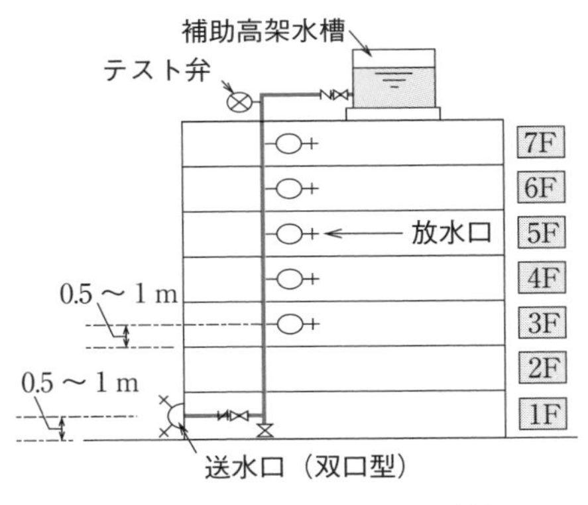

図 5・24　連結送水管設備の系統図

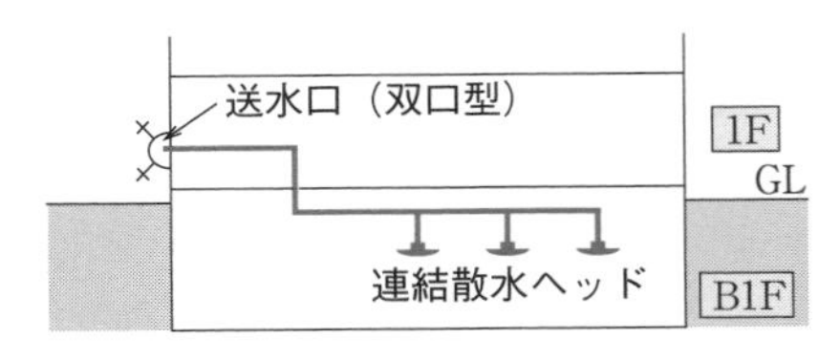

図 5・25　連結散水栓設備の系統図

る．なお，非常電源の容量は，1時間作動できる容量以上とする．

1の防火対象物又はその部分に防護区画又は防護対象物が**2以上存する場合**において貯蔵容器を共用するときは，**防護区画又は防護対象物ごと**に選択弁を設ける．

⊕貯蔵容器

容器は，高圧ガス保安法及び同法に基づく省令に定める容器の検査に合格したものとする．貯蔵容器は，防護区画以外の場所で，温度40℃以下で温度変化が少く，直射日光及び雨水のかかるおそれの少い場所に設ける．

6. 連結送水管

連結送水管と連結散水設備は，**消火活動上必要な施設**であり，火災発生時に消防隊による消火活動に用いられる施設をいう．

連結送水管は，地階を除き7階建て以上の建物全てに設置し，公設の消防隊の動力消防ポンプ車を使って外部の水を建物内部に送水するもので，消防隊員によって消火活動が行われる．連結送水管の送水口の配置は，動力消防ポンプ車の到達経路，消防進入経路を考慮し決定する．**送水口**（双口型）は，サイアミューズコネクションともいい**消防隊専用栓**である．**放水口**は，3階以上に設置し，ホースを持った消防隊員が，建物に侵入しホースを放水口に接続して消火活動をする．

7. 連結散水設備

消火用設備等のうち，消火活動上必要な施設の一つで，火災が発生した時，煙や熱が充満することによって消防活動が困難となる地下街や地下階に設置する．

地階の床面積の合計が700 m² 以上のものに設置する．

連結散水設備の一の送水区域に接続する散水ヘッドの数は，開放型散水ヘッド及び閉鎖型散水ヘッドにあっては10以下，閉鎖型スプリンクラーヘッドにあっては20以下となるように設ける．

送水口のホース接続口は，散水ヘッドが5個以上の場合，双口形のものとする．

天井又は天井裏の各部分から一つの散水ヘッドまでの水平距離は，開放型散水ヘッド及び閉鎖型散水ヘッドにあっては3.7 m以下とする．

❶ 消火栓の開閉弁は，床面から1.5 mの高さとする．
❷ 加圧送水装置には，締切運転における水温上昇防止のための逃し配管を設ける．
❸ 不活性ガス消火設備の非常電源容量は有効に1時間作動できる容量以上とする．

問題 1 消火設備

消火設備の消火原理に関する記述のうち，適当でないものはどれか．

(1) 泡消火設備は，燃焼物を泡の層で覆い，窒息効果と冷却効果により消火するものである．

(2) 粉末消火設備は，粉末状の消火剤を放射し，熱分解で発生した炭酸ガスや水蒸気による窒息効果と冷却効果により消火するものである．

(3) 不活性ガス消火設備は，不活性ガスを放出し，ガス成分の化学反応により消火するものである．

(4) 水噴霧消火設備は，水を霧状に噴射し，噴霧水による冷却効果と噴霧水が火炎に触れて発生する水蒸気による窒息効果により消火するものである．

解説 (3) 不活性ガス消火設備は，イナートガス消火設備と二酸化炭素消火設備があり，不活性ガスを放出して酸素の容積比を低下させて**窒息効果**により消火するものである．

解答▶(3)

問題 2 消火設備

屋内消火栓設備における 1 号消火栓及び易操作性 1 号消火栓に関する記述のうち，適当でないものはどれか．

(1) 1 号消火栓は，通常 2 人により操作を行う．

(2) 1 号消火栓は，開閉弁の開放と連動して消火ポンプが起動できる．

(3) 易操作性 1 号消火栓のノズルは，棒状放水と噴霧放水の切換えができる．

(4) 易操作性 1 号消火栓は，防火対象物の階ごとに，その階の各部からの水平距離が 25 m 以下となるように設ける．

解説 (2) 1 号消火栓の消火ポンプ（加圧送水装置）を操作するには，遠隔操作で**消火栓箱に付いている押しボタンを押して起動**させるか，消火ポンプ直近に付いている**制御盤で起動**させる．

解答▶(2)

マスターPoint 消火ポンプの停止は，消火ポンプ直近に付いている**制御盤**でしかできない．

問題 3 消火設備

消防用設備の設置に関する記述のうち,「消防法」上, 誤っているものはどれか.

(1) 劇場の舞台部に設置するスプリンクラーヘッドは, 開放型とする.

(2) 地階の床面積の合計が 500 m² 以上の事務所には, 連結散水設備を設置する.

(3) 11 階以上の階に連結送水管の放水口を設ける場合は, ノズルとホースを付設する.

(4) スプリンクラー設備の補助散水栓の開閉弁は, 床からの高さが 1.5 m 以下の位置に設ける.

(2) 地階の床面積の合計が **700 m² 以上**の事務所には, 連結散水設備を設ける.

解答▶(2)

マスターPoint 連結散水設備については消防法施行令第 28 条の 2 第 1 項に定められている.

問題 4 消火設備

不活性ガス消火設備に関する記述のうち, 適当でないものはどれか.

(1) 貯蔵容器は, 防護区画以外の場所で, 温度 40 ℃ 以下で温度変化が少なく, 直射日光及び雨水のかかるおそれの少ない場所に設ける.

(2) 不活性ガス消火設備を設置した場所には, その放出された消火剤及び燃焼ガスを安全な場所に排出するための措置を講じる.

(3) 常時人がいない部分以外の部分は, 全域放出方式としてはならない.

(4) 窒素を放出するものは, 放出時の防護区画内の圧力上昇を防止するための避圧口を設けなくてもよい.

(4) 窒素を放出するものは, 放出時の防護区画内の圧力上昇を防止するために**避圧口**(防護区画内の圧力上昇を防止するための開口部) **を設けること**.

解答▶(4)

マスターPoint 窒素のような気体を放出するものは, 避圧口を設けること.

問題 5 消火設備

不活性ガス消火設備に関する記述のうち，適当でないものはどれか．

(1) 局所放出方式の不活性ガス消火設備は，常時人がいるおそれのある部分に設けることができる．

(2) 不活性ガス消火設備を設置する防護区画には，その放出された消火剤及び燃焼ガスを安全な場所に排出するための措置を講ずる．

(3) 不活性ガス消火設備を設置する防護区画が 2 以上あり，貯蔵容器を共用する場合は，防護区画ごとに選択弁を設けなければならない．

(4) 全域放出方式又は局所放出方式に附置する非常電源は，当該設備を有効に 1 時間作動できる容量以上とする．

解説 (1) 消防法施行規則第 19 条第 5 項第 1 号の 2 及び消防予第 133 号に「局所放出方式の不活性ガス消火設備は，**常時人がいるおそれのある部分に設けてはならない**」と定められている．

解答▶(1)

問題 6 消火設備

連結散水設備に関する記述のうち，消防法上，誤っているものはどれか．

(1) 一の送水区域に接続する散水ヘッドの数は，開放型散水ヘッド及び閉鎖型散水ヘッドにあっては 10 以下とする．

(2) 送水口のホース接続口は，散水ヘッドが 5 個以上の場合，双口形のものとする．

(3) 天井又は天井裏の各部分から一の散水ヘッドまでの水平距離は，開放型散水ヘッドにあっては 3.7 m 以下，閉鎖型散水ヘッドにあっては 4 m 以下とする．

(4) 設置対象は，地階の床面積の合計（地下街にあっては，延べ面積）が 700 m^2 以上の防火対象物である．

解説 (3) 消防法規則第 30 条の 3 第一号ロに，**開放型散水ヘッド及び閉鎖型散水ヘッドにあっては 3.7 m 以下**となるように設けることと定められている．

解答▶(3)

5 5 ガス設備

1 ガスの基本

1. 発熱量

標準状態（0℃・1気圧）のガス1 m³（N）が完全燃焼したときに発生する熱量を発熱量といい，〔kJ/m³（N）〕で表す．燃焼によって発生した熱量から水蒸気を持った蒸発熱を差し引いたものを**低発熱量（真発熱量）**という．その蒸発熱を含めたものを**高発熱量（総発熱量）**という．供給するガスの発熱量は，一般に高発熱量である．

2. 都市ガス

液化天然ガス（LNG：Liquefied Natural Gas）は，**都市ガスの原料**である．

液化天然ガスは，**メタンを主成分とした天然ガスを冷却して液化したものである．**

⊕**都市ガスの種別**・・・都市ガスの種別は，ガス事業法で比重，熱量，燃焼速度の違いによって分けられている．都市ガスには13種類あり，東京ガスでも13 Aや12 Aといったものがある．**13A**とは，以下の意味がある．

13：**ウオッベ指数** = 発熱量/$\sqrt{\text{比重}}$であり，ウオッベ指数を1 000で割って小数点以下を切り捨てたものである．

A：**燃焼速度の大きさ（A：遅い，B：中間，C：速い）**

都市ガスの種類は，ウオッベ指数と燃焼速度で決まる．ちなみに，13 Aの発熱量は45 MJ/m³である．

① 供給ガスの発熱量は，一般に**高発熱量**で表される．

② ガスの発熱量とは，標準状態（0℃，1気圧）のガス1 m³が完全燃焼したときに発生する熱量のことをいう．

⊕**供給方式と供給圧力**・・・ガス事業法に規定するガス供給方式には，低圧供給方式，中圧供給方式，高圧供給方式などがある．**表5·7**に供給方式と供給圧力について示す．

表5・7　供給方式と供給圧力

供給方式	供給圧力
高　圧	1.0 MPa 以上
中　圧	0.1 MPa 以上 1.0 MPa 未満
低　圧	0.1 MPa 未満

3. LP ガス

液化石油ガス（**LPG**：Liquefied Petroleum Gas）は，LP ガスという．**液化石油ガスは，プロパンガス，ブタンガスの総称**である．

LP ガスは，圧力を加えて液化したものがガスボンベに充填されていて，常温・常圧で気体になる．発熱量は LNG の約 2 倍の 100 465 kJ/m^3（標準状態 0 ℃，1 気圧）である．都市ガスに比べ，**LP ガスは空気より重い**ため滞留しやすい．

⊕ボンベの設置位置

① 内容量 20 L 以上の容器は，火気の 2 m 以内に設置してはならない．かつ，屋外におくこと．

② 湿気，塩害等による腐食を防止するために防食塗装をし，水はけの悪いところにおく場合には，コンクリートブロックなどの上におくこと．

③ 軒下，収納庫等に設置すること．

④ 転落，転倒を防ぐため，**転倒防止チェーンで固定する**こと．

⑤ 周囲温度は **40 ℃ 以下に保つ**こと．

⊕ガス漏れ警報器・・・**都市ガス**の場合は，ガス機器から**水平距離 8 m 以内で天井面から 30 cm 以内**の位置に設置する．**LP ガス**の場合は，ガス機器から**水平距離 4 m 以内で床面から 30 cm 以内**の位置に設置する．

ガス漏れ警報器の検知部は，給気口，排気口，換気扇等に近接したところに設けてはならない．

⊕ガス燃焼機器・・・ガス燃焼機器には，開放式，半密閉式，密閉式がある．

① **開放式ガス機器**：こんろやレンジ，ガスストーブ等で，燃焼用空気を室内から取り入れ，燃焼廃ガスをそのまま室内に排出する方式のガス器具をいう．

② **半密閉式ガス機器**：風呂釜や瞬間湯沸器等のように燃焼用空気を室内から取り入れ，燃焼廃ガスを排気筒で屋外に排出する方式のガス器具をいう．

③ **密閉式ガス機器**：ストーブ，風呂釜，瞬間湯沸器等で，屋外から新鮮空気を取り入れ，屋外に燃焼廃ガスを排出する方式のガス器具をいう．

一般に強制給排気式のことを **FF**（Forced Draft Balanced Flue）式，自然給排気式のことを **BF**（Balanced Flue）式という．

必ず覚えよう

❶ 特定ガス用品の検査機関による認証の有効期間は，5 年である．

❷ 都市ガスの燃焼速度は，A が最も遅い．

問題 1 ガス設備

ガス設備に関する記述のうち，適当でないものはどれか．

(1) 都市ガスの種類において，13A は LNG を主体として製造されたガスである．
(2) 都市ガスの発熱量は，一般的に，総発熱量（高発熱量）から蒸発熱を差し引いた低発熱量で表示される．
(3) 都市ガスの供給において，ガス消費量が多い熱源機器を使用する施設には中圧供給方式とする場合がある．
(4) ガス事業法では，ガス供給圧力が 0.1 MPa 未満を低圧，1 MPa 以上を高圧と区分している．

解説 (2) 都市ガスが供給するガスの発熱量は，一般的に高発熱量である．

解答▶(2)

マスターPoint ガスの発熱量は，標準状態（0 ℃，1 気圧）のガス 1 m^3 が完全燃焼したときに発生する熱量である．また，燃焼によって発生した熱量から水蒸気を持った蒸発熱を差し引いたものを低発熱量という．その蒸発熱を含めたものを高発熱量という．

問題 2 ガス設備

ガス設備に関する記述のうち，適当でないものはどれか．

(1) 都市ガスの種類 A，B，C における燃焼速度は，A が最も速く B，C の順で遅くなる．
(2) 液化天然ガスには，通常，一酸化炭素は含まれていない．
(3) 都市ガスのガス漏れ警報器は，天井面が 0.6 m 以上の梁等により区画されている場合は，燃焼器等側に設置する．
(4) 液化石油ガス設備士でなければ，液化石油ガス配管の気密試験の作業に従事できない．

解説 (1) 都市ガスの種類 A, B, C における燃焼速度は，A が最も遅い．よって，適当でない．

解答▶(1)

問題 3 ガス設備

ガス設備に関する記述のうち，適当でないものはどれか．

(1) 内容積が 20 L 以上の液化石油ガスの容器を設置する場合は，容器の設置位置から 2 m 以内にある火気を遮る措置を行う．

(2) 特定地下室等に都市ガスのガス漏れ警報器を設置する場合，導管の外壁貫通部より 10 m 以内に設置する．

(3) 一般消費者等に供給される液化石油ガスは，「い号」，「ろ号」，「は号」に区分され，「い号」が最もプロパン及びプロピレンの合計量の含有率が高い．

(4) 液化プロパンが気化した場合のプロパンの密度は，標準状態で約 2 kg/m^3 である．

解説 (2) 特定地下室等に都市ガスのガス漏れ警報器を設置する場合，**導管の外壁貫通部より 8 m 以内に設置する．**

解答▶(2)

問題 4 ガス設備

ガス設備に関する記述のうち，適当でないものはどれか．

(1) 低圧，小容量のガスメータには，一般に，膜式が使用される．

(2) 液化石油ガスに対するガス漏れ警報器の検知部は，ガス機器から水平距離が 4 m 以内で，かつ，床面からの高さが 40 cm 以内の位置に設置しなければならない．

(3) 潜熱回収型給湯器は，二次熱交換器に水を通し，燃焼ガスの顕熱および潜熱を活用することにより，水の予備加熱を行うものである．

(4) LNG は，無色・無臭の液体であり，硫黄分やその他の不純物を含んでいない．

解説 (2) 都市ガスでは，ガス機器から**水平距離 8 m 以内で天井面から 30 cm 以内**の位置に設置する．LP ガスでは，ガス機器から**水平距離 4 m 以内で床面から 30 cm 以内**の位置に設置する．

解答▶(2)

〈ガスの比重〉
都市ガスは，空気より軽く，LP ガスは，空気より重い．

5 6 浄化槽設備

1 浄化槽設備

浄化槽とは，便所と連結してし尿を，又はし尿とあわせて雑排水を処理し，終末処理場を有する公共下水道以外に放流するための設備又は施設である．活性汚泥法，生物膜法等の生物学的処理法によって処理する施設をいう．

1. 合併処理浄化槽

し尿と雑排水（工場排水，雨水，そのほかの特殊な排水を除く）とを合併して処理するし尿浄化槽である．構造については，し尿浄化槽構造基準として昭和55年建設省告示第1292号（最終改正　平成18年国土交通省告示第154号）に定められている．

2. 生物処理方式

生物処理方式は，生物膜法と活性汚泥法に分類される．

⊕**生物膜法**・・・生物膜を利用して汚水中の**有機物質**を除去して浄化させる方式である．

≫**有機物質**：し尿や台所・風呂などからの水中の汚れ．

⊕**活性汚泥法**・・・汚水中の汚濁物を活性汚泥（**微生物フロック**）によって，吸着，酸化したあとに固液分離して浄化させる方式である．

≫**フロック**：水に凝集剤を混和させたときに形成される金属水酸化物の凝集体．

3. 小規模合併処理浄化槽

微生物には，酸素を好まない**嫌気性微生物**と酸素を好む**好気性微生物**があり，小規模合併処理浄化槽には，主として好気性微生物を利用した**分離接触ばっ気方式**と嫌気性・好気性微生物を併用した**嫌気ろ床接触ばっ気方式**とのほか，生活排

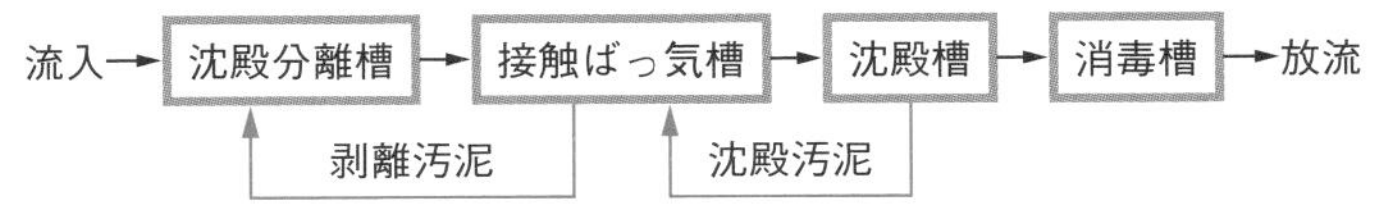

図5・26　分離接触ばっ気方式（処理対象人員：5～30人）

水中の窒素を高度に処理できる**脱窒ろ床接触ばっ気方式**の三方式がある.

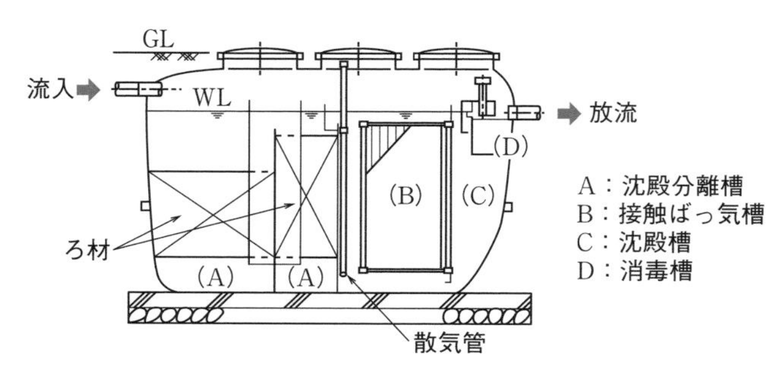

図5・27　小形合併処理浄化槽（分離接触ばっ気）

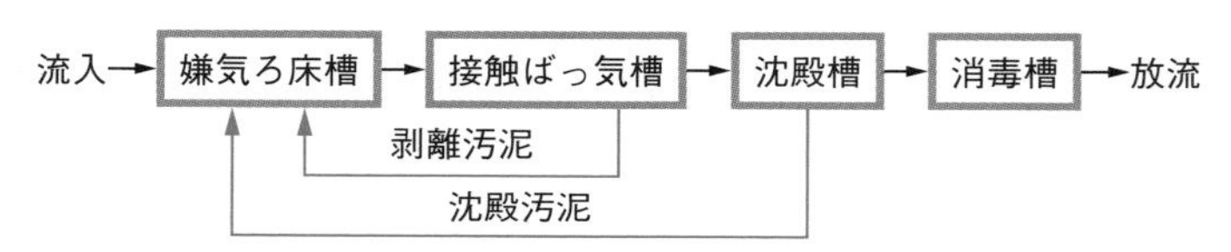

図5・28　嫌気ろ床接触ばっ気方式（処理対象人員：31～50人）

4. BOD除去率

し尿浄化槽の性能は，BODの除去率〔%〕と放流水のBODで表される.

$$\text{BOD除去率} = \frac{\text{流入水BOD〔mg/L〕} - \text{放流水のBOD〔mg/L〕}}{\text{流入水BOD〔mg/L〕}} \times 100\text{〔\%〕}$$

※mg/L ＝ ppm

5. 処理対象人員

し尿浄化槽の処理対象人員算定基準は，JIS A 3302-2000に規定されている.

下記に，し尿浄化槽の処理対象人員の算定式を抜粋して，**表5·8**に示す.

同一建物に二つ以上の異なる用途がある場合，処理対象人員は，**それぞれの用途ごとに算定し，加算**する.

- 集会場内に，飲食店が設けられている場合の処理対象人員は，それらの建築用途ごとの人員を算出し合計する.
- 保育所，幼稚園，小・中学校は，定員に定数を乗じて算出する.
- 診療所，医院は，延べ面積に定数を乗じて算出する.

- 事務所の処理対象人員は，業務用厨房の有無により算定基準が異なる．
- ホテルの処理対象人員は，延べ面積に結婚式場又は宴会場の有無により異なる定数を乗じて算定する．
- 公衆便所の処理対象人員は，想定利用者数に定数を乗じて算定する．
- 飲食店の処理対象人員は，延べ面積に定数を乗じて算定する．
- 駅・バスターミナルの処理対象人員は，乗降客数に定数を乗じて算定する．

表5・8　処理対象人員算定基準抜粋（JIS A 3302-2000）

建築用途		処理対象人員	
		算定式	算定単位
住　宅	$A \leqq 130$ の場合	$n = 5$	n：人員〔人〕 A：延べ面積〔m^2〕
	$130 < A$ の場合	$n = 7$	
共同住宅		$n = 0.05A$	n：人員〔人〕 ただし，1戸当たりの n が，3.5人以下の場合は，1戸当たりの n を3.5人又は2人（1戸が1居室だけで構成されている場合に限る）とし，1戸当たりの n が6人以上の場合は，1戸当たりの n を6人とする． A：延べ面積〔m^2〕
事務所	業務用厨房設備を設ける場合	$n = 0.075A$	n：人員〔人〕 A：延べ面積〔m^2〕
	業務用厨房設備を設けない場合	$n = 0.06A$	

6. その他，浄化槽の設置について

浄化槽の躯体は，鉄筋コンクリート，既存壁式プレキャスト（WPC）鉄筋コンクリート，ガラス繊維強化プラスチック（FRP：Fiberglass Reinforced Plastics）でつくられ，現場施工型やユニット型がある．

① 浄化槽の外形に対して，**周囲を 30 cm 程度広く掘削**する．

② 状況によって，土留めや水替え工事を行う．

③ 掘削後，割栗石，砂利で地盤を十分突き固めて捨てコンクリートを打ち，**底盤面を水平**にし，ライナーで高さの調整を行う．

④ コンクリートが固まったら，浄化槽本体を所定の位置に下ろし，流入管底の深さを確かめて，水平にして設置する．

⑤ 正しく設置したら，槽内に水を入れて **24 時間漏水のないことを確認**する．

⑥ FRP製浄化槽は衝撃に弱いので，石などの混入がない良質な土砂を使用し，浄化槽の周囲を埋め戻し均等に突き固めていく．

問題1 浄化槽設備

し尿浄化槽に関する記述のうち，適当でないものはどれか．

(1) 活性汚泥法とは，汚水中の汚濁物を活性汚泥により，吸着，酸化したのち固液分離し，汚水を浄化する処理方式である．

(2) 生物膜法は，一般に維持管理が容易で，低濃度の汚水処理に有効である．

(3) 汚水処理で行う塩素消毒は，塩素の酸化作用で有害な微生物を死滅させる．

(4) 活性汚泥法は，一般に生物膜法に比べて余剰汚泥生成量が少ない．

解説 (4) 活性汚泥と生物膜の比較をすると，①流量変動は生物膜のほうが影響は少ない．②低負荷に対しては生物膜のほうが影響は少ない．③高負荷に対しては活性汚泥のほうが処理しやすい．④生物量のコントロールは，活性汚泥では返送によって調整できるが，生物膜法では急には増やせない．⑤余剰汚泥は生物反応槽のみでは，**生物膜のほうがやや少ない．**

解答▶(4)

問題2 浄化槽設備

浄化槽の生物膜法の特徴に関する記述のうち，適当でないものはどれか．

(1) 生物の付着量を容易にコントロールできない．

(2) 活性汚泥法に比べて，低濃度の汚水処理に有効である．

(3) 活性汚泥法に比べて，余剰汚泥発生量が多い．

(4) 活性汚泥法に比べて，水量変動や負荷変動のある場合に適している．

解説 (3) 生物膜法は，活性汚泥法に比べて，余剰汚泥発生量は少ない．

解答▶(3)

生物膜法と活性汚泥法の特性比較（地域開発研究所テキストより抜粋）

生物膜法	活性汚泥法
生物膜形成，固着	フロック形成，浮遊
微小後生動物*多い	微小後生動物少ない
BOD 物質の酸化は普通	BOD 物質の酸化は有利
生物分解速度の遅い物質除去に有利	生物分解速度の遅い物質除去に不利
急激な流量変動に抵抗力大	急激な流量変動に不利
維持管理が容易	維持管理が複雑

＊微小後生動物：ワムシ類，線虫類，貧毛類（ミミズ）など

問題 3 浄化槽設備

浄化槽に関する記述のうち，適当でないものはどれか．

(1) 浄化槽は，水洗便所のし尿，工業廃水等の汚水を処理する設備又は施設である．
(2) 浄化槽は，生物化学的処理において生物膜法と活性汚泥法に大別される．
(3) 浄化槽は，積雪寒冷地を除き，車庫，物置等の建築物内への設置は避ける．
(4) 消毒には，一般的に，次亜塩素酸カルシウム錠，塩素化イソシアヌール酸錠等の固形塩素剤が使用される．

解説 (1) 浄化槽は，水洗便所の汚水や，雑排水などの生活排水といわれる汚水を処理する設備又は施設である．

解答▶(1)

問題 4 浄化槽設備

浄化槽の構造方法を定める告示に示された，処理対象人員 30 人以下の嫌気ろ床接触ばっ気方式の浄化槽のフローシート中，□内に当てはまる槽の名称の組合せとして，正しいものはどれか．

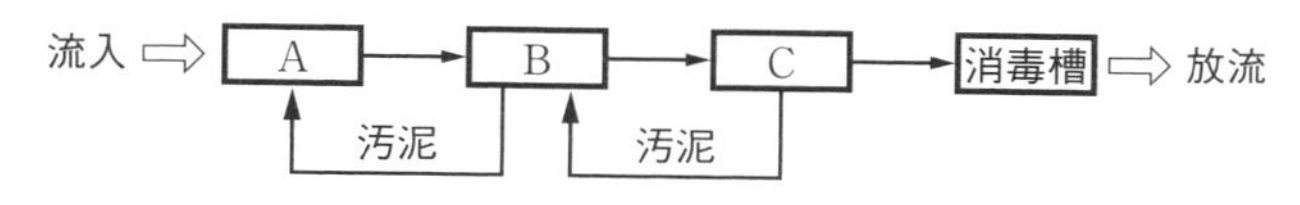

	(A)	(B)	(C)
(1)	嫌気ろ床槽	接触ばっ気槽	沈殿槽
(2)	嫌気ろ床槽	沈殿分離槽	接触ばっ気槽
(3)	接触ばっ気槽	嫌気ろ床槽	沈殿分離槽
(4)	沈殿分離槽	接触ばっ気槽	沈殿槽

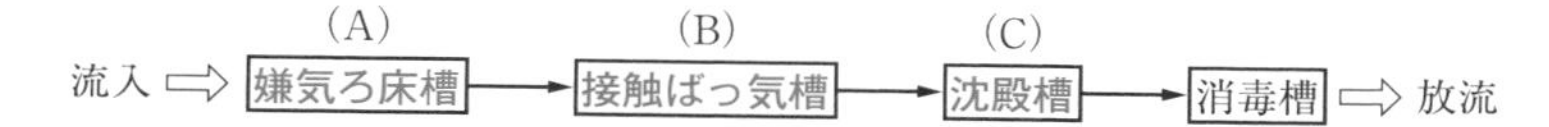

解答▶(1)

嫌気ろ床接触ばっ気方式の槽は，その方式用語の順番どおり A が嫌気ろ床槽，B が接触ばっ気槽と並べればよい．

問題 5 浄化槽設備

JIS に規定する「建築物の用途別によるし尿浄化槽の処理対象人員算定基準」に示されている処理対象人員の算定式に関する記述のうち，適当でないものはどれか．

(1) ホテルの処理対象人員は，延べ面積に結婚式場又は宴会場の有無により異なる定数を乗じて算定する．
(2) 喫茶店の処理対象人員は，席数に定数を乗じて算定する．
(3) 高速道路のサービスエリアの処理対象人員は，駐車ます数にサービスエリアの機能別に異なる定数を乗じて算定する．
(4) 駅・バスターミナルの処理対象人員は，乗降客数に定数を乗じて算定する．

解説 (2) 喫茶店の処理対象人員は，**延べ面積**に定数を乗じて算定する．

解答▶(2)

問題 6 浄化槽設備

JIS に規定する「建築物の用途別によるし尿浄化槽の処理対象人員算定基準」に示されている，処理対象人員の算定式に関する記述のうち，適当でないものはどれか．

(1) 事務所の処理対象人員は，延べ面積に，業務用厨房設備の有無により異なる定数を乗じて算定する．
(2) 病院の処理対象人員は，ベッド数を用いて算定する．
(3) 飲食店の処理対象人員は，延べ面積に定数を乗じて算定する．
(4) 戸建て住宅の処理対象人員は，住宅の延べ面積により 3 人又は 6 人に区分される．

解説 (4) 戸建て住宅の処理対象人員は，住宅の延べ面積により **5 人又は 7 人**である．

解答▶(4)

マスターPoint 同一建物に二つ以上の異なる用途がある場合，処理対象人員は，それぞれの用途ごとに算定し，加算する．

問題 7 浄化槽設備

合併処理浄化槽において，流入水が下表のとおりで，BOD 除去率が 95 % の場合，放流水の BOD 濃度として，適当なものはどれか．

排水の種類	水量〔m^3/日〕	BOD 濃度〔mg/L〕
汚水	50	260
放流水	200	180

(1) 6.2 mg/L　(2) 9.8 mg/L　(3) 13.5 mg/L　(4) 18.7 mg/L

解説 次式によって求められる．

$$\text{BOD 除去率〔\%〕} = \frac{\text{流入水のBOD濃度〔mg/L〕} - \text{放流水のBOD濃度〔mg/L〕}}{\text{流入水のBOD濃度〔mg/L〕}} \times 100$$

まず，流入水の BOD 濃度を，次式によって求める．

$$\text{流入水のBOD濃度〔mg/L〕} = \frac{\text{流入水のBOD負荷量〔g/日〕}}{\text{流入水量〔m}^3\text{/日〕}}$$

(汚水) 流入水の BOD 負荷量〔g/日〕= 260〔mg/L〕× 50〔m^3/日〕= 13 000 g/日

(雑排水) 流入水の BOD 負荷量〔g/日〕= 180〔mg/L〕× 200〔m^3/日〕= 36 000 g/日

(汚水と雑排水の BOD 負荷量の合計) 13 000〔g/日〕+ 36 000〔g/日〕= 49 000 g/日

(汚水量と雑排水量の合計) 50〔m^3/日〕+ 200〔m^3/日〕= 250 m^3/日

流入水の BOD 濃度は，

$$\text{流入水のBOD濃度〔mg/L〕} = \frac{49\,000\text{〔g/日〕}}{250\text{〔m}^3\text{/日〕}} = 196\text{ mg/L となる．}$$

よって，放流水の BOD 濃度は，次式で求められる．

$$\text{放流水のBOD濃度〔mg/L〕} = \text{流入水のBOD濃度〔mg/L〕} \times \left(1 - \frac{\text{BOD除去率〔\%〕}}{100}\right)$$

$$= 196\text{〔mg/L〕} \times \left(1 - \frac{95}{100}\right) = 9.8\text{ mg/L}$$

解答▶(2)

問題 8 浄化槽設備

流入水および放流水の水量，BOD 濃度が右表の場合，合併処理浄化槽の BOD 除去率として，適当なものはどれか．

排水の種類		水量〔m³/日〕	BOD 濃度〔mg/L〕
流入水	便所の汚水	100	260
	雑排水	300	180
放流水		400	10

(1)95 %　(2)90 %　(3)85 %　(4)80 %

解説 合併処理浄化槽の BOD 除去率（p. 180）を直接求めることはできないので，BOD 負荷量〔g/日〕＝ 汚水量〔m³/日〕× 流入水 BOD〔mg/L〕を求める．

（便所の汚水）流入水の BOD 負荷量 ＝ 100 × 260 ＝ 26 000 g/日

（雑排水）流入水の BOD 負荷量 ＝ 300 × 180 ＝ 54 000 g/日

合併処理浄化槽の流入水 BOD は，便所の汚水と雑排水の BOD 負荷量の合計を流入汚水量の合計 400 m³/日で除す．

$$\text{流入水 BOD} = \frac{26\,000\,〔\text{g/日}〕 + 54\,000\,〔\text{g/日}〕}{400\,〔\text{m}^3/\text{日}〕} = 200\ \text{g/m}^3 = 200\ \text{mg/L}$$

$$\text{合併処理浄化槽の BOD 除去率} = \frac{200 - 10}{200} \times 100 = 95\ \%$$ となる．

解答▶(1)

問題 9 浄化槽設備

FRP 製浄化槽の設置に関する記述のうち，適当でないものはどれか．

(1) 地下水位が高い場所に設置する場合は，浄化槽本体の浮上防止対策を講ずる．
(2) 浄化槽の水平は，水準器，槽内に示されている水準目安線等で確認する．
(3) 浄化槽本体の設置にあたって，据付け高さの調整は，山砂を用いて行う．
(4) 浄化槽の設置工事を行う場合は，浄化槽設備士が実地に監督する．

解説 (3) 浄化槽本体の設置にあたって，深く掘りすぎて埋め戻す場合などの高さ調整は，砂利地業や均（なら）しコンクリート地業で調整する．

解答▶(3)

(1) 地下水位が高い場所に設置する場合は，基礎コンクリートと浄化槽本体を直結して浄化槽本体の浮上防止対策を講ずる．
(2) 浄化槽の水平は，水準器，槽内に示されている水準目安線等で確認し，水平でないときは，ライナーなどを入れて調整する．
(4) 浄化槽法第 29 条第 3 項に定められている．

必須問題

6 設備に関する知識

全出題問題の中における『6章』の内容からの出題比率

全出題問題数 60 問中／必要解答問題数 5 問（＝出題比率：8.3 %）

合格ラインの正解解答数➡ 3 題以上（5問中）を目指したい！

過去 10 年間の出題傾向の分析による出題ランク

（★★★最もよく出る／★★比較的よく出る／★出ることがある）

ボイラー

★★★	鋳鉄製ボイラー，炉筒煙管ボイラー
★★	小型貫流ボイラー，温水発生機
★	立てボイラー，水管ボイラー

冷凍機

★★★	吸収式冷凍機
★★	吸収式と容積（蒸気）圧縮式の比較

冷却塔

★★★	冷却塔の原理，開放式冷却塔，冷却レンジ，アプローチ
★★	密閉式冷却塔
★	キャリオーバ，ブローダウン

送風機

★★★	遠心式送風機の種類
★★	送風機の性能曲線

ポンプ

★★★	渦巻ポンプの特性，ポンプの 2 台運転
★★	ポンプの法則，キャビテーション
★	ポンプの種類

配管

★★★	配管用炭素鋼鋼管，硬質ポリ塩化ビニル管，銅管，仕切弁と玉形弁の比較
★★	圧力配管用炭素綱綱管，スイング式逆止弁とリフト式逆止弁の比較

ダクト

★★★	ダクトの補強材，ダクトの板厚
★★	ダクトの設計，シーリングディフューザー形吹出し口，ダンパー

6 1 機器類

1 ボイラー

ボイラーは，温水又は蒸気をつくる温熱源である．

1. ボイラーの種類

⊕**鋳鉄製ボイラー**・・・低圧で**蒸気圧の場合**，最高使用圧力は 0.1 MPa 以下，**温水用の場合**，最高使用水頭 50 m（0.5 MPa）以下で，温水温度は 120 ℃ 以下である．何枚かの鋳鉄製のセクションを接続して缶体を構成したもので，**分解ができ，搬入・搬出が容易，能力アップも可能で，耐食性があり寿命が長く価格も安いが熱応力に弱い．**

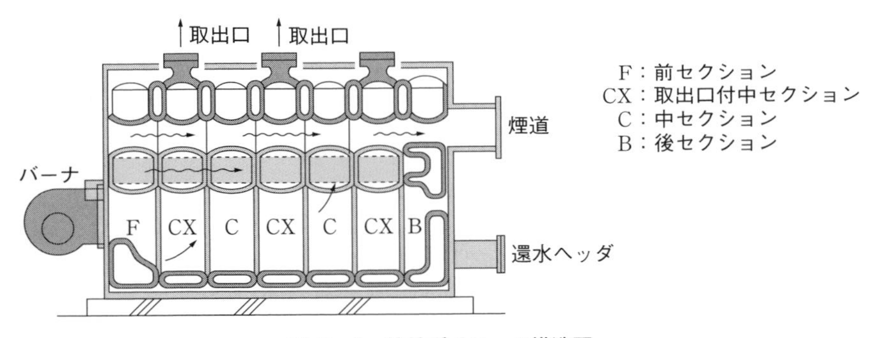

図6・1　鋳鉄ボイラーの構造図

① 燃焼するためのバーナは，**ガンタイプバーナ**が使われる．

② **蒸気用ボイラーの付属品**としては，圧力計，安全弁，**水面計**，ボイラーの低水位による事故防止装置（水位制御装置，低水位燃焼遮断装置，低火位警報装置）などを付ける．

③ **温水用ボイラーの付属品**としては，温度計及び**水高計**，安全弁又は逃し弁などを付ける．

≫**水高計**：圧力計と同じ構造のものであるが，目盛が水頭圧〔m〕で示される．

【ハートフォード接合法】 鋳鉄製低圧蒸気ボイラーに広く用いられ，還り管からボイラーの水が逆流して水位が異常に低下することを防ぐため，安全低水位面以下（150 ～ 200 mm）の位置で還り管を取り付ける方法をいう．

⊕**炉筒煙管ボイラー**・・・能力の大きいものがあり，使用圧力は一般的に0.2〜1.2 MPa程度で高圧蒸気が得られる．蒸気用の場合，最高使用圧力は1.6 MPa以下で，温水温度は170℃以下である．円筒形の**缶胴の中に炉筒と多数の煙管を設けた胴だき式の**ボイラーであり，**保有水量が多いので負荷変動に対して安定性**がある．また，燃焼ガスを高速に加熱するため，**予熱時間が長く**なる．

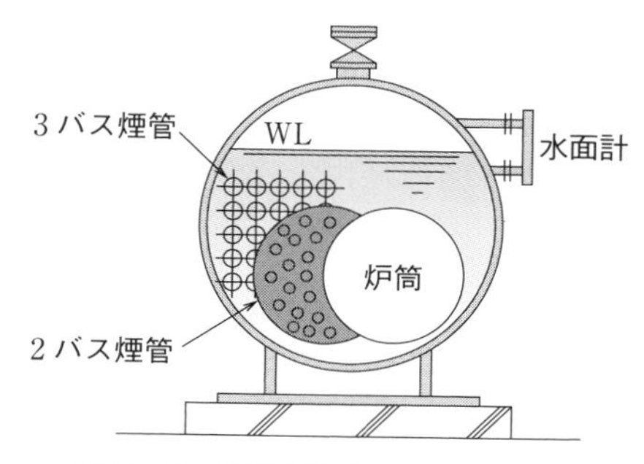

図6・2　炉筒煙管ボイラーの構造図

⊕**水管ボイラー**・・・地域暖房用として，能力は炉筒煙管ボイラーよりさらに大きい．蒸気用の場合，最高使用圧力は2.0 MPa以下で，温水用としては200℃程度までの温水がつくられる．多数の小口径の管を配列して燃焼室と伝熱面を構成しているボイラーであり，負荷変動に対して追従性があり，過熱や予熱が簡単で熱効率がよい．

⊕**小型貫流ボイラー**・・・水管ボイラーの変形で，水管部分で蒸発させる蒸気ボイラーである．最高使用圧力は1.6 MPa以下で，保有水量が少なく，負荷変動への追従性がよく，起動時間が短い．ただし，**寿命が短く**，**騒音が大きく高価**なため使用例が少ない．また，**高度な水処理が要求**される．

⊕**立てボイラー**・・・一般的に小型温水（簡易）ボイラーのことで，最高使用水頭は**10 m（0.1 MPa）以下**である．蒸気用としては，最高使用圧力は0.05 MPa以下である．**伝熱面積は4 m² 以下**である．

⊕**温水発生機（真空式温水発生機，無圧式温水発生機）**・・・真空式温水発生機は，本体の圧力が**大気圧以下**のため，減圧ボイラーに該当し，「労働安全衛生法」**関連法規の除外対象**となり，ボイラー技士などの資格は不要となる．最高使用水頭は**50 m（0.5 MPa）**以下で，2回路用のものがあり，ボイラー1台で暖房も給湯もできる．

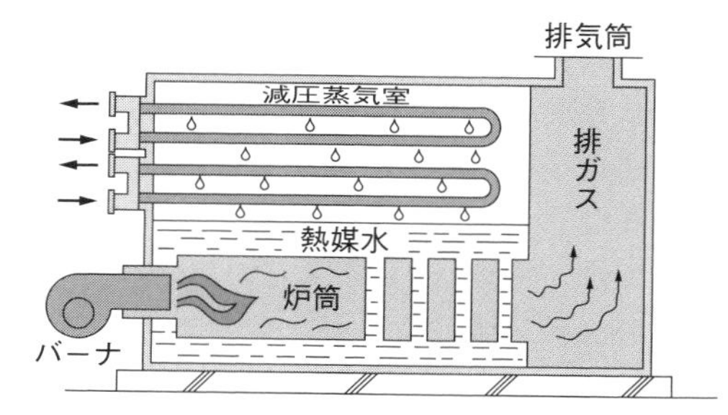

図6・3　真空式温水発生機の構造図

2. ボイラーの容量表示

最大連続負荷における熱出力を定格出力といい，単位は〔W〕で表す．

蒸気ボイラーの容量は実際蒸発量又は換算蒸発量で表す．

- **実際蒸発量**〔W〕：発生蒸気はその温度によって保有熱量が異なるため，蒸気圧力と給水温度の条件を付けて表示する．
- **換算蒸発量**〔W〕：伝熱面積当たりの平均換算蒸発量のことをいい，ボイラー本体の蒸発性能を示すものである．

ボイラーの**伝熱面積**は，**ボイラー本体の片面が燃焼ガスに触れ，他面が水に接する部分を燃焼ガスに接する側で測った表面積**である．

3. 蒸気ボイラーの給水装置

小容量で高揚程ができる渦流ポンプ（ウエスコポンプ，カスケードポンプ），多段渦巻ポンプ，インゼクタ，真空給水ポンプ，凝縮水ポンプ（低圧蒸気用鋳鉄製ボイラーに使用），開放式膨張タンク，密閉式膨張タンクなどがある．

≫**インゼクタ**：ボイラーの蒸気を利用して給水するための装置であり，給水ポンプの予備として設けられる．

2 冷凍機

1冷凍トンとは，0℃の水1トンを1日（24時間）で0℃の氷にするのに必要な冷凍能力をいう．

1日本冷凍トン（JRT）＝ 3.86 kW　　1米冷凍トン（USRT）＝ 3.52 kW

1. 冷凍機の種類

冷凍機は，**容積（蒸気）圧縮式**（往復動式冷凍機，遠心式冷凍機，回転式冷凍機）と**吸収式**とに分けられる．

⊕**往復動式冷凍機**（レシプロ冷凍機）･･･空調用としては，**100 ～ 120 冷凍トン程度以下の中・小型冷凍機**として用いられている．価格は他の冷凍機に比べて安いが，**振動・騒音が大きい**．

⊕**遠心式冷凍機**（ターボ冷凍機）･･･空調用としては，100冷凍トン程度以上の大型冷凍機として用いられている．保守管理が容易である．

⊕**回転式冷凍機**（ロータリー冷凍機，スクリュー冷凍機，スクロール冷凍機）

ロータリー冷凍機：住宅用ルームエアコンによく使われている．

スクリュー冷凍機：ビル空気調和用の中・大容量の空気熱源のヒートポンプチラーによく使われている．

スクロール冷凍機：ルームエアコンとして**小容量のものが多い**．

⊕吸収式冷凍機・・・吸収式冷凍機のエネルギー源は，蒸気やガスの直だきなどによるもので，蒸発器，吸収器，再生器，凝縮器の四つから構成されていて，**冷媒には清浄な水，吸収液にはリチウムブロマイド**（臭化リチウム）を用いている．吸収式冷凍機には単効用と二重効用があり，二重効用吸収冷凍機は高温再生器で発生した水蒸気で低温再生器を加熱する構造である．単効用より蒸気消費量が 50 ～ 60 % 程度少なくなる．他の冷凍機に比べ大型モーターがなく，**振動，騒音が小さく，また電力量が少ない**．また，大型の場合は分割搬入可能である．

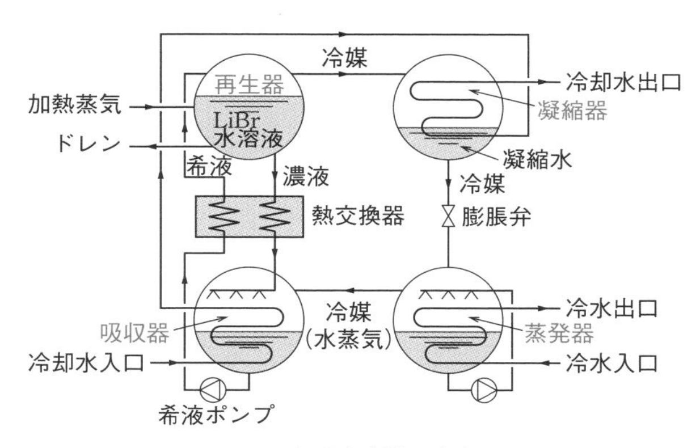

図 6・4　吸収式冷凍機の冷凍サイクル

蒸発器：凝縮器で液化した冷媒（水）を真空状態とし，蒸発に要する潜熱を奪い冷水をつくる．

吸収器：蒸発器で発生した水蒸気を吸収液に吸収させ，吸収器内を真空状態とする．そのときに熱を発するので，冷却水によって冷却する．

再生器：吸収器から送られてくる濃度の低い吸収液を蒸気などで加熱して，吸収液中の水を分離させて水蒸気として凝縮器に送り，吸収器に濃度が高くなった吸収液を送る．

凝縮器：再生器で分離した水蒸気が冷却水によって冷却され，液化されたものを蒸発器に送る．

吸収式冷凍機で気をつけなければならない現象が溶液の結晶である．容液が結晶状態になると運転不能となるので，再生温度や溶液循環量を監視し調整する必要がある．

⊕**直だき吸収冷温水機**・・・直だき吸収冷温水機は，**二重効用吸収冷凍機の加熱源を蒸気又は高温水**に替えて，ガスや灯油などで加熱する方式のものであり，冷却水で吸収器と凝縮器を冷却する．また，機内の真空度を保つために抽気装置を用いている．

⊕**ヒートポンプ**・・・冷凍機は，蒸発器で空気や水から熱を吸収して冷房すると同時に，凝縮器では空気や水に熱を放出している．ヒートポンプは，この凝縮器が行う加熱作用を暖房や給湯に利用するものである．

① **成績係数**とは，**冷凍能力と圧縮の熱量で示された仕事量との比**をいう．
② 成績係数を大きくするには，凝縮温度を低くし，蒸発温度を高くする．
③ ヒートポンプの成績係数は，冷凍機の成績係数に1を加えた値となる．

3 冷却塔（クーリングタワー）

冷却塔は，冷凍機の凝縮器に使用する冷却水を冷却する（**冷凍機によって奪われた熱を放出する**）ものである．

1. 冷却塔の種類

⊕**開放式冷却塔**・・・開放式冷却塔には向流型と直交流型がある．

① **向流型**（カウンタフロー型）：丸型が多く，据付面積は小さいが高さがある．
② **直交流型**（クロスフロー型）：角型が多く，据付面積は大きいが高さは低い．

• 冷却塔の熱交換量は，空気の比エンタルピーと冷却水の比エンタルピーとの

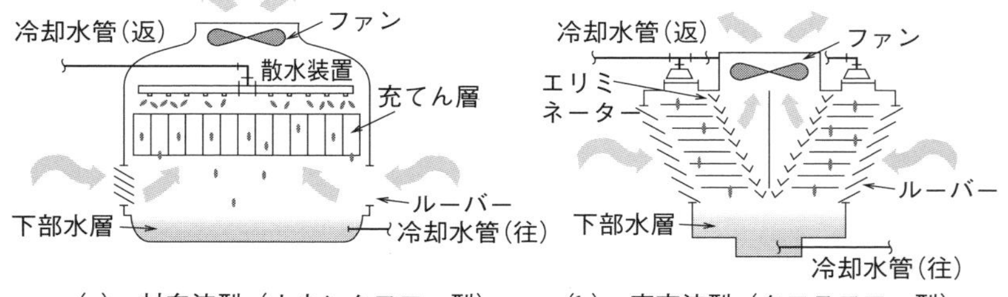

(a) 対向流型（カウンタフロー型）　(b) 直交流型（クロスフロー型）

図6・5 開放式冷却塔

差に比例する．

- 開放式冷却塔で使用される送風機には，風量が大きく静圧が小さい軸流送風機が使用される．

⊕**密閉式冷却塔**・・・角型が多く，据付面積は開放式の3～4倍．一般冷却塔と違い散布水ポンプがあり，散布水が冷却塔内を循環している．冷却水系統が完全に密閉されており，大気中の亜硫酸ガス，窒素酸化物等の有害物質が冷却水中に入らないため，空調機や配管に腐食やスライム，スケール等が生じない．

密閉式冷却塔は，熱交換器などの空気抵抗が大きく，開放式冷却塔に比べて送風機動力が大きくなる．

2. 冷却塔の原理

冷却塔は，**蒸発潜熱が主な冷却効果**となるが，これは空気をぬれ面に接触通過させるが，落下水に直接触れさせて水を冷却する．

3. 冷却塔関係用語

⊕**冷却レンジ**・・・**冷却塔により水が冷却される温度差**をいい，**出入口水温の差**（5～7℃程度）をいう．

⊕**アプローチ**・・・**冷却塔から出る冷やされた水の温度と外気（空気）の湿球温度との差**（5℃程度）をいう．冷却塔の出口水温は，外気の湿球温度より低くすることはできない．冷却レンジとアプローチの関係を**図6·6**に示す．

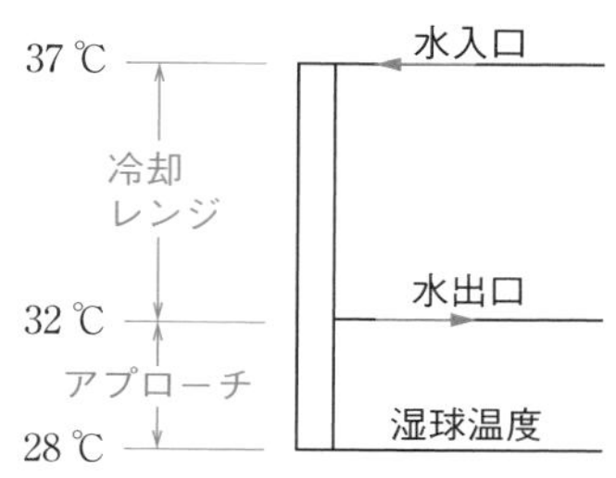

図6・6　冷却レンジとアプローチ

⊕**キャリオーバ**・・・**冷却塔において，霧状で落下する途中，蒸発しないで失われる少量の水**をいう．これは，循環する空気の中に混入して出ていく．また，これは蒸発により失われる水とは違った意味の損失水である．

⊕**ブローダウン**・・・**水の中の化学成分の凝固を防ぐため，循環水の一部を少しずつ，絶えず捨てるか，又は一時的に排水**する．冷却塔中のブローダウンの目的は，固形物の付着を少なくし，水のスケールの形成を防ぐことである．ブローダウン量は0.3％くらいとする．

⊕**メークアップ**・・・**蒸発，キャリオーバ，ブローダウン及び漏れなどによって失われる水を補給しなければならない水量**である．補給水量は，冷却循環水量の1.5～2％くらいとする．

4 送風機

1. 送風機の種類

一般に送風機は遠心式と軸流式に大別される.

⊕**遠心式**・・・多翼送風機（シロッコファン），リミットロードファン，ターボファンに分けられる.

① 多翼送風機は，多数の前向き羽根を有する.

② 多翼送風機の**軸動力は，風量の増加に伴い緩やかに大きくなる.**

③ 多翼送風機の圧力は，後向き羽根送風機に比べ，一般に**低圧**で利用される.

④ 多翼送風機の全圧効率は，風量の増加に伴いある点までは増加するが，**高圧領域では低下する.**

⊕**軸流式**・・・ベーン軸流送風機，チューブラ送風機，プロペラ送風機に分けられる.

① ベーン軸流送風機は，ケーシングと案内羽根を有しチューブラ送風機より，効率が高く，高圧である.

② チューブラ送風機は，ケーシングのみで，中圧で大容量に適している.

③ プロペラ送風機は，ケーシングや案内羽根をもたず，一般的に換気扇などがあり低圧である.

その他，**斜流送風機**や**横流送風機**がある.

① 斜流送風機の軸動力は，風量の変化に対してほぼ変わらず，圧力曲線の山の付近で最大となるリミットロード特性を持つ.

② 横流送風機は，羽根車の軸方向の長さを変えることで風量の増減が可能で，エアカーテン等に利用される.

2. 送風機の据付け

① 送風機を床に設置する場合は，コンクリート基礎の上に架台（形鋼）を取り付け，防振材を介して振動を防止する.

② 送風機を天井吊りとする場合は，運転重量に十分耐えられる形鋼製の架台に取り付け，躯体に吊りボルトを堅固に取り付け，防振材を介して振動を防止する.

③ ダクトと送風機の接続は，たわみ継手（キャンバス継手）により取り付けること.

5 ポンプ

1. ポンプの種類

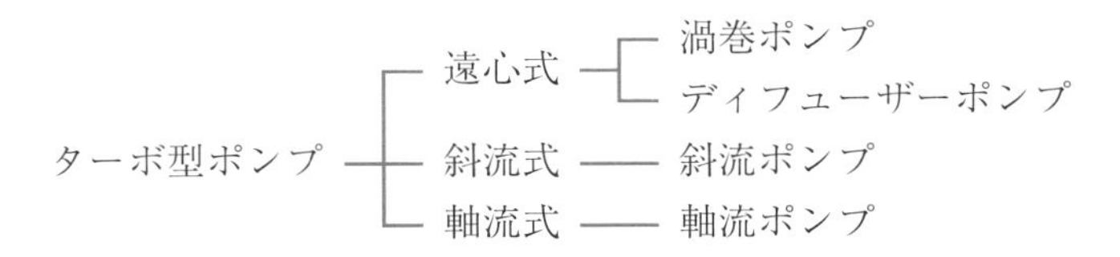

その他，ポンプにはいろいろな種類があるが，次に渦巻ポンプの説明をする．

2. 渦巻ポンプ

遠心ポンプには，渦巻ポンプとディフューザーポンプがあり，渦巻ポンプは，羽根車の回転によって，速度エネルギー（速度水頭）を渦巻室で圧力エネルギー（圧力水頭）に変換するポンプをいう．ディフューザーポンプは，ガイドベーンで緩やかに圧力エネルギーに変換する．

① ポンプの揚程は，羽根車の外径と回転数を増せば高くなる．
- **揚程**は，**外径と回転数の 2 乗に比例**する．
- ポンプの吐出し量は，管路抵抗を増すと減少する．

② ポンプの吸込み揚程は，水温が高いほど飽和蒸気圧が低く蒸発しやすい．一般の清水を扱うポンプでは，**吸込み揚程は約 6 m 程度**である．

③ ポンプの吸上げ作用は，ポンプの吸込側が完全に真空状態となれば，理論上標準大気圧のもとでは **10.33 m の高さまで吸い上げる**ことができる．

④ 吸込み揚程が高い場合や，温度の高い水を吸上げるときに**キャビテーションが発生**しやすい．吸込み口の圧力が低くなり，水が蒸発して気泡が作られやすくなる．

ポンプの性能は，吐出し量，全揚程，軸動力などによって表される．

① **吐出量は回転数に比例する**

$$\frac{Q_1}{Q_2} = \frac{n_1}{n_2}$$

② **全揚程は回転数の 2 乗に比例する**

$$\frac{H_1}{H_2} = \left(\frac{n_1}{n_2}\right)^2$$

③　**軸動力は回転数の3乗に比例する**

$$\frac{L_1}{L_2} = \left(\frac{n_1}{n_2}\right)^3$$

ただし，Q_1，Q_2：吐出し量　　H_1，H_2：全揚程　　L_1，L_2：軸動力

n_1，n_2：回転数

3. キャビテーションの防止

キャビテーションとは，ポンプ内部での，流速の急変や，渦流の発生により，局部的に飽和蒸気圧以下の状態になり，水が気化して空洞を作る現象をいう．ポンプ内にキャビテーションが発生すると，**騒音や抵抗が増え**，**水の流れが悪く**なり，ポンプの部品が削られ，**かい食**（エロージョン：機械的腐食）**現象**がおきやすくなる．

キャビテーションを防止するには

①　ポンプの吸込み揚程を小さくする．

②　ポンプの吸込側管路の抵抗を少なくする．

③　吸い上げる水の温度を低くする．

4. その他ポンプ

⊕**自吸水ポンプ**・・・ポンプ自身で自動的に吸込管の空気を排出し，揚水することができる．よって，**フート弁が不要**である．

⊕**渦流ポンプ**・・・構造が比較的簡単で安価であり，小容量で高揚程のため家庭用井戸ポンプや小規模建築に使用されている．

⊕**歯車ポンプ**・・・自吸引作用を有し，給油ポンプ（オイルギヤポンプ）として使用されている．

⊕**インライン形遠心ポンプ**（ラインポンプ）・・・給湯用循環ポンプとして用いられている．ポンプとモーターが一体となっており，ポンプの吸込口と吐出口が同一線上にある．

⊕**エアリフトポンプ**・・・空気の浮力を利用したポンプであり，浄化槽の汚泥返送用，砂の多い井戸や酸性の強い温泉の汲上げなどに使用される．

⊕**ボルテックス形及びブレードレス形遠心ポンプ**・・・固形物を含んだ汚水を汲み上げる汚物ポンプとして使用される．

5. ポンプの2台運転

同一仕様の2台のポンプを並列運転，直列運転したときの特性曲線を**図6·7**に示す.

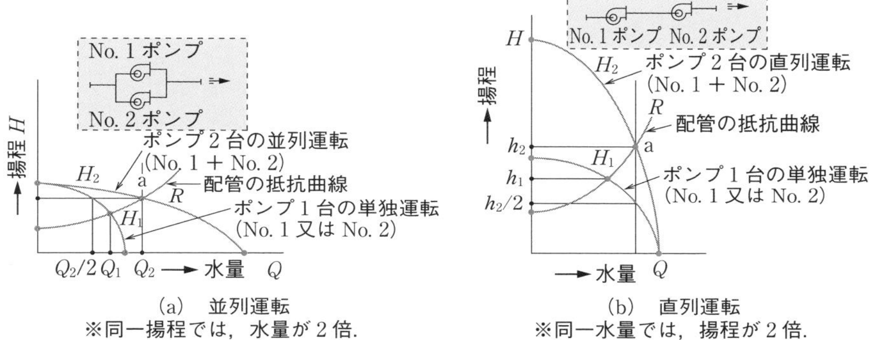

(a) 並列運転
※同一揚程では，水量が2倍.

(b) 直列運転
※同一水量では，揚程が2倍.

図6・7 ポンプ2台運転における特性曲線

⊕**並列運転**・・・同一仕様のポンプを2台並列運転したときの特性は，同一揚程点で水量が2倍になる．しかし，実際は並列特性曲線と抵抗曲線との交点aで運転されるので，**水量は2倍にはならない**．抵抗曲線が緩やかなほど2倍に近くなる.

⊕**直列運転**・・・並列運転と同じことがいえる．単一の配管系において，ポンプを直列運転して得られる揚程は，それぞれのポンプを単独運転した場合の揚程の和よりも小さい.

❶ 鋳鉄製ボイラーは，分解ができ，搬入搬出が容易で耐食性があり寿命が長い.
❷ 二重効用形の冷凍サイクルは，再生器及び溶液熱交換器が高温と低温にそれぞれ分かれている.
❸ 冷却塔は，蒸発潜熱が主な冷却効果となる.
❹ 多翼送風機の軸動力は，風量の増加とともに増加する.
❺ 同一配管系で，同じ特性のポンプを2台並列運転して得られる吐出し量は，それぞれのポンプを単独運転した場合の吐出し量の和より小さくなる.
❻ キャビテーションは，騒音や振動の原因となる.

問題 1 ボイラー

ボイラー等に関する記述のうち，適当でないものはどれか．

(1) ボイラー本体は，ガスや油の燃焼を行わせる燃焼室と，燃焼ガスとの接触伝熱によって熱を吸収する対流伝熱面で構成される．

(2) 鋳鉄製ボイラーは，鋼製ボイラーに比べて急激な温度変化に弱いが，高温，高圧，大容量のものの製作が可能である．

(3) 真空式温水発生機は，運転中の内部圧力が大気圧より低いため，労働安全衛生法におけるボイラーに該当せず，取扱いにボイラー技士を必要としない．

(4) 炉筒煙管ボイラーは，胴内部に炉筒（燃焼室）と多数の煙管を配置したもので，胴内のボイラー水は煙管内を通過する燃焼ガスで加熱される．

解説 (2) 鋳鉄製ボイラーは，鋼製ボイラーに比べて急激な温度変化に弱く，**高温，高圧，大容量のものの製作は不可能**である．

解答▶(2)

鋳鉄製ボイラーの最高使用温度は120 ℃以下，最高使用圧力は蒸気0.1 MPa以下，温水0.5 MPa（最高使用水頭圧50 m）以下である．

問題 2 冷凍機

冷凍機に関する記述のうち，適当でないものはどれか．

(1) 二重効用の直だき吸収冷温水機の高温再生機内の圧力は，大気圧以下である．

(2) スクリュー冷凍機は，高い圧縮比でも体積効率がよいので，空気熱源ヒートポンプとして多く用いられている．

(3) 往復動冷凍機は，遠心冷凍機に比べて，負荷変動に対する追従性がよく，容量制御も容易である．

(4) 吸収冷凍機は，遠心冷凍機に比べて，一般的に，運転開始から定格能力に達するまでの時間が長い．

解説 (3) **遠心冷凍機は，往復動冷凍機に比べて**，負荷変動に対する追従性がよく，容量制御も容易である．

解答▶(3)

問題 3 直だき吸収冷温水機

直だきの吸収冷温水機に関する記述のうち，適当でないものはどれか．

(1) 直だきの吸収冷温水機では，冷却水で吸収器と凝縮器を冷却する．

(2) 二重効用形は，高温再生器の圧力が大気圧以上であり，ボイラー関係法規の適用を受ける．

(3) 直だきの吸収冷温水機は，遠心冷凍機に比べて，運転開始から定格能力に達するまでの時間が長い．

(4) 二重効用形は，高温再生器で発生した冷媒蒸気をさらに低温再生器の加熱に用いる構造である．

(2) 二重効用形は，高温再生器内の圧力が**大気圧以下**（700 mmHg〈93.3 kPa〉前後）であり，**ボイラー関係法規の適用を受けない**．

解答▶(2)

マスターPoint 直だき吸収冷温水機は，二重効用吸収冷凍機の加熱源を蒸気又は高温水に替えて，ガスや灯油などで加熱する方式のものである．

問題 4 冷却塔

冷却塔に関する記述のうち，適当でないものはどれか．

(1) 冷却塔の微小水滴が気流によって塔外へ飛散することを，キャリオーバという．

(2) 冷却塔の冷却水入口温度と出口温度の差を，レンジという．

(3) 冷却水のスケールは，硬度成分が濃縮されて塩類が析出したもので，ブローダウンなどによりその発生を抑制できる．

(4) 冷却塔の熱交換量は，主に外気乾球温度と冷却水入口温度の差に左右される．

解説 (4) 冷却塔の熱交換量は，**外気湿球温度と冷却水出口温度の差**（アプローチ）に左右される．

解答▶(4)

開放型冷却塔には，向流形と直交流形がある．向流形は，直交流形に比べ丸型が多く，据付面積は小さいが高さがある．

問題 5 送風機

送風機に関する記述のうち，適当でないものはどれか．

(1) 軸流送風機は，構造的に高圧力を必要とする場合に適している．

(2) 斜流送風機は，羽根車の形状や風量・静圧特性が遠心式と軸流式のほぼ中間に位置している．

(3) 後向き羽根送風機は，羽根形状などから多翼送風機に比べ高速回転が可能な特性を有している．

(4) 多翼送風機の軸動力は，風量の増加とともに増加する．

解説 (1) 軸流送風機は，一般にプロペラファンで換気扇などのことをいい，**圧力に弱く，静圧 0 ～ 30 Pa 程度**である．

解答▶(1)

問題 6 ポンプ

渦巻きポンプに関する記述のうち，適当でないものはどれか．

(1) ポンプの有効吸込みヘッドは，吸込み水温が高くなると小さくなる．

(2) キャビテーションは，ポンプの吸込み側の弁で水量を調整すると生じやすい．

(3) 同一配管系で，同じ特性のポンプを 2 台直列運転して得られる揚程は，ポンプを単独運転した場合の揚程の 2 倍よりも小さくなる．

(4) 同一配管系で，同じ特性のポンプを 2 台並列運転して得られる吐出し量は，ポンプを単独運転した場合の吐出し量の 2 倍である．

解説 (4) 同一配管系で，同じ特性のポンプを 2 台並列運転して得られる吐出し量は，ポンプを単独運転した場合の吐出し量の **2 倍よりも小さくなる**．

解答▶(4)

マスターPoint ポンプの回転数を変化させた場合，吐出し量は回転数の 1 乗に比例し，揚程は回転数の 2 乗に比例して変化する．また，軸動力は回転数の 3 乗に比例する．

問題 7 ユニット形空気調和機

ユニット形空気調和機に関する記述のうち，適当でないものはどれか．

(1) スクロールダンパー方式では，回転操作ハンドルにより送風機ケーシングのスクロールの形状を変えて送風特性を変化させる．

(2) 冷却コイルは，供給冷水温度は通常 5 ～ 7 ℃，コイル面通過風速は 2.5 m/s 前後で選定される．

(3) デシカント除湿ローターは，高温の排気と外気とを熱交換する際に外気の湿度を除去する．

(4) 加熱コイルには温水コイルと蒸気コイルがあり，温水コイル，蒸気コイルとも冷却コイルと併用することができる．

解説 (4) 加熱コイルには温水コイルと蒸気コイルがあり，温水コイルは，冷却コイル（冷水コイル）とは，併用できるが，蒸気コイルは，温水コイルや冷却コイルとは併用できない．

解答▶(4)

問題 8 空気清浄装置

空気清浄装置に関する記述のうち，適当でないものはどれか．

(1) 自動巻取形フィルターは，タイマーや差圧により電動機を駆動して，ロール状に巻いたろ材を巻き取る機構となっている．

(2) 静電式の空気清浄装置は，高圧電界による荷電及び吸引付着力により粉じんを除去するものであり，粉じん捕集率は面風速の大小に左右されない．

(3) 活性炭フィルターは，素材の細孔を利用し，空気中に含まれる臭気成分ガスを除去するものである．

(4) HEPA フィルターは，捕集した粉じんによる圧力損失の上昇が早いため，一般的に，プレフィルターを設ける．

解説 (2) 静電式の空気清浄装置は，高圧電界による荷電及び吸引付着力により粉じんを除去するものであり，粉じん捕集率は面風速が小さいほど高くなる．

解答▶(2)

静電式の空気清浄装置は，比較的微細な粉じん用に使用される．

6 2 配管・ダクト

1 配　管

1. 管　材

⊕**配管用炭素鋼鋼管**（SGP）・・・通称ガス管と呼ばれ，白ガス管と黒ガス管がある．**白ガス管は亜鉛めっきを施したもので**，いちばんよく使用されている．製造方法によって鍛接（たんせつ）鋼管と電縫（でんぽう）鋼管（電気抵抗溶接管）があり，電縫鋼管は溝状腐食が発生しやすい．最高使用圧力は 1.0 MPa，使用温度は **15 ～ 350 ℃程度**である．配管用途は冷温水，膨張，消火に使用される．

⊕**圧力配管用炭素鋼鋼管**（STPG）・・・配管用炭素鋼鋼管より高い圧力の流体輸送に使用され，最高使用圧力は 10 MPa，使用温度は **350 ℃以下**．製造方法によって継目なし管と電縫鋼管があり，引張強さにより STPG 370 と STPG 400 の 2 種類ある．管の厚さによってスケジュール番号で分けられている．

⊕**硬質塩化ビニル管**（VP，VU）・・・VP は，VU より肉厚が厚く，多少の圧力にも耐えられるものである．VP の最高使用圧力は **1.0 MPa**，VU は 0.6 MPa である．VP は給水，排水に使用される．

⊕**水道用硬質塩化ビニルライニング鋼管**（JWWA K 116）・・・SGP を母管として，内側に硬質塩化ビニル管をライニングした管である．最高使用圧力は **1.0 MPa**．一般配管用（SCP-VA）と，外側も硬質塩化ビニルで覆った地中配管用（SGP-VD）とがある．鋼管の持つ強度（耐圧，耐衝撃，接続性）と硬質塩化ビニル管の持つ耐食性を兼ね備えている．水道用硬質塩化ビニルライニング鋼管の使用に適した流体の温度は，**40 ℃以下**である．

⊕**排水用硬質塩化ビニルライニング鋼管**（WSP 042）・・・配管用炭素鋼鋼管の外径に合わせ，肉厚のみ薄くした鋼管に硬質塩化ビニル管をライニングした複合管で DVLP と呼ばれている．鋼管の肉厚が薄く，ねじ加工はできず，専用の管継手（**MD 継手**）を使用する．

⊕**架橋ポリエチレン管**（JIS K 6769）・・・架橋ポリエチレン管（JIS K 6769）には水道法に適合する水道用架橋ポリエチレン管（JIS K 6789）がある．架橋ポリエチレン管は，**中密度・高密度**ポリエチレンを架橋反応させることで，**耐熱性，耐クリープ性を向上させた配管**である．

⊕**銅　管**（CUP）・・・耐食性に優れ，電気伝導度や熱伝導度が比較的大きく，施工性に富んでいる．一般に使用されているものはりん脱酸銅継目なし管（JIS H 3300 銅，銅合金継目なし管）である．この管は，電気銅をりん脱酸処理して冷間引抜法などによってつくられた継目なし管である．**肉厚によってK，L，Mタイプがあり，Kタイプがいちばん肉厚**である．配管用途としては，Lは，ガス，給水，給湯に使用し，Mは，給湯，給水・冷温水に使用される．

⊕**鉛　管**（LP）・・・柔軟性があり施工が容易で，他の管との接続が簡単．耐食性や可とう性に優れ，寿命が長い．配管用途としては，排水，給水に使用される．

⊕**鋳鉄管**（FC）・・・鋳鉄管には水道用がある．水道用鋳鉄管はダクタイル鋳鉄管といい，鋳型を回転させながら溶銑を注入し，遠心力によって鋳造したものである．

⊕**セメント管**・・・遠心力鉄筋コンクリート管（ヒューム管とも呼ばれる）や水道用石綿セメント管などがあり，主として屋外用埋設配管に使用する．

上記以外の鋼管には，①水道用亜鉛めっき鋼管（SGPW），②高圧配管用炭素鋼鋼管（STS），③高温配管用炭素鋼鋼管（STPT），④配管用アーク溶接炭素鋼鋼管（STPY），⑤球状黒鉛鋳鉄品（FCD），⑥青銅鋳物（BC）などがある．

2. 弁　類

一般用バルブとして，以下のような種類がある．

⊕**仕切弁**（ゲート弁，スルース弁）・・・弁の材質には青銅製，鋳鉄製，鋳鋼製があり，ねじ込み形とフランジ形がある．

【長所】

- 圧力損失は，他の弁に比べ小さい．
- ハンドルの回転力が玉形弁に比べ軽い．

【短所】

- 開閉に時間がかかる．
- 半開状態で使用すると，流体抵抗が大きく振動が起きる．

⊕**玉形弁**（ストップ弁，球形弁）

【長所】

- 開閉に時間がかからない．
- **流量調節に適している．**

【短所】

- 圧力損失が大きい．

⊕バタフライ弁

【長所】

- 開閉に力がいらない.
- 場所をとらず，操作が簡単.
- 流量調節がしやすい.
- コストが安い.
- 低圧空気にも使用できる.

【短所】

- 流体の漏れが多い.

⊕逆止弁（チェッキ弁）・・・逆止弁にはスイング式とリフト式がある.

スイング式：**水平方向，垂直方向に使用**できる.

リフト式：**水平方向のみに使用**できる.

また，ウォータハンマ防止として**衝撃吸収式逆止弁**（スプリングと案内ばねで構成）がある.

⊕圧力調整弁・・・**弁の一次側の圧力を一定に保つ**目的で，ポンプのバイパス弁などに使用される.

⊕温度調整弁・・・通過流体の量を調整して，貯湯槽内の温水温度を一定に保つ目的で使用される.

⊕定流量弁・・・送水圧力の変動が生じた場合においても流量を一定に保つ目的で，ファンコイルユニットなどに使用される.

⊕定水位調整弁・・・定水位調整弁（主弁）は，パイロット管のボールタップ又は，電磁弁（副弁）の開閉によって作動するものである.

⊕吸排気弁・・・自動的に管内に停滞した空気を排出し，管内に負圧が生じたら自動的に吸気する構造である.

3. ストレーナ

ストレーナは，配管中のごみ（鉄くずなど）を取る役目をする．ストレーナには，Y型ストレーナ，U型ストレーナ，V型ストレーナ，オイルストレーナなどがある．電磁弁や電動弁の入口側には，異物の混入により故障を起こさないようにストレーナを設ける.

4. 伸縮継手

伸縮継手は，**配管の温度変化による伸縮を吸収する**ための継手である．伸縮継手には，すべり伸縮継手（スリーブ形伸縮継手），ベローズ形伸縮継手，ベンド継手（たこベンド）などがある.

配管に単式伸縮管継手を設ける場合は，一方向の変位を吸収する場合に設け，複式は，二方向の変位を吸収する場合に設ける．**複式は，継手本体を固定**するが，**単式は，一方の管を固定**する（**図 6·8**）．

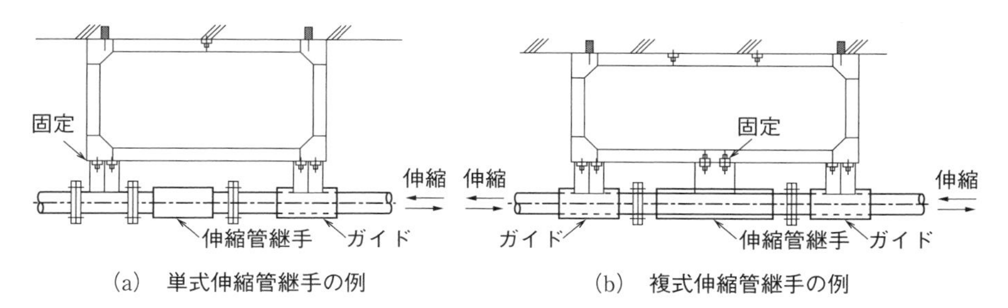

図 6・8　伸縮継手の例

5. 防振継手

防振継手は振動を吸収する役目をする．その他，配管のたわみ，ねじれを吸収する．また，騒音防止にも用いられる．

2 ダクト

1. ダクトの種類

ダクトには，ダクト内圧から低圧，高圧 1 及び高圧 2 に区分されている．

低圧ダクトは，ダクト内圧が，**正圧で +500 Pa 以下**，**負圧で −500 Pa 以内の範囲**のダクトをいう．空調用としては，一般に低圧ダクトを使用する．

ここでは，矩形ダクトと丸ダクトについて述べることにする．

2. 矩形ダクト

矩形ダクトは，亜鉛鉄板やステンレス鋼板などの板材と，ダクトの接続用フランジや補強材などによって構成されている．

- **ダクト寸法**・・・ダクト寸法は長辺 × 短辺で示す．**長辺と短辺の比**を**アスペクト比**といい，一般的に 4 以下としたい．アスペクト比が大きいほど摩擦抵抗は大きくなる．
- **ダクト板厚**・・・ダクトは，風速によって低速ダクトと高速ダクトに分けられる．

低速ダクト ≦ 15 m/s ＜ 高速ダクト

表6・1　低速ダクトの板厚

板厚〔mm〕	風道の長辺 a
0.5	$a \leqq 450$
0.6	$450 < a \leqq 750$
0.8	$750 < a \leqq 1\,500$
1.0	$1\,500 < a \leqq 2\,200$
1.2	$2\,200 < a$

表6・2　高速ダクトの板厚

板厚〔mm〕	風道の長辺 a
0.8	$a \leqq 450$
1.0	$450 < a \leqq 1\,200$
1.2	$1\,200 < a$

⊕**ダクトの補強材**・・・補強の方法には，ダイヤモンドブレーキ，補強リブのほか，形鋼補強，タイロッドによる補強などがある．

長辺が 450 mm を超える保温を施さないダクトには，**ダイヤモンドブレーキ**又は**補強リブ**（300 mm 以下のピッチ）を施すこと．

⊕**ダクトの継目**・・・ダクトの継目には，はぜ折り工法という工法がある．立てはぜは，ダクトの継手及び補強の役目もする．

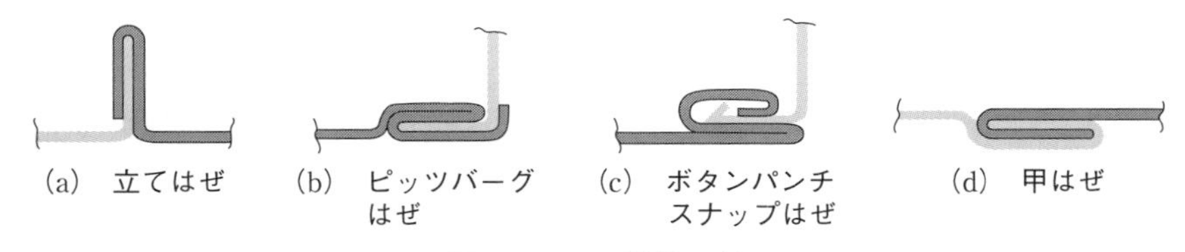

図6・9　はぜ折り工法

3. 丸ダクト

丸ダクトには，スパイラルダクトやフレキシブルダクトがある．

① スパイラルダクトの接続には，差込み接続とフランジ接続がある．スパイラルダクトは，亜鉛鉄板をスパイラル状に甲はぜ機械がけしたもので，**甲はぜが補強の役目**を果たすため補強は不要である．

② フレキシブルダクトは自由に曲がるため，吹出し口，吸込み口を取り付けるときによく使用される．フレキシブルダクトは，無理な屈曲による取付け方をした場合，**圧力損失が大きく**なる．

4. たわみ継手（キャンバス継手）

送風機等とダクトを接続する場合に，振動の伝搬を防止するために用いる．たわみ継手は，たわみ部が負圧になる場合，正圧部が**全圧 300 Pa を超える場合等**には，**補強用のピアノ線が挿入されたもの**を使用する．

5. 送風系統の設計

⊕**ダクトの設計**・・・ダクトの設計法で最もよい方法として全圧法がある．簡略法として，等速法，等圧法（等摩擦法），静圧再取得法がある．

① **等速法**は，ダクト内の風速を主管，分岐管ともに一定にして，ダクト寸法を決定する方法である．正確な風量が得られないので，一般空調にはあまり使用されない．粉体輸送用や工場の換気などに使用される．

② **等圧法**は，単位長さ当たりの摩擦損失を根元から末端まで一定（例えば 1.0 Pa/m）として，ダクトの寸法を決める方法である．各吹出し口までの経路の長さが異なる場合や枝管の風量が異なる場合には，ダクト寸法を変えるなどして抵抗のバランスをとるようにする．

③ **静圧再取得法**は，ダクトが分岐するごとに風速が減少するが，それによって再生される静圧を次の区間の圧力損失に利用し，各吹出し口直前の静圧をほぼ等しくする方法である．

④ ダクトの局部抵抗は，空気の動圧と局部抵抗係数の積で表すことができる．

⑤ 長方形ダクトのエルボの圧力損失は，曲率半径が小さく，アスペクト比が大きくなるほど大きくなる．

⑥ 同一材料，同一面積のダクトの場合，同じ風量では円形ダクトのほうが長方形ダクトより単位長さ当たりの圧力損失が小さい．

6. ダクト系の騒音

空調設備の騒音には，機器類からの発生騒音，送風機，空調機からダクトに伝わる騒音，ダクト内発生騒音，吹出し口における風切り音などがある．

⊕**減　音**

① **直管部の減音**：風道の直管部では，鉄板の振動や周囲の断熱材による音の吸収によって減音される．

② **エルボの減音**：風道の曲がり部分は，音の透過や吸収，反射などによる減音がある．円弧エルボより角形エルボのほうが周波数 1 000 Hz 前後において約 2 ～ 3 倍の消音効果がある．

③ **分岐による減音**：風道の分岐部では音のエネルギーが分割されるため，音のパワーレベル〔dB〕の減少が起こる．風量が半分割され，分岐部のダク

ト全面積に対する枝管の面積比 50 % となる場合，約 3 dB 程度の減音がある．

④ **端末反射**：吹出し口，吸込み口のように急激に断面が変わる開放端では，音の反射が起きて音が減衰する．ただし，吹出し口，吸込み口における風切り音に注意する．吹出し口で発生する騒音は，吹出し風速が大きいと発生するので小さくする．

⊕消　音

① **内張りダクトによる消音**：内張りダクトは，一般にグラスウールを張る．内張りダクトの消音量について，高周波数に対する消音効果が大きい．

② **内張りエルボ（消音エルボ）による消音**：エルボの内面にグラスウールなどを張って音を吸収するものである．風量，ダクトサイズによるが，周波数が広い範囲（300 ～ 5 000 Hz）にわたり，およそ 20 dB 以上の消音効果を発揮する．消音ボックスにも同じようなことがいえる．内張りエルボは，吸音材による吸音効果とエルボの反射による減衰効果を利用するものである．

③ **消音ボックスなどによる消音**：消音ボックスは，吸音材による吸音効果とボックス出入口における断面変化による音の反射を合わせた消音効果がある．マフラー形消音器は，音の共鳴作用により消音を行うもので，特定の周波数付近の騒音の消音に効果がある．

⊕遮　音・・・遮音材には，密度が大きい（重量がある，硬い，ち密な）もの，透過損失（材料の遮音の程度を表したもの）が大きい材料がよい．

⊕減　衰・・・発生騒音からの距離によって減衰が生ずる．

3 吸出し口・吸込み口類

1. 吹出し口

吹出し口には，ユニバーサル吹出し口（VHS），ラインディフューザー（ブリーズライン），アネモ形吹出し口（シーリングディフューザー），ノズル形吹出し口（軸流）などがある．

⊕アネモ形吹出し口・・・アネモ形吹出し口は数層のコーンからなり，コーンの上下により気流の方向を変える．

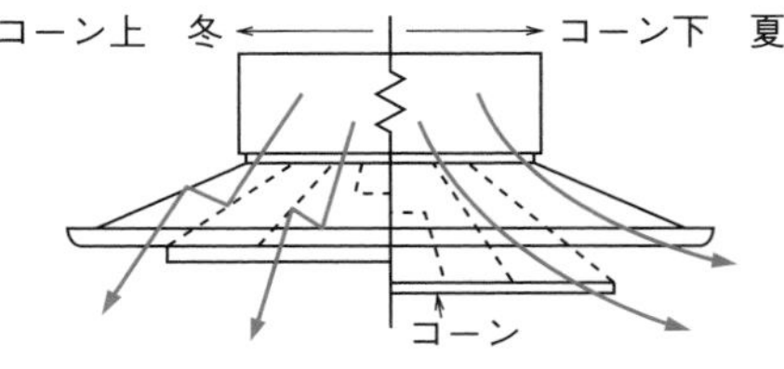

図 6・10　アネモ形吹出し口の気流方向

⊕**ノズル形吹出し口**・・・ノズル形吹出し口は，発生騒音が小さいので，吹出し風速を大きくとれる．よって，到達距離が長く大空間に適している．
このほか，パンカルーバーといい，厨房などに取り付けて局所冷房（人間に直接送風する）を行うものがある．

2. 吸込み口

吸込み口には，①ユニバーサル（HS，VS），②スリット，③マッシュルーム形などがある．マッシュルーム形は，劇場などの椅子の下に取り付けるものである．

3. 吹出し気流と到達距離

到達距離とは，吹出し口から吹き出された空気の中心気流速度が **0.25 m/s** となった場所をいう（**図 6·11**）．

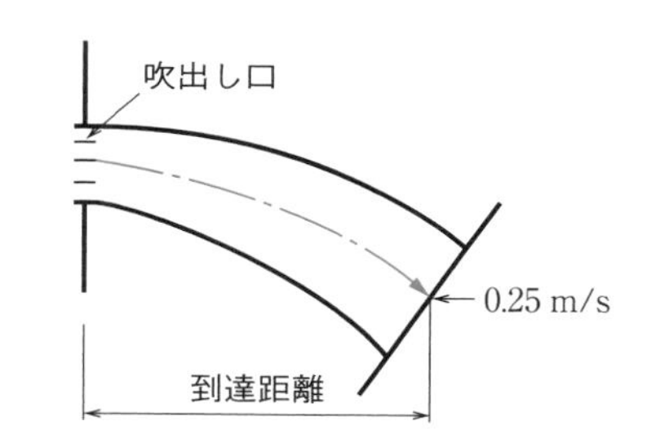

図 6・11　吹出し口における到達距離

4. 吹出し口誘引比

吹出し口誘引比が大きいほど吹出し温度差を大きくできる．

$$\text{吹出し口誘引比} = \frac{\text{一次空気量} + \text{二次空気量}}{\text{一次空気量}}$$

一次空気量：吹出し口から吹き出された空気
二次空気量：室内の誘引される空気

必ず覚えよう

❶ 圧力配管用炭素鋼鋼管は，蒸気，高温水などの圧力の高い配管に使用され，スケジュール番号により管の厚さが区分されている．
❷ 鋼管とステンレス鋼管など，イオン化傾向が大きく異なる異種金属管の接合には，絶縁フランジを使用する．
❸ 排水用硬質塩化ビニルライニング鋼管の接合には，排水鋼管用可とう継手（MD ジョイント）を使用する．
❹ 空気調和機ドレン配管の排水トラップの封水は，送風機の全静圧以上とする．
❺ 低圧ダクトは，常用圧力において，正圧，負圧ともに 500 Pa 以内で使用する．
❻ たわみ継手は，たわみ部が負圧になる場合，正圧部が全圧 300 Pa を超える場合等には，補強用のピアノ線が挿入されたものを使用する．

問題1 配　管

配管材料及び配管付属品に関する記述のうち，適当でないものはどれか．

(1) 架橋ポリエチレン管は，中密度・高密度ポリエチレンを架橋反応させることで，耐熱性，耐クリープ性を向上させた配管である．

(2) バタフライ弁に用いられる弁体は円板状であり，構造が簡単で取付けスペースが小さい．

(3) 配管用炭素鋼鋼管（白管）は，水配管用亜鉛めっき鋼管よりも亜鉛付着量が多く，良質なめっき層を有している．

(4) 衝撃吸収式逆止め弁は，リフト逆止め弁にばねと案内傘を内蔵した構造などで，高揚程のポンプの吐出し側配管に使用される．

解説 (3) 配管用炭素鋼鋼管（白管）は，亜鉛めっきを施したものであり，水配管用亜鉛めっき鋼管より亜鉛付着量は少ない．

解答▶(3)

問題2 配　管

配管材料に関する記述のうち，適当でないものはどれか．

(1) 圧力配管用炭素鋼鋼管は，350 ℃ 程度以下の蒸気や高温水などの圧力の高い配管に使用される．

(2) 配管用炭素鋼鋼管の使用に適した流体の温度は，−15 ～ 350 ℃ 程度である．

(3) 硬質ポリ塩化ビニル管（VP）の設計圧力の上限は，1.0 MPa である．

(4) 水道用硬質塩化ビニルライニング鋼管の使用に適した流体の温度は，60 ℃ 以下である．

解説 (4) 水道用硬質塩化ビニルライニング鋼管の使用に適した流体の温度は，40 ℃ 以下である．

解答▶(4)

マスターPoint 水道用硬質塩化ビニルライニング鋼管（JWWA K 116）は，配管用炭素鋼鋼管（SGP）の内面や，内外面に硬質ポリ塩化ビニル管をライニングしたものである．最高使用圧力は 1.0 MPa で，ねじ接合は管端防食管継手を使用する．

問題3 配　管

配管付属品に関する記述のうち，適当でないものはどれか．

(1) 圧力調整弁は，弁の一次側の圧力を一定に保つ目的で，ポンプのバイパス弁などに使用される．

(2) 温度調整弁は，通過流体の量を調整して，貯湯槽内の温水温度を一定に保つ目的で使用される．

(3) フロート分離型の定水位調整弁は，主弁が作動不良の場合，フロートの作動により副弁から給水を開始又は停止するものである．

(4) 定流量弁は，送水圧力の変動が生じた場合においても流量を一定に保つ目的で，ファンコイルユニットなどに使用される．

解説 (3) フロート分離型の定水位調整弁（副弁付定水位弁）は，**ボールタップが作動し副弁の開閉が行われた後に，主弁が開閉されるので，副弁からは，給水を開始又は停止しない．**

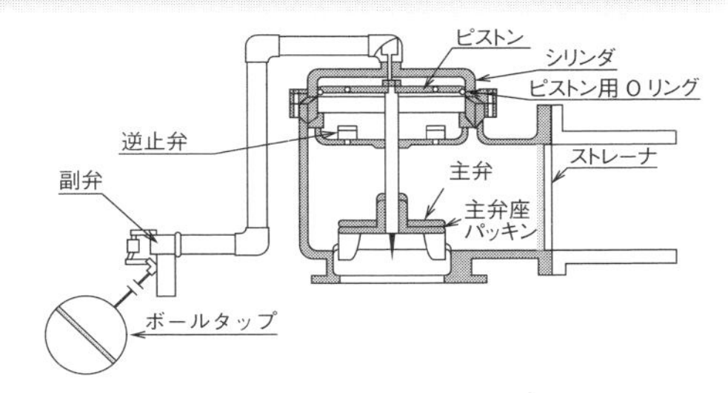

解答▶(3)

問題4 配　管

配管材料及び配管付属品に関する記述のうち，適当でないものはどれか．

(1) 圧力配管用炭素鋼鋼管は，350℃以下の蒸気や冷温水などの流体の輸送に使用できる．

(2) 単式スリーブ形伸縮管継手は，単式ベローズ形伸縮管継手に比べて継手1個当たりの伸縮吸収量が小さい．

(3) 配管用炭素鋼鋼管の最高使用圧力は，1.0 MPaが目安である．

(4) 玉形弁は，リフトが小さいので開閉時間が速く，半開でも使用することができる．

解説 (2) 単式スリーブ形伸縮管継手は，単式ベローズ形伸縮管継手に比べて**継手1個当たりの伸縮吸収量が大きい．**

解答▶(2)

問題 5 配　管

配管材料及び配管附属品に関する記述のうち，適当でないものはどれか．

(1) 圧力配管用炭素鋼鋼管は，蒸気，高温水等の圧力の高い配管に使用され，スケジュール番号により管の厚さが区分されている．

(2) 架橋ポリエチレン管は，中密度・高密度ポリエチレンを架橋反応させることで，耐熱性，耐クリープ性を向上させた管である．

(3) 空気調和機ドレン配管の排水トラップの封水は，送風機の全静圧を超えないようにする．

(4) 蒸気トラップには，メカニカル式，サーモスタチック式，サーモダイナミック式がある．

解説 (3) 排水トラップの封水は，送風機の全静圧**以上**とする．

解答▶(3)

問題 6 ダクト

ダクトに関する記述のうち，適当でないものはどれか．

(1) フレキシブルダクトは，無理な屈曲による取付け方をした場合，圧力損失が大きくなる．

(2) 低圧ダクトは，常用圧力において，正圧，負圧ともに 500 Pa 以内で使用する．

(3) 幅又は高さが 450 mm を超えるダクトで保温を施さないものには，300 mm 以下のピッチで補強リブを設ける．

(4) アングルフランジ工法ダクトは，共板フランジ工法ダクトに比べて，フランジ接合部の締付け力が小さい．

解説 (4) アングルフランジ工法ダクトは，共板フランジ工法ダクトに比べて，フランジ接合部の**締付け力が大きい**．

解答▶(4)

マスターPoint アングル工法ダクトとフランジの接続は，アングル（L 型の断面をもつ鋼材）を加工してフランジとして，ボルト，ナットによって接続する．

問題 7 ダクト

ダクト及びダクト付属品に関する記述のうち，適当でないものはどれか．

(1) 吸込み口へ向かう気流は，吹出し口からの気流のような指向性はなく，前面から一様に吸込み口へ向かう気流となるため，可動羽根や風向調節ベーン等は不要である．

(2) スパイラルダクトは，亜鉛鉄板をスパイラル状に甲はぜ機械がけしたもので，甲はぜが補強の役目を果たすため補強は不要である．

(3) たわみ継手は，たわみ部が負圧になる場合，正圧部が全圧 300 Pa を超える場合等には，補強用のピアノ線が挿入されたものを使用する．

(4) 等摩擦法（定圧法）で寸法を決定したダクトでは，各吹出し口に至るダクトの長さが著しく異なる場合でも，各吹出し口での圧力差は生じにくい．

解説 (4) 等摩擦法（等圧法）は，主ダクトの風速を決め，そのときの単位抵抗を全ダクト系に採用してダクト寸法を決めるやり方である．ダクト系の末端にいくほど風速が徐々に少なくなる．なお，等摩擦法は，定圧法（等摩擦損失法又は等圧法）ともいう．空調用ダクトの抵抗計算は，一般的に等圧法（等摩擦法）で行われる．

解答▶(4)

問題 8 ダクト

ダクト及びダクト付属品に関する記述のうち，適当でないものはどれか．

(1) 低圧ダクトと高圧ダクトは，通常運転時におけるダクト内圧が正圧，負圧ともに 300 Pa で区分される．

(2) 定風量ユニット（CAV）は，上流側の圧力が変動する場合でも，風量を一定に保つ機能を持っている．

(3) 変風量ユニット（VAV）は，外部からの制御信号により風量を変化させる機能を持っている．

(4) 材料，断面積，風量が同じ場合，円形ダクトの方が長方形ダクトより単位摩擦抵抗が小さい．

解説 (1) 低圧ダクトと高圧ダクトは，通常運転時におけるダクト内圧が正圧，負圧ともに 500 Pa で区分される．

解答▶(1)

問題 9 ダクト

ダクト及びダクト附属品に関する記述のうち，適当でないものはどれか．

(1) グラスウール等の多孔質吸音材を内張りしたダクトでは，中高周波数域の音の減衰が大きい．

(2) 同一材料，同一断面積のダクトの場合，同じ風量では長方形ダクトの方が円形ダクトより単位長さ当たりの圧力損失が大きい．

(3) シーリングディフューザー形吹出し口は，中コーンを上げると拡散半径が大きくなる．

(4) ピストンダンパーは，消火ガス放出時にガスシリンダーの作動で閉鎖する機構を有する．

解説 (3) シーリングディフューザー形吹出し口は，中コーンを上げると**拡散半径が小さくなる**．

解答▶(3)

問題 10 ダクト

ダクト及びダクト付属品に関する記述のうち，適当でないものはどれか．

(1) シーリングディフューザー形吹出し口は，中コーンを上げると拡散半径が大きくなる．

(2) 排煙ダクトに設ける防火ダンパーには，作動温度が 280 ℃ の温度ヒューズを使用する．

(3) 防火ダンパーの温度ヒューズの作動温度は，一般系統は 72 ℃，厨房排気系統は 120 ℃ とする．

(4) 線状吹出し口は，風向調整ベーンを動かすことにより吹出し気流方向を変えることができる．

解説 (1) シーリングディフューザー形吹出し口の中コーンを上げると拡散半径が**小さくなる**．拡散半径を**大きくするには中コーンを下げる**．

解答▶(1)

温風（冬）は軽いのでコーンを上げて床面に吹く．
冷風（夏）は重いのでコーンを下げて天井面に吹く．

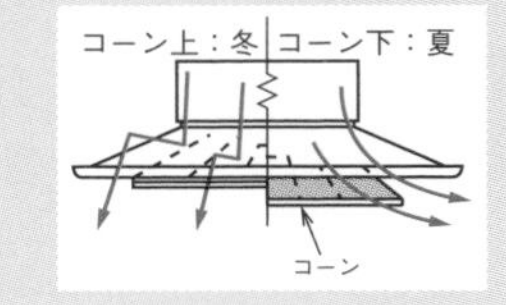

必須問題

7 設計図書に関する知識

全出題問題の中における『7章』の内容からの出題比率

全出題問題数 60 問中／必要解答問題数 2 問（＝出題比率：3.3％）

合格ラインの正解解答数➡ 2 題以上（2問中）を目指したい！

過去10年間の出題傾向の分析による出題ランク

（★★★最もよく出る／★★比較的よく出る／★出ることがある）

●公共工事標準請負契約約款

★★★	（現場代理人及び主任技術者等）第10条第4・5項，（検査及び引渡し）第32条第2項，（請負代金の支払）第33条第2項
★★	（総則）第1条第1項，（現場代理人及び主任技術者等）第10条第1･2項，（請負代金の支払）第33条第1・2項，（監督員）第9条第4・5項，（受注者の催告によらない解除権）第52条第1項
★	（請負代金内訳書及び工程表）第3条第1・2項

●JIS規格

★★★	水道用硬質塩化ビニルライニング鋼管，排水用硬質塩化ビニルライニング鋼管，排水用リサイクル硬質ポリ塩化ビニル管
★★	配管用炭素鋼鋼管，圧力配管用炭素鋼鋼管

●機器の仕様

★★★	冷却塔：外気湿球温度　ポンプ：口径，揚程
★★	空調機：機外静圧，保温材の最高使用温度　送風機：呼び番号，静圧

7 1 設計図書

1 公共工事標準請負契約約款

公共工事には，中央建設審議会が定めた公共工事標準請負契約約款が用いられている．次に，よく出題される約款について抜粋して述べることにする．

1. （総則）

〔第１条第１項〕

発注者及び受注者は，この約款（契約書を含む）に基づき，**設計図書**（**別冊の図面，仕様書，現場説明書及び現場説明に対する質問回答書**をいう）に従い，日本国の法令を遵守し，この契約を履行しなければならない．

〔同条第３項〕

仮設，施工方法その他工事目的物を完成するために必要な一切の手段については，この**約款及び設計図書に特別の定めがある場合を除き，受注者がその責任において定める**．

2. 請負代金内訳書及び工程表

〔第３条第１項〕

受注者は，設計図書に基づいて請負代金内訳書及び工程表を作成し，**発注者に提出し，その承認を受けなければならない**．

〔同条第２項〕

内訳書には，**健康保険**，**厚生年金保険**及び**雇用保険**に係る**法定福利費を明示する**ものとする．

3. 一括委任又は一括下請負の禁止

〔第６条〕

受注者は，工事の全部若しくはその主たる部分又は他の部分から独立してその機能を発揮する工作物の工事を一括して第三者に委任し，又は請け負わせてはならない．ただし，あらかじめ，発注者の承諾を得た場合は，この限りではない．

4. 監督員

〔第9条第1項〕

発注者は，監督員を置いたときは，その氏名を受注者に通知しなければならない．監督員を変更したときも同様とする．

〔同条第2項〕

監督員は，この契約書の他の条項に定めるもの及びこの契約書に基づく発注者の権限とされる事項のうち発注者が必要と認めて監督員に委任したもののほか，設計図書に定めるところにより，次に掲げる権限を有する．

一　この契約の履行についての受注者又は受注者の現場代理人に対する指示，承諾又は協議

二　設計図書に基づく工事の施工のための詳細図等の作成及び交付又は受注者が作成した詳細図等の承諾

三　設計図書に基づく工程の管理，立会い，工事の施工状況の検査又は工事材料の試験若しくは検査（確認を含む）

〔同条第4項〕

第2項の規定に基づく監督員の指示又は承諾は，原則として，**書面**により行わなければならない．

〔同条第5項〕

発注者が監督員を置いたときは，この約款に定める催告，請求，通知，報告，申出，承諾及び解除については，**設計図書に定めるものを除き，監督員を経由して行う**ものとする．この場合においては，監督員に到達した日をもって発注者に到達したものとみなす．

5. 現場代理人及び主任技術者等

〔第10条第1項〕

受注者は，次の各号に掲げる者を定めて工事現場に設置し，設計図書に定めるところにより，その氏名その他必要な事項を発注者に通知しなければならない．これらの者を変更したときも同様とする．

一　**現場代理人**

二　（A）［　］**主任技術者**　（B）［　］**監理技術者**　（C）**監理技術者補佐**

三　**専門技術者**

注）［　］の部分には，同法第26条第3項本文の工事の場合に「専任の」の

字句を記入する．

〔同条第 2 項〕

現場代理人は，この**契約の履行**に関し，**工事現場に常駐**し，その運営，取締りを行うほか，この契約に基づく請負者の一切の権限（**請負代金額の変更，請負代金の請求及び受領並びにこの契約の解除に係るものを除く**）を行使することができる．

〔同条第 4 項〕

受注者は，第 2 項の規定にかかわらず，自己の有する権限のうち現場代理人に委任せず自ら行使しようとするものがあるときは，あらかじめ，当該**権限の内容を発注者に通知しなければならない**．

〔同条第 5 項〕

現場代理人，監理技術者等（監理技術者，監理技術者補佐又は主任技術者をいう）及び**専門技術者**は，**これを兼ねることができる**．

6. 工事材料の品質

〔第 13 条第 1 項〕

工事材料については，設計図書にその品質が明示されていない場合にあっては，中等の品質を有するものとする．

〔同条第 2 項〕

受注者は，設計図書において監督員の検査（確認を含む）を受けて使用すべきものと指定された工事材料については，当該検査に合格したものを使用しなければならない．**検査に直接要する費用は，受注者の負担とする**．

7. 工事材料の検査

〔第 13 条第 3 項〕

監督員は，受注者から前項（設計図書において監督員の検査を受けて使用すべきものと指定された工事材料）の検査を求められたときは，**請求を受けた日から○日以内**に応じなければならない．

〔同条第 4 項〕

受注者は，工事現場内に搬入した工事材料を監督員の承諾を受けないで工事現場外に搬出してはならない．

8. 設計図書不適合の場合の改造義務及び破壊検査等

〔第17条第1項〕

受注者は，工事の施工部分が設計図書に適合しない場合において，監督員がその改造を請負したときは,当該請求に従わなければならない．この場合において，当該不適合が監督員の指示によるときその他発注者の責めに帰すべき事由によるときは，発注者は，必要があると認められるときは工期若しくは請負代金額を変更し,又は受注者に損害を及ぼしたときは必要な費用を負担しなければならない．

9. 条件変更等

〔第18条第1項〕

受注者は，工事の施工に当たり，次の各号のいずれかに該当する**事実を発見したときは，その旨を直ちに監督員に通知し，その確認を請求しなければならない．**

一　図面，仕様書，現場説明書及び現場説明に対する質問回答書が一致しないこと（これらの優先順位が定められている場合を除く）．

二　設計図書に誤謬（ごびゅう）又は脱漏があること．

三　**設計図書の表示が明確でないこと．**

四　工事現場の形状，地質，湧水等の状態，施工上の制約等設計図書に示された自然的又は人為的な施工条件と実際の工事現場が一致しないこと．

五　設計図書で明示されていない施工条件について予期することのできない特別な状態が生じたこと．

10. 臨機の措置

〔第27条第1項〕

受注者は，災害防止等のため必要があると認めるときは，臨機の措置をとらなければならない．必要があると認めるときは，受注者は，あらかじめ監督員の意見を聴かなければならない．ただし，緊急やむを得ない事情があるときは，この限りでない．

11. 第三者に及ぼした損害

〔第29条第1項〕

工事の施工について第三者に損害を及ぼしたときは，受注者がその損害を賠償しなければならない．ただし,その損害（保険等によりてん補された部分を除く）

のうち発注者の責めに帰すべき事由により生じたものについては，発注者が負担する．

12. 検査及び引渡し

〔第32条第1項〕

受注者は，工事を完成したときは，その旨を**発注者に通知**しなければならない．

〔同条第2項〕

受注者は，前項の規定による**通知を受けたときは，通知を受けた日から14日以内**に受注者の立会いの上，設計図書に定めるところにより，**工事の完成を確認するための検査を完了し**，当該検査の結果を**受注者に通知しなければならない**．この場合，発注者は，**必要があると認められるとき**は，その理由を受注者に通知して，工事目的物を**最小限度破壊して検査することができる**．

〔同条第3項〕

前項の場合，**検査又は復旧に直接要する費用は，受注者の負担**とする．

〔同条第4項〕

発注者は，第2項の検査によって工事の完成を確認した後，受注者が工事目的物の引渡しを申し出たときは，直ちに当該工事目的物の引渡しを受けなければならない．

13. 請負代金の支払い

〔第33条第1項〕

受注者は，前条第2項の検査に合格したときは，請負代金の支払いを請求することができる．

〔同条第2項〕

発注者は，前項の規定による請求があったときは，**請求を受けた日から40日以内**に請負代金を支払わなければならない．

14. 発注者の催告による解除権

〔第47条第1項〕

発注者は，受注者が次の各号のいずれかに該当するときは相当の期間を定めてその履行の催告をし，その期間内に履行がないときはこの契約を解除することができる．ただし，その期間を経過した時における債務の不履行がこの契約及び取引上の社会通念に照らして軽微であるときは，この限りでない．

一　第5条第4項に規定する（請負代金債権の譲渡により得た資金の使途を疎明する）書類を提出せず，又は虚偽の記載をしてこれを提出したとき.
二　**正当な理由なく，工事に着手すべき期日を過ぎても工事に着手しないとき.**
三　**工期内に完成しないとき又は工期経過後相当の期間内に工事を完成する見込みがないと認められるとき.**
四　第10条第1項第2号に掲げる者を設置しなかったとき.
五　正当な理由なく，第45条第1項の（引き渡された工事目的物が契約不適合であるとき，受注者に対し，目的物の修補又は代替物の引渡しによる）履行の追完がなされないとき.

15. 受注者の催告によらない解除権

〔第52条第1項〕

受注者は，次の各号のいずれかに該当するときは，直ちにこの契約を解除することができる.

一　設計図書を変更したため請負代金額が**3分の2以上減少**したとき.
二　工事の施工の中止期間が**工期の10分の**○（工期の10分の○が○月を越えるときは，○月）を超えたとき，ただし，中止が工事の一部のみの場合はその一部を除いた他の部分の工事が完了した後○月を経過しても，なおその中止が解除されないとき.

16. 火災保険等

〔第58条第1項〕

受注者は，工事目的物及び工事材料（支給材料を含む）等を設計図書に定めるところにより**火災保険**，**建設工事保険**その他の保険に付さなければならない.

〔同条第2項〕

受注者は，前項の規定により保険契約を締結したときは，その証券又はこれに代わるものを直ちに発注者に提示しなければならない.

〔同条第3項〕

受注者は，工事目的物及び工事材料等を第1項の規定による保険以外の保険に付したときは，直ちにその旨を発注者に通知しなければならない.

2 JIS規格

管工事に使用される管材でJIS（日本産業規格）などに規格化されているものを抜粋して**表7·1**に示す.

表7・1　配管の規格番号及び記号

規格名称	規格番号	記　号	備　考
配管用炭素鋼鋼管	JIS G 3452	SGP	黒管（亜鉛めっきを施さない管） 白管(黒管に亜鉛めっきを施した管)
圧力配管用炭素鋼鋼管	JIS G 3454	STPG	
一般配管用ステンレス鋼鋼管	JIS G 3448	SUS-TPD	
配管用ステンレス鋼鋼管	JIS G 3459	SUS-TP	
水道用亜鉛めっき鋼管	JIS G 3442	SGPW	
水道用硬質塩化ビニルライニング鋼管	**JWWA K 116** （日本水道協会規格）	SGP-VD	JIS G 3452の黒管にライニング
排水用硬質塩化ビニルライニング鋼管	WSP 042 （日本水道鋼管協会規格）	D-VA	排水鋼管用可とう継手（MDジョイント）
硬質ポリ塩化ビニル管	JIS K 6741	VP VU	水圧試験の値2.5 MPa 水圧試験の値1.5 MPa
水道用ポリエチレン二層管	JIS K 6762	—	
銅　管	JIS H 3300	CUP	肉厚が大きい順にK，L，Mがある
架橋ポリエチレン管	JIS K 6769		水温95℃以下使用
ポリブテン管	JIS K 6778		水温90℃以下使用
水道用ポリエチレン粉体ライニング鋼管	**JWWA K 132**	SGP-PA	
水道用ダクタイル鋳鉄管	**JWWA G 113**		
排水用リサイクル硬質塩化ビニル管	**AS 58** （塩化ビニル管継手協会規格）		

3 機器の仕様

設計図書の中には，機器表，器具表を書く必要がある．**表7·2**に，どのような項目を明記するかを示す.

表7・2　機器仕様

機器名	機器仕様
鋳鉄製セクショナルボイラー	温水・蒸気の種別，定格出力，燃料の種類，使用圧力（温水の場合，水頭），バーナ形式，電動機出力及び電源仕様
吸収式冷凍機	形式，冷却能力，冷水量，冷却水量，冷水出入口温度，冷却水出入口温度，電動機出力及び電源仕様
冷却塔	形式，冷却能力，冷却水量，冷却水出入口温度，外気湿球温度，電動機出力及び電源仕様，騒音値
ファンコイルユニット	形式・型番，加熱冷却容量，循環冷温水量，冷温水出入口温度，吸込空気条件，コイルの水抵抗値，許容騒音，電動機出力及び電源仕様
ポンプ	形式，口径，水量，揚程，電動機出力及び電源仕様
送風機	形式，呼び番号，風量，全(静)圧，電動機出力及び電源仕様

4 配管の識別

配管は，次の色で識別している．

表7・3　配管の識別色

識別色	物質の種類	識別色	物質の種類
赤	消火	薄い黄赤	電気
暗い赤	蒸気	茶	油
薄い黄	ガス	青	水
白	空気	灰紫	酸・アルカリ

❶ 設計図書とは，図面，仕様書，現場説明書及び現場説明に対する質問回答書をいう．

❷ 約款及び設計図書に特別の定めがある場合を除き，受注者がその責任において定めることができる．

❸ 現場代理人，主任技術者（監理技術者）及び専門技術者は，これを兼ねることができる．

❹ 発注者は完成検査合格後，受注者から請負代金の支払い請求があったときは，請求を受けた日から40日以内に請負代金を支払わなければならない．

❺ 冷却塔の機器表（設計仕様）には，型式，冷却能力，冷却水量，冷却水出入口温度，外気湿球温度，騒音値を記入する．

問題 1 公共工事標準請負契約約款

「公共工事標準請負契約約款」に関する記述のうち，適当でないものはどれか．

(1) 受注者は，この約款及び設計図書に特別の定めがない仮設，施工方法等を定める場合は，監督員の指示によらなければならない．

(2) 受注者は，工事目的物及び工事材料等を設計図書に定めるところにより，火災保険，建設工事保険その他の保険に付さなければならない．

(3) 受注者は，工事現場内に搬入した工事材料を監督員の承諾を受けないで工事現場外に搬出してはならない．

(4) 発注者は，受注者が正当な理由なく，工事に着手すべき期日を過ぎても工事に着手しないときは，契約を解除することができる．

解説 (1) 約款第1条第3項に「仮設，施工方法その他工事目的物を完成するために必要な一切の手段については，この約款及び設計図書に特別の定めがある場合を除き，**受注者がその責任において定める**」と定められている．

解答▶(1)

問題 2 公共工事標準請負契約約款

「公共工事標準請負契約約款」に関する記述のうち，適当でないものはどれか．

(1) 工事材料は，設計図書にその品質が明示されていない場合にあっては，中等の品質を有するものとする．

(2) 現場代理人，主任技術者及び専門技術者は，これを兼ねることができない．

(3) 発注者が設計図書を変更し，請負代金が3分の2以上減少した場合，受注者は契約を解除することができる．

(4) 発注者は，完成通知を受けたときは，通知を受けた日から14日以内に完成検査を完了し，その結果を受注者に通知しなければならない．

解説 (2) 約款第10条第5項に「**現場代理人，主任技術者（監理技術者）及び専門技術者は，これを兼ねることができる**」と定められている．

解答▶(2)

問題 3 公共工事標準請負契約約款

「公共工事標準請負契約約款」に関する記述のうち，適当でないものはどれか．

(1) 受注者は，設計図書に定めるところにより，工事目的物及び工事材料等に火災保険，建設工事保険等に付さなければならない．

(2) 発注者が監督員を置いたときは，約款に定める請求，通知，報告，申出，承諾及び解除については，設計図書に定めるものを除き，監督員を経由して行う．

(3) 発注者は，必要があると認めるときは，設計図書の変更内容を受注者に通知して，設計図書を変更することができる．

(4) 発注者が完成検査を行う際に，必要と認められる理由を受注者に通知して，工事目的物を最小限度破壊して検査する場合，検査又は復旧に直接要する費用は発注者の負担となる．

解説 (4) 約款第 17 条，第 32 条に「必要と認められる理由を受注者に通知し，工事目的物を最小限度破壊して検査する場合，検査又は復旧に直接要する費用は**受注者の負担**とする」と定められている．

解答▶(4)

問題 4 公共工事標準請負契約約款

「公共工事標準請負契約約款」に関する記述のうち，適当でないものはどれか．

(1) 受注者は，工事現場内に搬入した材料を監督員の承諾を受けないで工事現場外に搬出してはならない．

(2) 受注者は，工事目的物及び工事材料等を設計図書に定めるところにより，火災保険，建設工事保険等に付さなければならない．

(3) 設計図書の表示が明確でない場合は，工事現場の状況を勘案し，受注者の判断で施工する．

(4) 約款及び設計図書に特別な定めがない仮設，施工方法等は，受注者がその責任において定める．

解説 (3) 約款第 18 条第 1 項第 3 号に「受注者は，工事の施工にあたり，**設計図書の表示が明確でないときは，その旨を直ちに監督員に通知し，その確認を請求しなければならない**」と定められている．

解答▶(3)

問題 5 公共工事標準請負契約約款

「公共工事標準請負契約約款」に関する記述のうち，適当でないものはどれか．

(1) 発注者が設計図書を変更し，請負代金額が 2/3 以上減少した場合，受注者は契約を解除することができる．

(2) 発注者は完成検査合格後，受注者から請負代金の支払い請求があったときは，請求を受けた日から 30 日以内に請負代金を支払わなければならない．

(3) 受注者は，請負代金内訳書に健康保険，厚生年金保険及び雇用保険に係る法定福利費を明示するものとする．

(4) 発注者は，受注者が正当な理由なく，工事に着手すべき期日を過ぎても工事に着手しないときは，必要な手続きを経た後，契約を解除することができる．

解説 (2) 約款第 33 条第 2 項に発注者は完成検査合格後，受注者から請負代金の支払い請求があったときは，**請求を受けた日から 40 日以内に請負代金を支払わなければならない．**

解答▶(2)

問題 6 JIS

JIS に規定する配管に関する記述のうち，適当でないものはどれか．

(1) 硬質ポリ塩化ビニル管の VP は，VU より管の肉厚が厚い．

(2) 水配管用亜鉛めっき鋼管は，配管用炭素鋼鋼管（白管）に比べて，亜鉛の付着量が多い．

(3) 銅管の L タイプは，M タイプより管の肉厚が薄い．

(4) 圧力配管用炭素鋼鋼管は，スケジュール番号の大きい方が管の肉厚が厚い．

解説 (1) 硬質ポリ塩化ビニル管（JIS K 6741）の VP は，VU より管の肉厚が厚い．

(2) 水配管用亜鉛めっき鋼管（JIS G 3442）は，配管用炭素鋼鋼管（JIS G 3452）の白管に比べて，亜鉛の付着量が多い．

(3) 銅管（JIS H 3300, JWWA H 101）の L **タイプは，M タイプより管の肉厚が厚い**（K ＞ L ＞ M）．一般に，M タイプが用いられることが多い．

(4) 圧力配管用炭素鋼鋼管（JIS G 3454）は，スケジュール番号の大きい方が管の肉厚が厚い．

解答▶(3)

問題 7 JIS

JIS に規定する配管に関する記述のうち，適当でないものはどれか．

(1) 配管用ステンレス鋼鋼管は，一般配管用ステンレス鋼鋼管に比べて，管の肉厚が厚く，ねじ加工が可能である．

(2) 一般配管用ステンレス鋼鋼管は，給水，給湯，冷温水，蒸気還水等の配管に用いる．

(3) 硬質ポリ塩化ビニル管には，VP，VM，VU の種類があり，設計圧力の上限が最も低いものは VM である．

(4) 水道用硬質ポリ塩化ビニル管の VP 及び HIVP の最高使用圧力は，同じである．

解説 (3) 硬質ポリ塩化ビニル管には，VP，VM，VU の種類があり，**設計圧力の上限が最も低いものは VU** である．

解答▶(3)

硬質ポリ塩化ビニル管の配管種類と設計圧力を表に示す．

管の種類	設計圧力
VP	0 ～ 1.0 MPa
VM	0 ～ 0.8 MPa
VU	0 ～ 0.6 MPa

問題 8 JIS

配管材料とその記号（規格）の組合せのうち，適当でないものはどれか．

	（配管材料）	（記号（規格））
(1)	リサイクル硬質ポリ塩化ビニル三層管	RS-VU（JIS）
(2)	一般配管用ステンレス鋼鋼管	SUS-TPD（JIS）
(3)	水道用硬質塩化ビニルライニング鋼管（黒管）	SGP-VA（JWWA）
(4)	排水用硬質塩化ビニルライニング鋼管	SGP-VD（JWWA）

解説 (4) 排水用硬質塩化ビニルライニング鋼管は，**記号：D-VA，規格：WSP 042** である．

解答▶(4)

問題 9 設計仕様

設計図書に記載する「機器名」と「機器仕様」の組合せのうち，適当でないものはどれか．ただし，電動機に関する事項は除く．

（機器名）　（機器仕様）

(1) 全熱交換器――――形式，種別，風量，全熱交換効率，面風速，初期抵抗（給気・排気）

(2) 空調用ポンプ――――形式，吸込口径，水量，揚程，押込圧力

(3) 冷却塔――――形式，冷却能力，冷却水量，冷却水出入口温度，外気乾球温度，騒音値

(4) チリングユニット――冷凍能力，冷水量，冷水出入口温度，冷却水量，冷却水出入口温度，冷水・冷却水損失水頭

解説 (3) 冷却塔――形式，冷却能力，冷却水量，冷却水出入口温度，**外気湿球温度**，騒音値

解答▶(3)

冷却塔レンジ：冷却水出入口温度の差
アプローチ：水の温度と外気湿球温度との差

問題 10 設計仕様

設計図書に記載するユニット形空気調和機の仕様に関する文中，[　　]内に当てはまる用語の組合せとして，適当なものはどれか．

設計図には，ユニット形空気調和機の形式，冷却能力，加熱能力，風量，[A]，コイル通過風速，コイル列数，水量，冷水入口温度，温水入口温度，コイル出入口空気温度，加湿器形式，有効加湿量，電動機の電源種別，[B]，基礎形式などを記載する．

	(A)	(B)		(A)	(B)
(1)	機外静圧	電動機出力	(2)	機外静圧	電流値
(3)	全静圧	電動機出力	(4)	全静圧	電流値

解説 設計図には，ユニット形空気調和機の形式，冷却能力，加熱能力，風量，**機外静圧**，コイル通過風速，コイル列数，水量，冷水入口温度，温水入口温度，コイル出入口空気温度，加湿器形式，有効加湿量，電動機の電源種別，**電動機出力**，基礎形式などを記載する．

解答▶(1)

必須問題

8 施工管理法

全出題問題の中における『8章』の内容からの出題比率

全出題問題数 **73** 問中／必要解答問題数 **14** 問（＝出題比率：19.2％）

（必要解答問題数17問の中に，応用能力の問題4問が含まれる）．

応用能力 **7** 問中 **5** 問の正解解答が必要です！

過去10年間の出題傾向の分析による出題ランク

（★★★最もよく出る／★★比較的よく出る／★出ることがある）

●施工計画

★★★	申請・届出書類と提出先
★★	現場代理人の権限，公共工事の施工管理に関する記述

●工程管理

★★★	ネットワーク工程表（トータルフロート，フリーフロート）
★★	ネットワーク，ガンチャート，バーチャート工程表の特徴 日程短縮，クリティカルパス

●品質管理

★★★	パレート図，特性要因図，ヒストグラム，散布図，デミングサークル 最早開始時刻，最遅完了時刻，全数検査，抜取検査

●安全管理

★★★	アーク溶接作業，ツールボックスミーティング，ヒヤリハット活動
★★	重大災害，ZD運動，リスクアセスメント

●工事施工

- 機器据付：あと施工アンカーボルト，冷却塔の離隔距離，送風機とVベルト
- 配管・ダクト：配管の施工，配管材料と接合，コーナーボルト工法
- 保温・保冷：ポリスチレンフォーム保温材，保温筒の鉄線巻き
- その他：設備機器の試運転調整，防振，騒音・振動

●施工管理法（応用能力）　※令和３年度に出題されたもの．

- 公共工事：仮設工事の責任者
- 施工計画：申請・届出書類と提出先
- 工程管理：ネットワーク工程表に関する記述
- 品質管理：統計的手法（散布図，管理図，パレート図，ヒストグラム）
- 安全管理：公衆災害，建設業労働安全衛生マネジメントシステム
- 機器の据付：防振基礎，メカニカルシール方式の冷却水ポンプ
- 配管施工：複式伸縮管継手の使用，水道用硬質塩化ビニルライニング鋼管の切断
- ダクト施工：排煙ダクトの継目，消音エルボ使用の場合のダンパー取付位置

8 1 施工計画

1 施工計画

施工計画は，工事管理のスタートで基本となるものなので，工事の実施に支障が出ないよう計画するものである．施工計画は，次のように分けられる．

① 着工前業務
② 施工中業務
③ 完成時業務

2 施工管理

1. 着工前の業務

① 契約書や設計図書の検討を行う．
② 工事組織の編成を行う．
- 現場代理人，主任技術者の選任．

③ 実行予算書の作成
- 利益確保の見通しを立て，施工中の工事費を管理する基本資料となる．
- 工事原価：純工事費と現場管理費の合計で検討と確認を行う．
- 直接工事費：機器の材料費，材料購入費となる．
- 現場管理費：現場従業員の人件費，事務用品購入費となる．
- 一般管理費：本支店の経費となる．
- 請負工事費の構成を**図 8･1** に示す．
- **実行予算書は発注者に提出する資料ではない．**

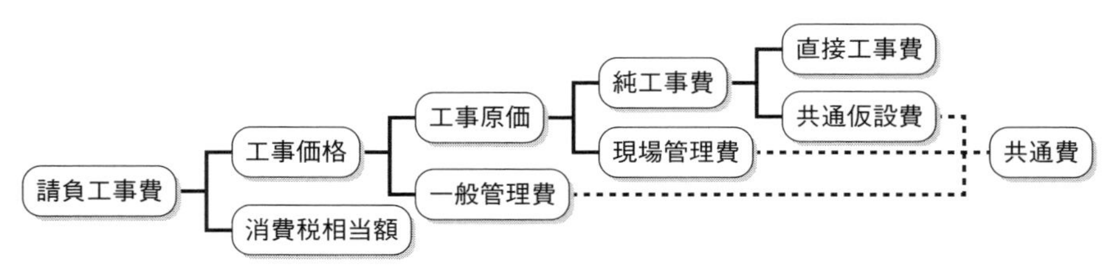

図 8・1　請負工事費の構成

④　**総合工程表の作成**

- 現場の仮設工事から完成時の清掃までの全工程を表すものである．
- 工事全体の作業の施工順序，労務計画，資材の段取り等の工程を把握する．

⑤　**仮設計画の作成**

- 現場事務所，作業場，足場，荷役設備，仮設水道，電力等，施工に必要な設備を整えるものである（**図 8･2**）．
- **施工者がその責任において計画**するものである．
- 火災予防，盗難防止，安全管理，作業騒音対策等に配慮する．

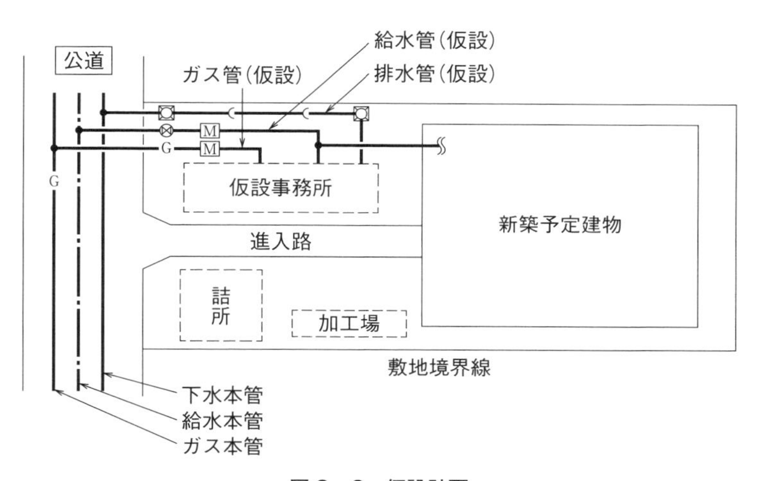

図 8・2　仮設計画

2. 施工中の業務

①　**細部工程表の作成**，**施工計画書の作成**，施工図・製作図の作成，機器材料の発注，**機器の搬入計画**，諸官庁への申請・届出等がある．

②　施工図・製作図の作成

- **施工図**：設計図書を使い，機器，配管，風道等が，建築や関連工事と合わせてうまく納められていることを確認するものである．
- **製作図**：製造者に発注する機器類について，設計図書や仕様書に適合しているか，確認する図面で，製造者が作成する．

③　**諸官庁への申請・届出等：表 8･1** 参照

3. 完成時の業務

① 施主が行う検査で，その前に施工業者が自主的に行う試験，検査，消防署等による官庁検査がある．

② **完成時の業務**

- 自主検査，官庁検査，**完成検査**，**試運転調整**，**装置の概要説明**，**保守点検事項の説明**，完成図の作成，完成に伴う各種書類の準備，**取扱い説明書の作成**，**引き渡し業務**等がある．

③ **各種書類の確認**

- 工事写真，引渡し書類，機材搬入簿及び作業日報の内容を確認する．
- 機器の性能試験成績表の内容を確認する．

④ **完成検査**

- 施主やその代理人が，契約書，設計図書に基づいて外観・寸法・機能等を，施主の立場で最終の検査をすることである．
- 検査時に用意するもの．

1) 契約書，設計図，仕様書，現場説明書
2) 機器類の試験成績表，試運転記録（機器の運転記録，風量，温湿度，騒音，振動，電流，測定表など）
3) 関係官庁届出書類控，検査証
4) 工事記録写真，施工中の水圧等，検査記録
5) 検査用品（脚立，懐中電灯，上履き，安全帽，作業衣，手袋等）
6) 材料検査簿，月報書類
7) 予備品，工具類

4. 引き渡し書類の提出

① **完成検査後に渡す書類**

1) **取扱説明書**（運転，保守，法規等の関係するもの）
2) **緊急連絡先一覧表**（事故，故障が発生した場合に連絡する官庁関係，工事関係者の一覧表）
3) 機器メーカー連絡先
4) 機器の保証書
5) 完成図（原図はCADで作成することもある）

3 申請・届出書類と提出先・提出時期

表8・1　諸官庁，関係機関への申請，届出など（1）

設備種別		申請，届出書類の名称	提出時期	提出先
給水設備	高架タンク高さ8mを超過	①確認申請書（工作物）	着工前	建築主事 指定確認検査機関
		②工事完了届	完了日から4日以内	建築主事 指定確認検査機関
排水設備	特定施設からの排水	①特定施設設置届出書	設置60日前	都道府県知事 （政令指定都市の長） （下水道法による場合は，公共下水道管理者）
		②特定施設使用届出書	使用前	公共下水道管理者
消火設備		①工事整備対象設備等[*1]着工届出書	着工10日前まで	消防長[*2]又は消防署長
		②防火対象物使用届出書	使用開始7日前まで	消防長，消防署長又は市町村長
		③消防用設備等設置届出書	完了日から4日以内	消防長又は消防署長
冷凍機設備	フルオロカーボン[*3]50RT/日以上 その他の高圧ガス20RT/日以上	①高圧ガス製造許可申請書	製造開始前まで	都道府県知事
		②製造施設完成検査申請書	完成時	
		③高圧ガス製造開始届出書	製造開始時	
	フルオロカーボン20RT以上50RT/日未満 その他の高圧ガス3以上20RT/日未満	①高圧ガス製造届出書	製造開始の20日前まで	都道府県知事
ボイラー及び第一種圧力容器設備	新設のもの	①構造検査申請書	製造後	労働局長 特定廃熱ボイラーの場合は，登録製造時等検査機関
		②設置届	着工30日前	労働基準監督署長
		③落成検査申請書	落成時	労働基準監督署長
	再使用のもの	①使用再開検査申請書	竣工時	労働基準監督署長
	注）組立式ボイラーにあっては設置完了後に構造検査を受ける.			

*1　**工事整備対象設備等**とは，消防用設備等又は特殊消防用設備等のこと.
*2　消防長とは，消防署，消防出張所，消防学校等を統括している消防局のトップのこと.
*3　フルオロカーボンとは，空調機器（ルームエアコン，パッケージエアコン等）や冷凍食品の貯蔵庫などの冷媒をいう.

表8・2　諸官庁，関係機関への申請，届出など（2）

設備種別		申請，届出書類の名称	提出時期	提出先
小型ボイラー		①設置報告書	竣工時	労働基準監督署長
火を使用する設備	熱風炉・炉・かまどボイラー（小型以下）	①火を使用する設備などの設置届出書	使用前	消防長，市町村長，消防署長
		②火を使用する設備などの使用前検査申請書	使用前	
危険物の製造所貯蔵所・取扱所	指定数量以上	①設置許可申請書	着工前	都道府県知事又は市町村長
		②水張，水圧検査申請書	施工中	
		③完成検査申請書	完成時	
	指定数量の1/5以上	①少量危険物などの貯蔵・取扱届出書	着工前	消防署長，消防長，又は市町村長
ばい煙		①ばい煙発生施設設置届出書	着工60日前まで	都道府県知事又は政令で定める市の長*4
騒音	指定地域内	①特定施設設置届出書	着工30日前まで	市町村長
		②特定建設作業実施届出書	作業開始7日前まで	
振動	指定地域内	①特定施設設置届出書	着工30日前まで	市町村長
		②特定建設作業実施届出書	作業開始7日前まで	
道路使用	給排水管埋設等	①道路占用許可申請書 ②道路使用許可申請書	着工前 着工前	道路管理者 所轄警察署長
浄化槽		①確認申請書（建築物の申請と同時）	着工前	建築主事 指定確認検査機関
		②浄化槽設置届	開始21日前（型式認定品にあっては10日前）	都道府県知事（市長又は区長）
		③工事完了届（確認申請に基づく）	完了日から4日以内	建築主事 指定確認検査機関

*4　市の長とは，政令指定都市の市長のこと．

問題 1 施工計画

工事の「申請書等」，「提出時期」及び「提出先」の組合せとして適当でないものはどれか.

	(申請書等)	(提出時期)	(提出先)
(1)	労働安全衛生法における第一種圧力容器設置届	工事開始の30日前迄	労働基準監督署長
(2)	消防法における指定数量以上の危険物貯蔵所設置許可申請書	着工前	消防長又は消防署長
(3)	道路法における道路の占用許可申請書	着工前	道路管理者
(4)	建設工事に係る資材の再資源化等に関する法律における対象建設工事の届出	工事着手の7日前まで	都道府県知事

解説 (2) 消防法における指定数量以上の危険物貯蔵所設置許可申請書は，市町村長，**都道府県知事又は総務大臣**に提出しなければならない.

解答▶(2)

問題 2 施工計画

工事の「申請・届出書類」と「関係法に基づく提出先」の組合せとして，適当でないものはどれか.

	(申請・届出書類)	(関係法に基づく提出先)
(1)	指定数量以上の危険物貯蔵所設置許可申請書	市町村長又は都道府県知事
(2)	高圧ガス製造届	都道府県知事
(3)	道路占用許可申請書	警察署長
(4)	ボイラー設置届	労働基準監督署長

解説 (3) 道路を占用して使用する場合は，**道路管理者の許可**を受けなければならない.

解答▶(3)

申請・届け出書類には次のものもある.
①浄化槽設置届は都道府県知事　②振動の特定建設作業実施届は市町村長

問題 3 施工計画

公共工事における施工計画等に関する記述のうち，適当でないものはどれか.

(1) 現場代理人は，当該工事現場に常駐してその運営取締りを行うほか，請負代金の変更に関する権限も付与されている.

(2) 工事材料は，設計図書にその品質が明示されていない場合，中等の品質を有するものとする.

(3) 施工計画書には，総合施工計画書，工種別施工計画書があり，一般的に，仮設計画や施工要領書も含まれる.

(4) 総合工程表は，現場での仮設工事や，機器製作手配から試運転調整，後片付け，清掃，検査までの全体の工程の大要を表すものである.

解説 (1) 現場代理人には，**請負代金額の変更，請求や受領，契約の解除に関する権限は与えられていない.**

解答▶(1)

問題 4 施工計画

施工計画に関する記述のうち，適当でないものはどれか.

(1) 労務計画は，施工内容を十分把握し，施工方法，工程，施工条件などを考慮して作成する.

(2) 施工方法は，設計図書に特別の定めがない場合，受注者がその責任において定めることが一般的である.

(3) 搬入計画は，材料，機器類の品種，数量，大きさ，質量，時期などを考慮して作成する.

(4) 仮設物に，工事期間中一時的に使用されるものなので，火災予防や騒音対策は考慮しないのが一般的である.

解説 (4) 仮設物で特に考慮する事項は，**火災予防，盗難防止，安全管理，作業騒音対策**などについてである.

解答▶(4)

問題 5 施工計画

公共工事における施工計画等に関する記述のうち，適当でないものはどれか．

(1) 工事目的物を完成させるための施工方法は，設計図書等に特別の定めがない限り，受注者の責任において定めなければならない．

(2) 予測できなかった大規模地下埋設物の撤去に要する費用は，設計図書等に特別の定めがない限り，受注者の負担としなくてもよい．

(3) 総合施工計画書は受注者の責任において作成されるが，設計図書等に特記された事項については監督員の承諾を受けなければならない．

(4) 受注者は，設計図書等に基づく請負代金内訳書及び実行予算書を，工事契約の締結後遅滞なく発注者に提出しなければならない．

解説 (4) 公共工事では，発注者に法定福利費を明示した内訳書の提出は**求められるが，実行予算書の提出はしなくてもよい．**

解答▶(4)

問題 6 施工計画

施工計画に関する記述のうち，最も適当でないものはどれか．

(1) 仮設計画は，施工中に必要な諸設備を整えることであり，主として受注者がその責任において計画するものである．

(2) 実行予算書作成の目的は，工事原価の検討と確認を行って利益確保の見通しを立てることである．

(3) 総合工程表は，現場の仮設工事から完成時における試運転調整，後片付け，清掃までの全工程の大要を表すもので，一般に，工事区分ごとに示す．

(4) 一般に，工事原価とは共通仮設費と直接工事費を合わせた費用であり，現場従業員人件費などの現場管理費は一般管理費に含まれる．

解説 (4) 工事原価とは，**純工事費（直接工事費 + 共通仮設費）と現場管理費（現場従業員人件費 + 事務用品費など）で構成され**る．一般管理費は，工事施工を行う企業の継続運営に必要な費用（本支店の経費）の事．

解答▶(4)

必ず覚えよう

❶ 官庁関係申請書類の申請・届出書類と提出先

❷ 契約約款（現場代理人の権限，公共工事の施工管理に関する記述）

8 2 工程管理

1 工程表の種類と特徴

工程管理をする場合，大きく分けて，次に示す工程表を使って工事作業の進行管理を行う．

1. 施工一般の進度を管理する場合

表8・3　各種工程表の比較

		表示方法	長　所	短　所
横線式工程表	ガントチャート	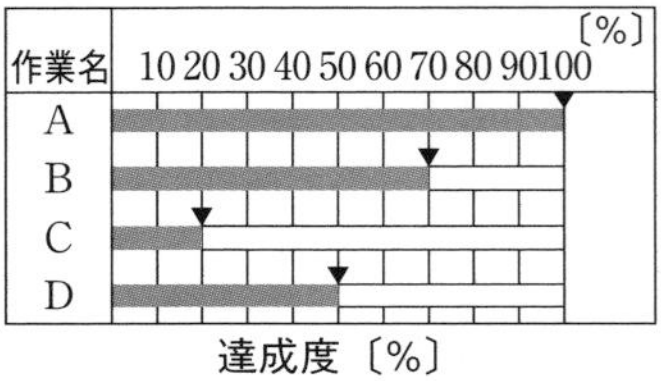 作業名 10 20 30 40 50 60 70 80 90 100〔%〕 A B C D 達成度〔%〕	・表の作成，修正が容易である ・進行状態が明確である	・各作業の前後関係が不明 ・工事全体の進行度が不明 ・予定工程表としては使用不可
	バーチャート	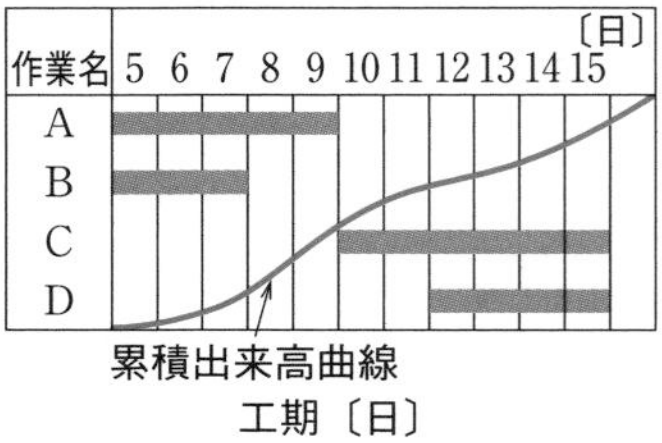 作業名 5 6 7 8 9 10 11 12 13 14 15〔日〕 A B C D 累積出来高曲線 工期〔日〕	・各作業の所要日数と施工日程がわかりやすい ・各作業の着手日と終了日がわかりやすい ・作業の流れが左から右へと作業間の関係がわかりやすい	・各作業の工期に対する影響の大きさは把握できない ・作業の相互関係が不明である ・重点管理作業が不明である
ネットワーク工程表	ネットワーク	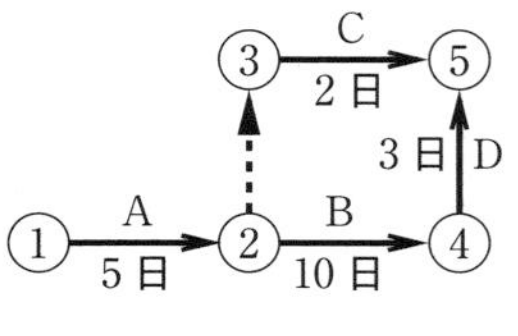 ①→②：A 5日 ②→④：B 10日 ②⇢③ ③→⑤：C 2日 ④→⑤：D 3日	・工事途中での計画変更に対処できる ・施工計画の段階で工事手順の検討ができる ・ネックとなる作業が明らかになるので重点管理が可能になる	・作成が難しい ・ひと目で全体の出来高がわかりにくい
タクト工程表		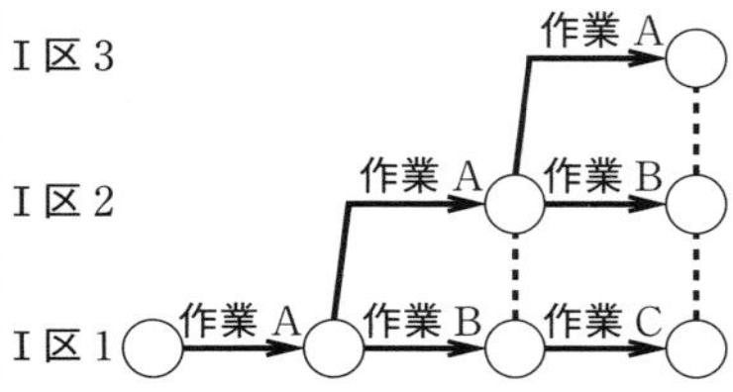 I区3：作業A I区2：作業A，作業B I区1：作業A，作業B，作業C	・繰り返し作業による習熟効果が生じて，生産性が向上する	・一つの作業の遅れが，全体の作業を停滞させる原因となる

表8・3　各種工程表の比較（つづき）

		表示方法	長　所	短　所
曲線式行程表	グラフ式	出来高率↑ 時間経過率→ A B C	・工期が明確 ・表の作成が容易 ・所要日数が明確	・重点管理作業が不明 ・作業の相互関係がわかりにくい

表8・4　工事全体の出来高を管理する工程表の比較

		表示方法	長　所	短　所
曲線式工程表	出来高累計曲線	累計出来高〔%〕 S字形 初期 中期 終期 工　期〔%〕	・工程の速度の良否の判断ができる	・出来高の良否の判断以外不明である
	バナナ曲線	出来高〔%〕 上方限界 許容範囲 下方限界 工　期〔%〕	・管理の限界が明確化できる	・出来高の管理判断以外不明である

上方限界曲線：最も早く施工が完了したときの限界線
下方限界曲線：最も遅く施工が完了したときの限界線

2 ネットワーク

丸と矢線によって，各作業が全体の中でどのような相互関係にあるかを，表したもので，大規模工事，複雑な工事に用いられている．

1. ネットワーク工程表の基本事項

① **丸**（○）と**矢線**（⟶）の結合で表し，**先行作業**，**平行作業**，**後続作業**の三つの流れで表す．

② **作業**（アクティビティ：⟶）

- 各作業を実線の矢線で表し，矢印の向きは作業が進む方向を表す．
- 作業名は，矢線の上に表示し，所要日数は矢線の下に表示する．

③ **ダミー**（- - ▸）

- 点線の矢線で表し，実際の作業はない（所要日数も 0 日とする）．
- **図 8·3** では，排水配管と給水配管が終わらないと器具取付が，開始できないことを示す．

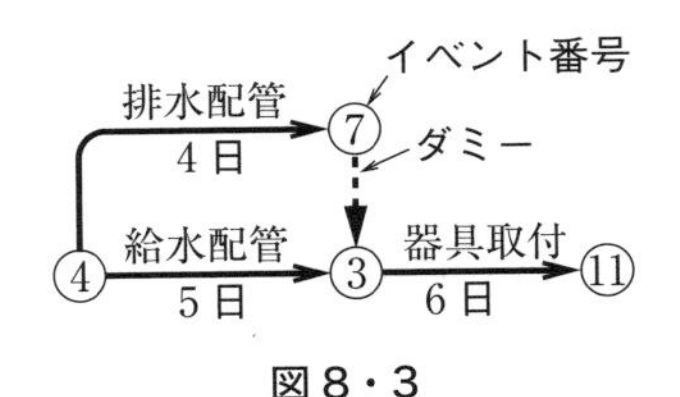

図 8・3

④ **イベント**（結合点：○）

- 図 8·3 では，④⑦⑧⑪をイベント番号と呼び，作業の始まりや終わりを表し，一つの節目となる．
- イベ ント番号は，同じ番号にできない．一般に左から右（工期の終わり）向かって番号を付ける．

2. 最早開始時刻（ES: Earliest Start Time）

各イベントにおいて，次の作業が最も早く開始できる時刻を，その作業の**最早開始時刻**という．

図 8·4 に示すように，最早開始時刻はイベント右肩の（　）に日数を記し，出発点のイベント右肩の（　）には 0 日を記入する．計算は①→②- -▸③→④及び①→③の順にイベント番号に沿って行うが，イベント③のように，矢線が①→③と②- -▸③の 2 方向からくる場合は，**二つの矢線の日数のどちらか大きいほう**を③の最早開始時刻とする．

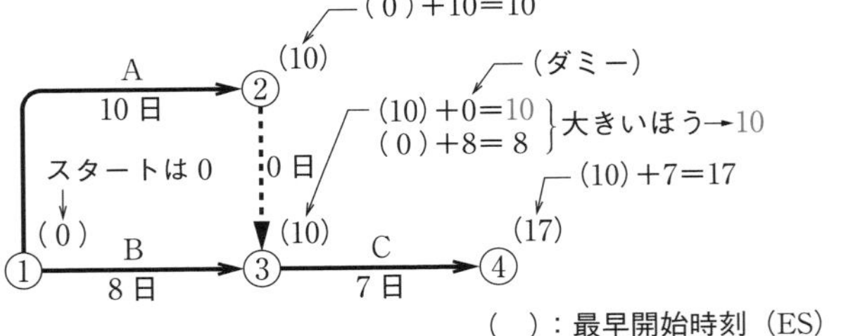

図 8・4　最早開始時刻の計算例

⊕**最早完了時刻**（EFT: Earliest Finish Time）・・・その作業が最も早く完了できる時刻のことで，その作業の**最早開始時刻に後続する矢線の作業日数を加えたものをいう．**

図 8·5 に示すように，②，④の最早完了時刻は，**5 + 8** 日（作業日数）= **13 日**となる．

図 8・5　最早完了時刻の計算例

3. 最遅完了時刻（LF: Latest Finish Time）

前の作業が遅くとも完了していなくてはならない時刻を**最遅完了時刻**という．

図8·6に示すように，最早開始時刻の計算が終了すると，（　）の上部に□を書き込み，最終イベントから④→③-->②→①及び④→③→①の順に**逆算**する．

最遅完了時刻の出発点は最終イベントの④から始めるが，④の最遅完了時刻は最早開始時刻と同じ日数で計算する．イベント①のように，矢線が①→②と①→③の2方向の場合は，**二つの矢線の日数のどちらか小さいほうを**①の最遅完了時刻とする．

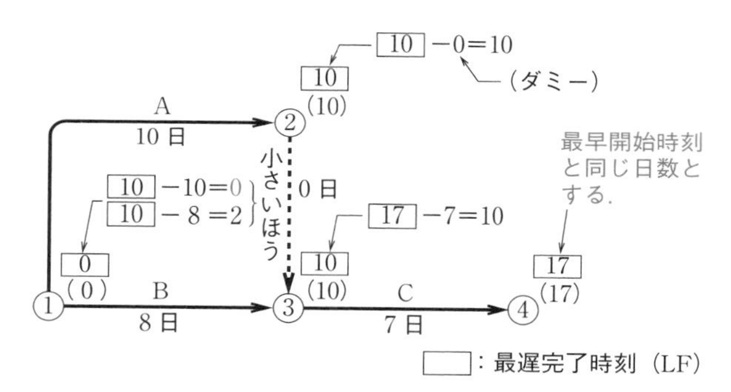

図8・6　最遅完了時刻の計算例

⊕**最遅開始時刻**（LST: Latest Start Time）・・・その作業が遅くとも，その時刻に開始されなければ予定工期に完成できない時刻のこと．その作業の最遅完了時刻から，その作業の所要日数を引いたものである．

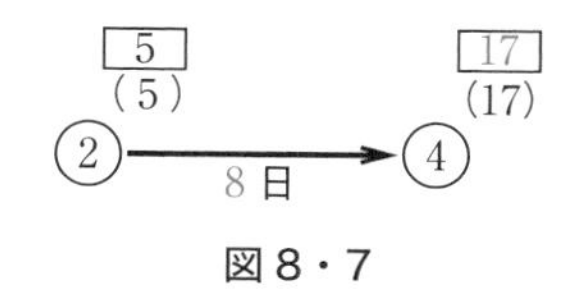

図8・7

②，④の**最遅開始時刻**は，17 − 8日(作業日数) = 9日となる．

4. 各作業での余裕日数

⊕**自由余裕**（フリーフロート）（FF: Free Float）・・・先行作業の中で自由に使っても後続作業に影響を及ぼさない余裕時間（**図8·8**）．作業Cを最早開始時刻で始め，次の作業Dの最早開始時刻で終了するときの余裕のこと．

FF = 矢線の頭のES −（矢線の尾のES + 矢線作業の所要日数）

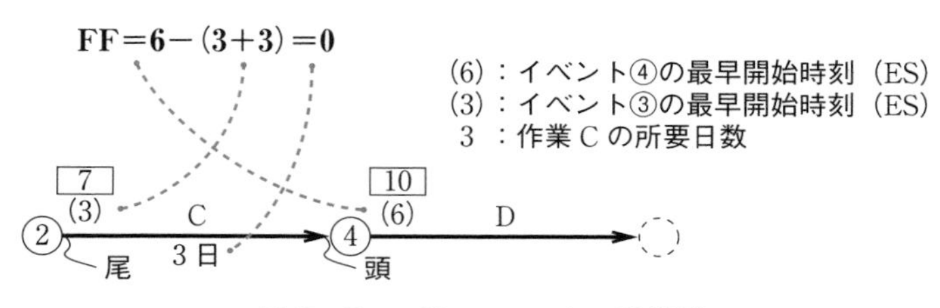

図8・8　フリーフロートの計算例

⊕**干渉余裕**（インターフェアリングフロート）（IF: Interfering Float）・・・全体の工期には影響を与えないが，その作業で消費しなければ後続の矢線の最早開始時刻に影響を与えるフロート（**図8·9**）.

IF ＝ 矢線の頭のLF － 矢線の頭のES

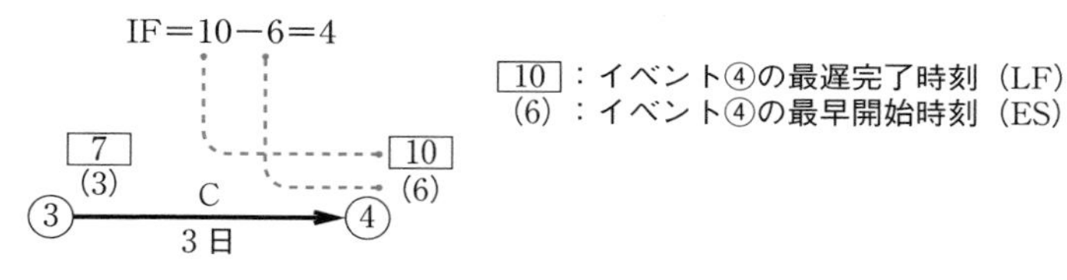

図8・9　インターフェアリングフロート計算例

⊕**全余裕**（トータルフロート）（TF: Total Float）・・・その作業内で取りうる最大余裕時間のことで，作業を最早開始時刻で開始し，最遅完了時刻で完了する場合に生ずる余裕時間のこと（**図8·10**）.

TF ＝ 矢線の頭のLF －（矢線の尾のES ＋ 矢線作業の所要日数）

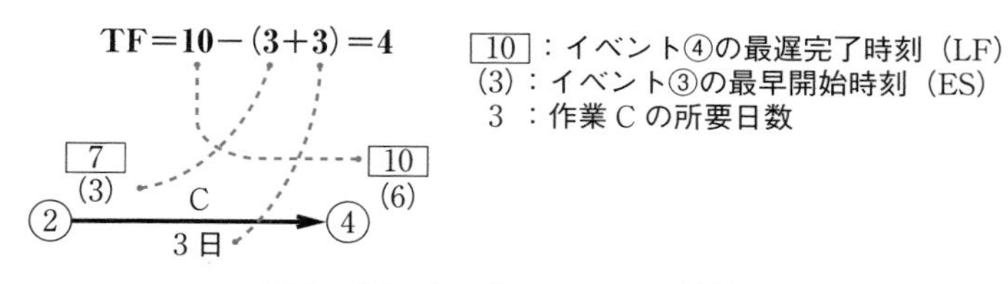

図8・10　トータルフロート計算例

⊕**クリティカルパス**・・・すべての経路のうちで最も長い日数を要する経路を**クリティカルパス**という．①クリティカルパスは必ずしも**1本ではない**．②**工程短縮**の手段を探すときは，この経路に着目する．③クリティカルパス上の，トータルフロート，フリーフロート，インターフェアリングフロートは**0**となる．

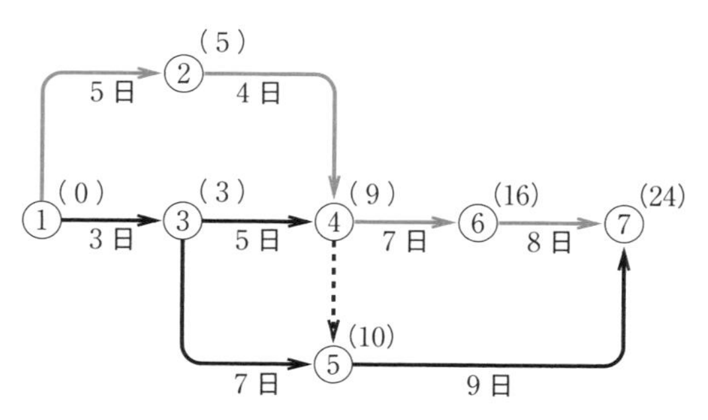

図8・11　ネットワークによるクリティカルパスの求め方（例）

表8・5　ルート別所要日数

ルート	イベント番号	日程
1	①③④⑥⑦	23日
2	①②④⑥⑦	24日
3	①②④⑤⑦	18日
4	①③⑤⑦	19日
5	①③④⑤⑦	17日

表8・6　ネットワークの最早開始時刻（ES）の計算過程

イベント番号	作業	計算	完了時間		最早開始時刻
①	開始				(0)
②	① → ②	(0)　+ 5 =	(5)		(5)
③	① → ③	(0)　+ 3 =	(3)		(3)
④	② → ④ ③ → ④	(5)　+ 4 = (3)　+ 5 =	(9) (8)	］大きい方	(9)
⑤	③ → ⑤ ④ ⇢ ⑤ （ダミー）	(3)　+ 7 = (9)　+ 0 =	(10) (9)	］大きい方	(10)
⑥	④ → ⑥	(9)　+ 7 =	(16)		(16)
⑦	⑤ → ⑦ ⑥ → ⑦	(10)　+ 9 = (16)　+ 8 =	(19) (24)	］大きい方	(24)

このように，**所要日数は24日**で，**①②④⑥⑦の経路をクリティカルパス**という（**図8・11**の色線で示す）．

❶ ネットワーク工程表，バーチャート工程表の特徴

❷ 最早開始時刻，最遅完了時刻，クリティカルパス，フロートの計算

問題 1 工程管理

図に示すネットワーク工程表に関する記述のうち，適当でないものはどれか．ただし，図中のイベント間のＡ～Ｉは作業内容，日数は作業日数を表す．

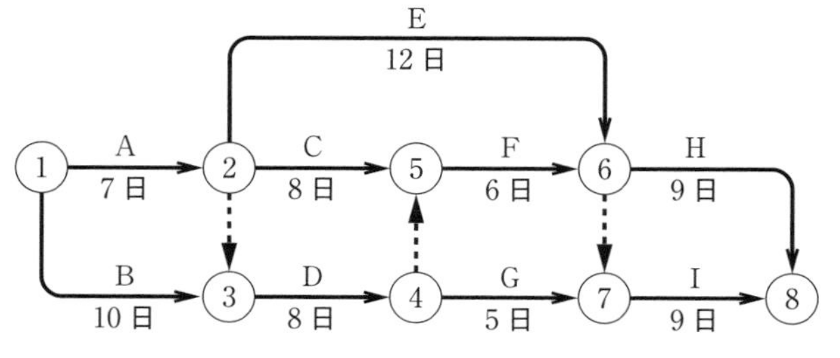

(1) クリティカルパスの所要日数は33日で，ルートは2本ある．

(2) イベント⑤の最早開始時刻と最遅完了時刻は同じで，15日である．

(3) 作業内容Ｅのトータルフロートは，5日である．

(4) 作業内容Ｃの作業日数を2日短縮しても，工期は2日短縮されない．

解説 ネットワーク工程表に最早開始時刻と最遅完了時刻を記入すると次のようになる(**図A**).

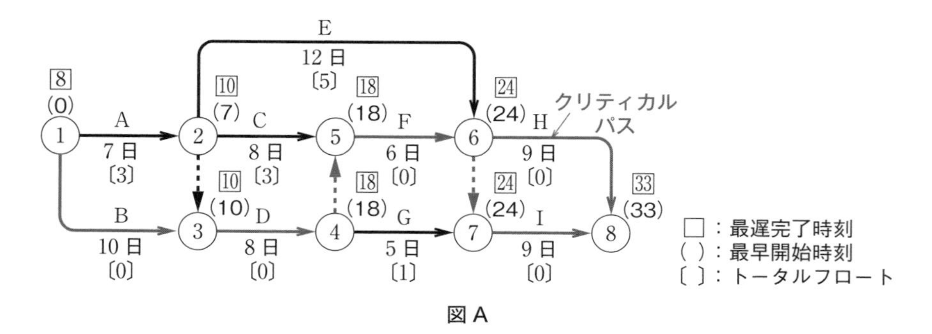

図A

(1) クリティカルパスの所要日数は33日で，ルートは①→③→④→⑤→⑥→⑧と①→③→④→⑤→⑥→⑦→⑧の2本になる．

(2) イベント⑤の最早開始時刻(18)日と最遅完了時刻18日となる．15日は誤りである．

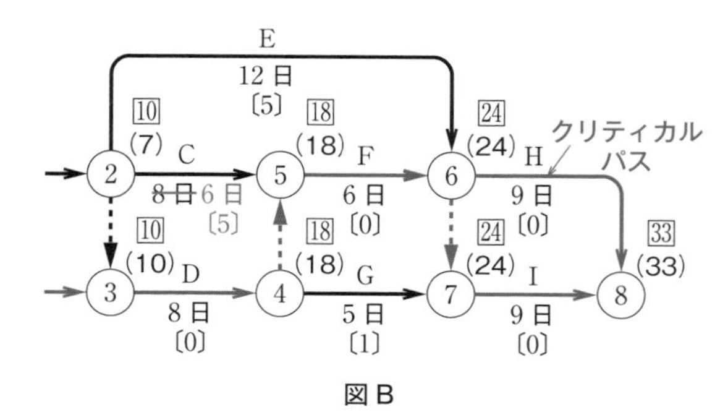

図B

(3) 作業内容EのTF＝矢線の頭のLF－(矢線の尾のES＋矢線作業の所要日数)＝24－(7＋12)＝5日となる.

(4) 作業内容Cの作業日数を2日短縮しても，**図B**のとおり工期は2日短縮されない．33日である.

解答▶(2)

問題 2 工程管理

各種工程表に関する特徴を示した下表中，□内に当てはまる用語の組合せとして，適当なものはどれか.

比較項目＼工程表	ネットワーク	バーチャート	ガントチャート
作業の手順	判明できる	漠然としている	不明である
作業の日程・日数	A	判明できる	不明である
各作業の進行度合	漠然としている	漠然としている	判明できる
全体進行度	判明できる	判明できる	C
工期上の問題点	判明できる	B	不明である

(A)　(B)　(C)

(1) 判明できる――漠然としている――判明できる
(2) 漠然としている――不明である――判明できる
(3) 判明できる――漠然としている――不明である
(4) 漠然としている――不明である――不明である

解説 解答のとおり.

各種行程表の比較

比較項目＼工程表	ネットワーク	バーチャート	ガントチャート
作業の手順	○	△	×
作業の日程・日数	○	○	×
各作業の進行度合	△	△	○
全体進行度	○	○	×
工期上の問題点	○	△	×

○：判明できる　△：漠然としている　×：不明である

解答▶(3)

問題3 施工計画

図に示すネットワーク工程表に関する記述のうち，適当でないものはどれか．

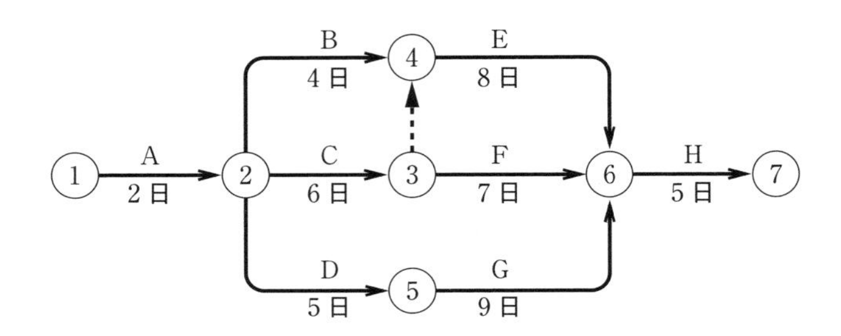

(1) クリティカルパスは，①→②→⑤→⑥→⑦の1通りである．

(2) ③の最遅完了時刻は，8日である．

(3) ②→④のトータルフロートは，2日である．

(4) ③→⑥のフリーフロートは，1日である．

解説 ネットワーク工程表に最早開始時刻と最遅完了時刻を記入すると次のようになる．

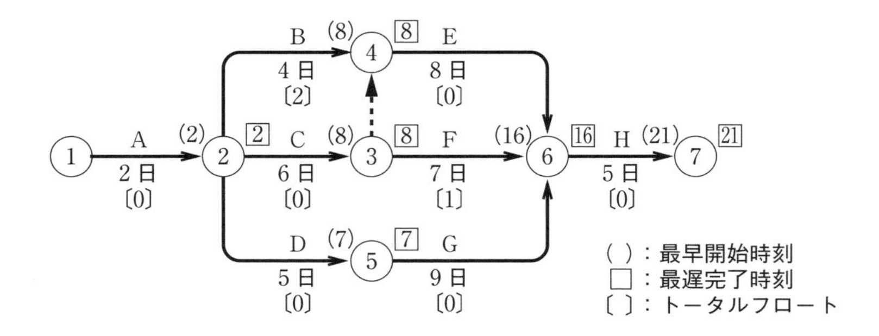

(1) クリティカルパスは，最早開始時刻と最遅完了時刻が等しいイベントを通り，かつ最も長い日程を要するルートなので，**適当でない**

①→②→③--→④→⑥→⑦

①→②→⑤→⑥→⑦

の2ルートになる．

(2) ③の最遅完了時刻は，図の 8 が示すとおり8日である．

(3) ②→④のトータルフロートは，8 − (2 + 4) = 2日である．

(4) ③→⑥のフリーフロートは，16 − (8 + 7) = 1日である．

解答▶ (1)

問題 4 工程管理

工程管理に関する記述のうち，適当でないものはどれか．

(1) 工期の途中で工程計画をチェックし，現実の推移を入れて調整することをフォローアップという．

(2) 通常考えられる標準作業時間を限界まで短縮したときの作業時間を特急作業時間（クラッシュタイム）という．

(3) 配員計画において，割り付けた人員等の不均衡の平滑化を図っていくことを山崩しという．

(4) クリティカルパスに次ぐ重要な経路で，工事の日程を短縮した場合，クリティカルパスになりやすい経路をインターフェアリングフロートという．

解説 (4) クリティカルパスに次ぐ重要な経路で，工事の日程を短縮した場合，クリティカルパスになりやすい経路を**リミットパス**という．

解答▶(4)

問題 5 工程管理

工程管理に関する記述のうち，適当でないものはどれか．

(1) マンパワースケジューリングとは，工程計画における配員計画のことをいい，作業員の人数が経済的，合理的になるように作業の予定を決めることである．

(2) 総工事費が最小となる最も経済的な施工速度を経済速度といい，このときの工期を最適工期という．

(3) ネットワーク工程表において，クリティカルパスは，最早開始時刻と最遅完了時刻の等しいクリティカルイベントを通る．

(4) ネットワーク工程表において，ダミーは，架空の作業を意味し，作業及び時間の要素は含まないため，フォローアップ時には工程に影響しない．

解説 (4) ダミーでフォローアップを行うときの経路は，**工程に影響を及ぼす**．

解答▶(4)

マスターPoint **ダミー**は，点線の矢線で表示され作業の相互関係を表し，ダミーで結ばれた後続の経路は，前の経路の所要時間からの制約を受け，工程の工期に影響を及ぼす．

問題6 工程管理

図に示すネットワーク工程表に関する記述のうち，適当でないものはどれか．ただし，図中のイベント間のA～Jは作業内容，日数は作業日数を表す．

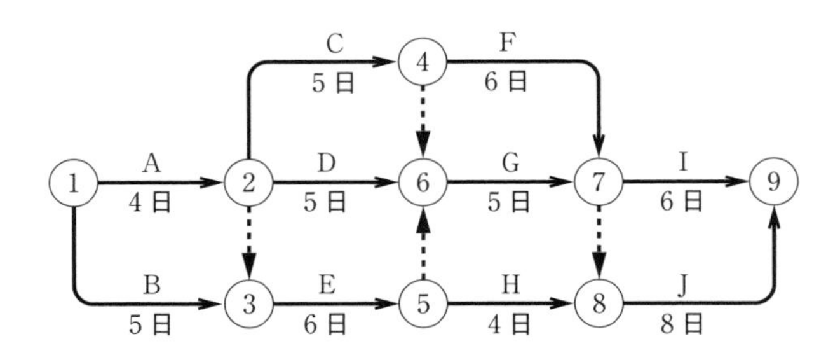

(1)作業Gのトータルフロートは，作業Jよりも1日多い．
(2)作業A及び作業Cのフリーフロートは，0である．
(3)イベント⑤の最早開始時刻と最遅完了時刻は同じである．
(4)イベント⑦の最遅完了時刻は，16日である．

解説

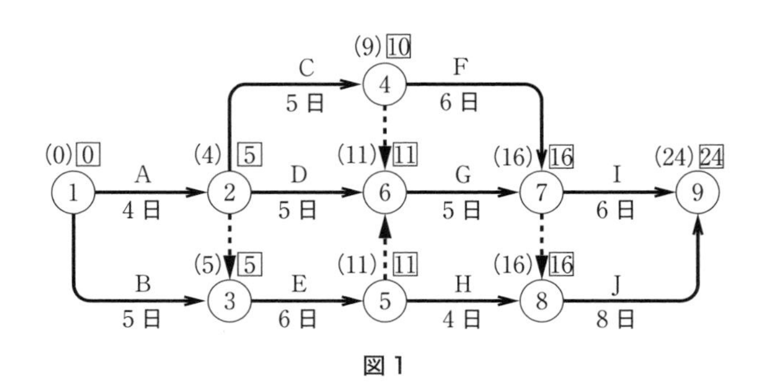

図1

図1の（ ）は最早開始時刻，□は最遅完了時刻を計算したものである．
(1) 作業Jと作業Gのトータルフロートの計算は**図2**のとおりとなる．どちらも0日である．

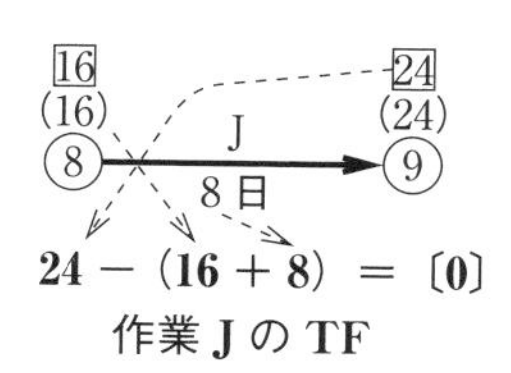

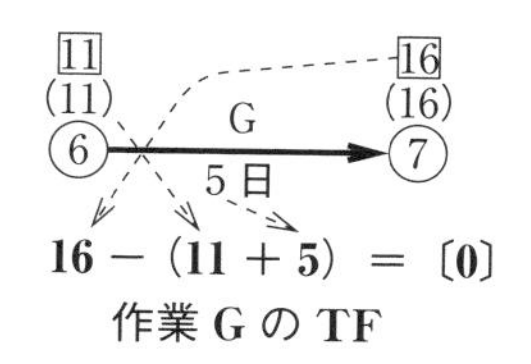

図2

(2) 作業Aと作業Cのフリーフロートの計算は以下の**図3**のとおりとなる．どちらも0日である．

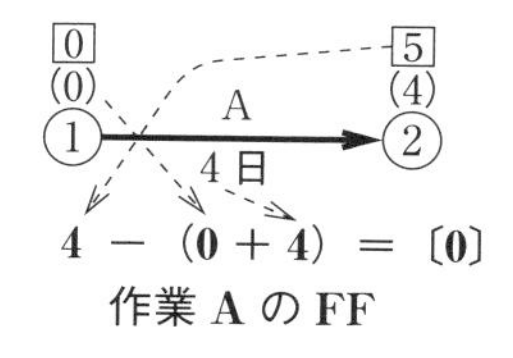

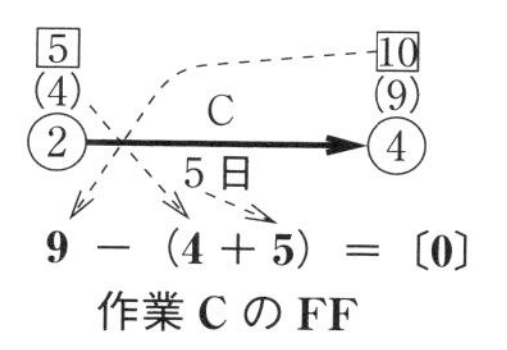

図3

(3) 図1により，イベント⑤の最早開始時刻と最遅完了時刻は，いずれも11日である．

(4) 図1により，イベント⑦の最遅完了時刻は，16日である．

解答▶(1)

問題 7 工程管理

工程管理に関する記述のうち，適当でないものはどれか．

(1) 手持ち資源等の制約のもとで工期を計画全体の所定の期間に合わせるために調整することをスケジューリングという．

(2) ネットワーク工程表は，作業内容を矢線で表示するアロー形と丸で表示するイベント形に大別することができる．

(3) ネットワーク工程表において日程短縮を検討する際は，日程短縮によりトータルフロートが負となる作業について作業日数の短縮を検討する．

(4) ネットワーク工程表において日程短縮を検討する際は，直列作業を並行作業に変更したり，作業の順序を変更したりしてはならない．

解説 (4) 工期短縮の問題は，日程短縮を検討するだけでなく，並行作業で工期短縮ができないか，作業順序を変更して工期短縮が図れないかなど，**色々な方法を挙げて検討**する．

解答▶(4)

問題 8 工程管理

工程管理に関する記述のうち，適当でないものはどれか．

(1) ネットワーク工程表において，デュレイションとは所要時間のことで，アクティビティ（作業）に付された数字のことである．

(2) ガントチャート工程表は，各作業の完了時点を 100 % としたもので，作成は容易だが，各作業の開始日，所要日数が不明という欠点がある．

(3) 労務費，材料費，仮設費などの直接費が最小となる経済的な施工速度を臨界速度といい，このときの工期を最小工期という．

(4) バーチャート工程表で作成する予定進度曲線（S カーブ）を実施進度曲線と比較し大幅に差がある場合は，原因を追究して工程を調整する必要がある．

解説 (3) 直接費と間接費を合わせた，総工事費が最小となる最も経済的な施工速度を経済速度といい，この時の工期を最適工期という．

解答▶(3)

ガントチャート工程表は，現在の進行状態を棒グラフにしたもので，各作業の現在の進行状態がわかり，作成も容易である．

実施　予定

達成度 〔%〕
作業名

10 20 30 40 50 60 70 80 90 100

屋　内　配　管
ダクト吊込み
保　温　工　事
空調機器据付
FCユニット取付
屋　外　配　管

ガンチャート工程表

8-3 品質管理

1 品質管理

1. 品質管理の手法

品質管理を進めていく手法として，測定等で得られる以下のデータを「品質の7つ道具」という．

①チェックシート　②層別　③ヒストグラム（柱状図）　④パレート図　⑤散布図　⑥特性要因図　⑦管理図

2. 品質管理の管理図

散布図（図8・12）

① 縦・横軸のグラフに点でデータをプロットしたものである．

② 二つのデータに強い相関関係があれば，点は直線又は曲線に近づく．

③ 二つのデータに相関関係があれば管理対策を知ることができる．

管理図（図8・13）

① データをプロットした点を，直線で結んだ折れ線グラフの中に，異常を知るための中心線や管理限界線を記入したものである．

② データの時間的変化がわかる．

③ 異常なバラツキの早期発見ができる．

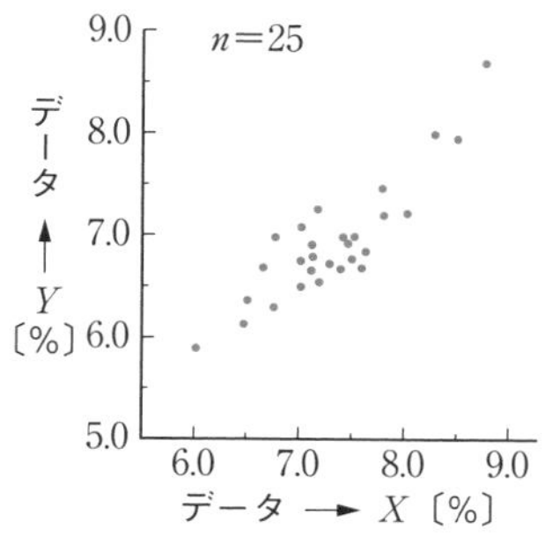

図8・12　散布図

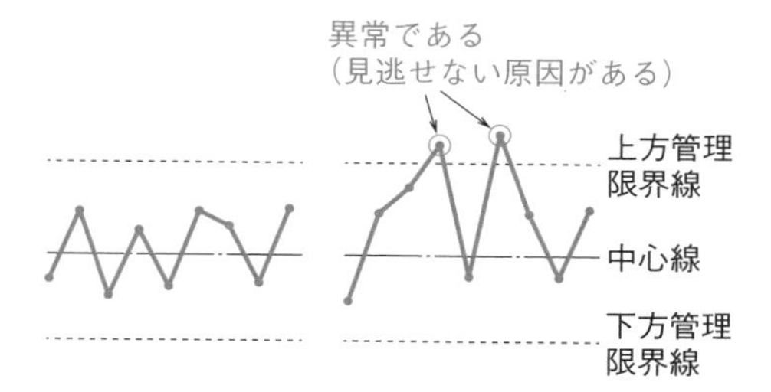

図8・13　管理図

8章 施工管理法

⊕ヒストグラム

① 重さ，長さ，時間などを計量又は計測したデータがどんな分布をしているか，柱状図で表したものである．

② 規格や標準から外れている度合いがわかる．

③ データの全体分布や大体の平均やばらつきがわかる．

④ 平均値が規格の中央にあり，良い形状である（**図 8・14**(a)）．

⑤ 下限規格値を割るものがあり，平均値を大きい方にずらすような処置が必要である（図 8・14(b) 参照）．

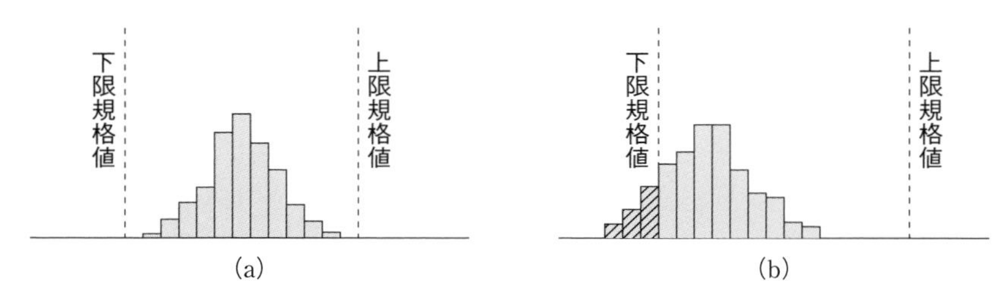

図 8・14　ヒストグラム

⊕特性要因図・・・特性要因図の利用法は以下のとおり．

① 不良の原因が整理できる．

② 原因を追求し改善の方法が決められる．

③ 問題点に対して，全員が意思統一できる．

図の形が似ていることから「**魚の骨**」と呼ばれている（**図 8・15**）．

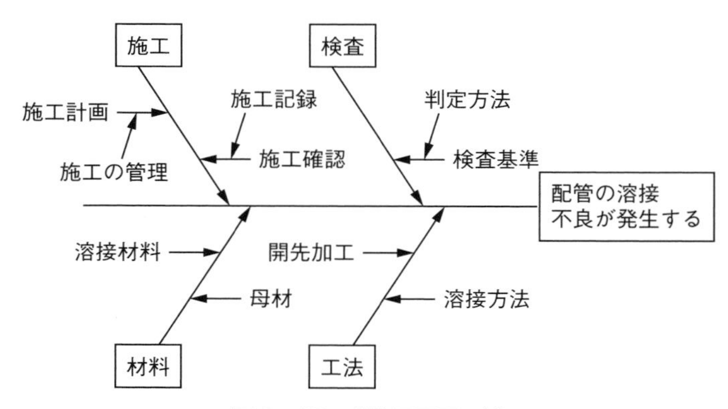

図 8・15　特性要因図の例

⊕パレート図（**図 8·16**）

① 不良品，欠点，故障などの発生個数を現象や原因別に分類し，大きい順に並べて，大きさを棒グラフで表したものである．

② これらの大きさの累積比率を示す折れ線グラフを加えた図である．

③ 大きな不良項目がわかる．

④ 不良項目の順位がわかる．

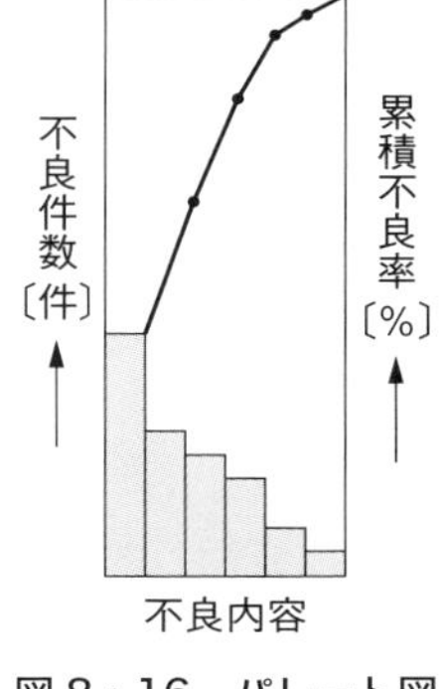

図 8・16 パレート図

⊕品質管理のサイクル（デミングサイクル，**図 8·17**）

① デミング博士により表現されたものである．

② P→D→C→A→P と繰り返しながら製品づくりを進める．

③ P(Plan)：第 1 段階．**品質標準**をつくる段階．

④ D(Do)：第 2 段階．作業標準（施工標準）をつくる段階．

⑤ C(Check)：第 3 段階．製品が計画目的や設計意図に適しているかの調査と検討を行う段階．

⑥ A(Action)：第 4 段階．顧客に満足度の調査を行い，結果に基づいて，問題の改善方法を再検討する．

⑦ **品質管理の効果**

- 品質が向上して，不良品の発生やクレームが減少する．
- 無駄な作業がなくなり，手直しが減少する．
- 品質が均一化される．

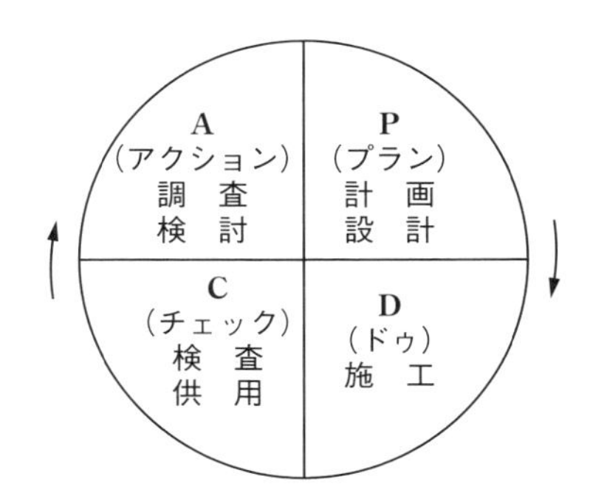

図 8・17 デミングサークル

3. 全数検査と抜取検査

検査には，**抜取検査**と**全数検査**がある．

⊕抜取検査

検査をしようとする一集団の**製品（ロット）**から，無作為に抜き取った**少数のサンプル**を調べて，その結果をロットに対する**判断基準**と比較して合否を判定する検査をいう．

⊕抜取検査は，次のような場合に適用されることが多い．

① **破壊検査**が必要な製品（試験を行うと製品価値がなくなるもの）
防火ダンパー用温度ヒューズの作動試験や不活性ガス消火設備の放出試験

② 連続体やカサもの
電線，ワイヤーロープ，セメント，砂など

③ 多数，多量の製品で，**ある程度の不良品の混入が許される**場合．
ボルト，ナット，リベットなど

④ ロットとして処理できる製品

⊕抜取検査の種類

① 不良個数による抜取検査
品質を良品か不良品かに分け，ロットの品質を不良率で表す．

② 計量値による抜取り検査
測定値を使う検査で，ロットの品質を平均値又は不良率で表す．

⊕全数検査

検査ロットの全検査単位について行う検査を全数検査という． 次のような場合は，全数検査が望ましい．

① 設備機材の場合
- 大型機器（冷凍機，ボイラーなど）
- 防災機器（消火設備，防火ダンパー，防炎ダンパー，安全弁など）
- 新機種（製造を開始して間もないもの）
- 取外し困難な機器（搬入後，搬入口がなくなるもの）

② 建築設備施工の場合
- 圧力試験（満水試験，水圧など）
- 試運転調整（通水，冷暖房調整など）
- 防災関係（防火区画の穴埋めなど）
- 隠ぺい部分（埋設配管の勾配，天井内，床などの保冷工事など）

必ず覚えよう

❶ パレート図，特性要因図，ヒストグラム，散布図，デミングサークル，管理図の特徴
❷ 全数検査及び抜取検査の方法

問題1 品質管理

建設工事における品質管理に関する記述のうち，適当でないものはどれか．

(1) 建設工事における品質管理とは，品質計画に基づき施工を実施し，品質を保証することである．

(2) 建設工事は現場ごとの一品生産であることから，統計的な手法による品質管理は有効とならない．

(3) 建設工事における品質管理の効果には，施工品質の向上，施工不良やクレームの減少等がある．

(4) 建設工事における日常の品質管理には，異常が出たときの処置や，問題解決と再発防止も含まれる．

解説 (2) 建設現場は，現場ごとの一品生産なので，統計的管理手法で整理，分析することになる．したがって建設工事は，統計的な品質管理が有効なので，統計的手法を活用した品質管理が有効となる．

解答▶(2)

問題2 品質管理

品質管理に用いられる「統計的手法の名称」と「特徴」の組合せとして，適当でないものはどれか．

(統計的手法の名称)　　(特徴)

(1) 特性要因図———各不良項目の件数の全体不良件数に占める割合がわかる．

(2) ヒストグラム——データの全体分布やばらつきの状況がわかる．

(3) 散布図————プロットされた点の分布の状態により二つの特性の相関関係がわかる．

(4) 管理図————データの時間的変化や異常なばらつきがわかる．

解説 (1) 特性要因図は，問題としている特性（結果）と，それに影響を与える要因（原因）の関係を，一目でわかるように体系的に整理した図である．

解答▶(1)

特性要因図は，図の形が似ていることから「魚の骨（フィッシュボーン・チャート）」と呼ばれている．

問題 3 品質管理

品質管理に関する記述のうち，適当でないものはどれか．

(1) 品質管理において，品質の向上と工事原価の低減は，常にトレードオフの関係にある．

(2) PDCA サイクルは，計画 → 実施 → 確認 → 処理 → 計画のサイクルを繰り返すことであり，品質の改善に有効である．

(3) 全数検査は，特注機器の検査，配管の水圧試験，空気調和機の試運転調整等に適用する

(4) 抜取検査は，合格ロットの中に，ある程度の不良品の混入が許される場合に適用する．

解説 (1) 品質の向上と工事原価の低減は，通常相反するものであるが，工法の検討や日程の短縮などにより，工事原価が抑えられる場合もある．したがって必ずしも**一方を達成するために，他方を犠牲にしなければならない関係ではない**．

解答▶(1)

トレードオフ（trade off）とは，一方を追求すると，他方が犠牲になるような関係のこと．

問題4 品質管理

品質管理で用いられる統計的手法（パレート図と特性要因図）に関する記述のうち，適当でないものはどれか．

(1) パレート図とは，関係のある二つの対になったデータの一つを縦軸に，両者の対応する点をグラフにプロットした図である．

(2) パレート図では，大きな不良項目，不良項目の順位，各不良項目が全体に占める割合等を読み取ることができる．

(3) 特性要因図とは，問題としている特性とそれに影響を与えると想定される要因の関係を魚の骨のような図に体系的に整理したものである．

(4) 特性要因図は，不良の原因と考えられる事項が整理されるため，関係者の意見を引き出したり，改善の手段を決めたりすることに有用である．

解説 (1) パレート図は，不良品や故障の発生個数を原因別に分類し，件数が多い順に並べた**棒グラフ**と，これらの件数の累積比を示す**折れ線グラフ**を組み合わせたもの．

解答▶(1)

問題5 品質管理

品質管理に関する記述のうち，適当でないものはどれか．

(1) 品質管理のためのQC工程図には，工事の作業フローに沿って，管理項目，管理水準，管理方法等を記載する．

(2) PDCAサイクルは，計画→実施→チェック→処理→計画のサイクルを繰り返すことであり，品質の改善に有効である．

(3) 品質管理として行う行為には，搬入材料の検査，配管の水圧試験，風量調整の確認等がある．

(4) 品質管理のメリットは品質の向上や均一化であり，デメリットは工事費の増加である．

解説 (4) 品質管理は，常に問題意識を持ちながら行えば，その効果は品質の向上だけでなく，**原価が下がり，無駄な作業が無くなり，手直しも減少する**．

解答▶(4)

8 4 安全管理

1 労働災害の概要

建設作業における労働災害での死亡者数は，全産業の 31 % を占めるといわれるが，設備工事においても建物の高層化，設備の複雑化，労働者の高齢化等に伴う問題を有している．

1. 建築現場での労働災害

① 足場などからの墜落・転落による災害
② 建設機械，クレーン等の運搬中の災害
③ 飛来・落下による災害
④ 溶接による災害
⑤ 感電による災害
⑥ 土砂崩壊による災害

図 8・18 安全ミーティング

2. 災害発生率の指標

厚生労働省では災害発生の程度を次の指標によって表している．

① **度数率**

100 万延べ実労働時間当たりの労働災害による死傷者数で表したもの．

$$度数率 = \frac{死傷者数}{延べ労働時間数} \times 1\,000\,000$$

② **強度率**

1 000 延べ実労働時間当たりの労働災害による労働損失日数で表したもの．

$$強度率 = \frac{労働損失日数}{延べ労働時間数} \times 1\,000$$

③ **年千人率**

労働者 1 000 人当たり 1 年間に発生する労働災害による死傷者数で表したもの．

$$年千人率 = \frac{1年間の死傷者数}{1年間の平均労働者数} \times 1\,000$$

④ **重大災害**

一時に3人以上の労働者が業務上死傷又は罹病(りびょう)した災害事故をいい，労働基準監督署に速報しなければならない．

3. 労働災害の発生要因

労働災害の要因を大別すると，人間的要因，物的要因，環境的要因に分けられる．

① **人間的要因**

- 知識・技能の不足，注意力の不足によるもの
- 肉体的，生理的要因によるもの
- 病気，疲労，睡眠不足などによるもの

② **物的要因**

- 機械，施設などの相対位置，相互の移動によるもの
- 機材，工具，運搬具などの機械類によるもの
- 仮設物，構造物，工事用工作物などの施設によるもの

③ **環境的要因**

- 大気の温度，風，雨などの気象条件によるもの
- 地質，岩石，地震などの土地条件によるもの
- 作業場付近の振動，騒音などの環境条件によるもの

4. 安全活動の進め方

① **安全施工サイクルの実施**

作業工程に施工管理と安全衛生管理を組み入れて，無事故，無災害で工事を完成することを目的としている．「施工と安全衛生の一体化」の推進を図るもので，一例として次のようなことを行う．

朝礼→**巡回**→**打合せ**→**後片付け**→**確認**

② **リスクアセスメントの実施**

建設現場に潜在する危険性又は有害性を洗い出し，それによるリスクを見積もり，その大きいものから優先してリスクを除去，低減する方法である．

③ **ZD（ゼロ・ディフェクト）運動**

無欠点運動とも呼ばれるもので，作業員の自発的な安全意欲の盛り上がりによ

り，ミスや欠点を排除することを目標とした運動である．

④　**4S 運動**

整理，整頓，清掃，清潔の 4S により，安全で健康な職場づくりと生産性向上を目指す運動である．

⑤　**指差呼称**

危険予知活動の一環として，作業対象，機器などに指差しを行い，声に出して確認する行動のことをいい，意識のレベルを上げて，緊張感，集中力を高める効果がある．

⑥　**ヒヤリ・ハット運動**

作業中に危険を感じてハットした，ヒヤリとした経験を，作業者に報告させ，危険有害要因を把握し改善を図る運動である．

⑦　**安全施工サイクル**

作業日ごとに，安全朝礼，安全ミーティング，作業開始前点検，職長などの作業中指導，作業所長の現場巡視，安全工程打合せ，持ち場の後片付けを行う活動である．

⑧　**ツールボックスミーティングの実施（TBM）**

- その日の作業内容，進め方と安全関係の実施
- 作業上特に危険な箇所の明示とその対策の実施
- 同じ場所で同時に他の作業が行われる場合の注意事項の実施
- 現場責任者からの指示，現場の安全目標などの実施
- 作業者の身近な災害事例の説明
- 各人の健康状態，服装，保護具などの実施

5. 危険の防止

①　屋外で金属をアーク溶接する作業に労働者を従事させる場合は，労働者に有効な呼吸用保護具等を使用させなければならない．

②　枠組足場以外の高さ 2 m の作業床には，墜落のおそれがある箇所に，**高さ 85 cm 以上**の手すりと中さんを取付ける．

③　作業場所の空気中の酸素濃度が，18 % 以上に保たれるように換気を行う．

④　墜落防止のために労働者に要求性能墜落制止用器具を使用させるときは，要求性能墜落制止用器具（**図 8･20**）及びその取付設備等の異常の有無について，随時点検する．

⑤　労働安全衛生規則の改正（2019 年 2 月施行）により，安全帯の呼び名が，

要求性能墜落制止用器具へと変更になった.

⑥　要求性能墜落制止用器具（フルハーネス型）が着用義務となるのは，高さ6.75 m 以上の場合となる.

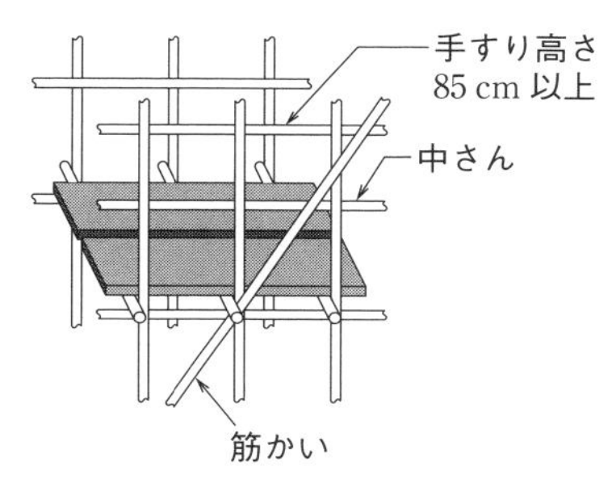

図８・19　手すりの高さ

図８・20　要求性能墜落制止用器具

⑦　作業床の高さが**10 m 以上**の高所作業車の運転（道路上を走行させる運転を除く）業務は，高所作業車運転技能講習を修了した者に行わせなければならない.

⑧　事業者は，建築物の解体を行う場合，石綿等による労働者の健康障害を防止するために，石綿等使用の有無を目視，設計図書などにより調査し，記録しなければならない.

⑨　屋内でアーク溶接作業を行う場合は，粉じん障害を防止するため，全体換気装置による換気の実施，又はこれと同等以上の措置を講じなければならない.

⑩　建設工事において発生件数の多い労働災害には，墜落・転落災害，建設機械・クレーン災害，土砂崩壊・倒壊災害がある.

⑪　**高さが 2 m 以上，6.75 m 以下**の作業床がない箇所での作業において，胴ベルト型の墜落制止用器具を使用する場合，当該器具は一本つり胴ベルト型とする.

6. 有機溶剤中毒対策

①　有害性や危険性が判明している化学物質を取り扱う場合は，**安全衛生データシート（SDS）**の交付が義務付けられている.

②　安全衛生データシート（SDS）は，作業場の作業員の見やすい場所に掲示して作業をさせなければならない.

問題 1 安全管理

建設工事における安全管理に関する記述のうち，適当でないものはどれか．

(1) 高さが 2 m 以上，6.75 m 以下の作業床がない箇所での作業において，胴ベルト型の墜落制止用器具を使用する場合，当該器具は一本つり胴ベルト型とする．

(2) ヒヤリ・ハット活動とは，作業中に怪我をする危険を感じてヒヤリとしたこと等を報告させることにより，危険有害要因を把握し改善を図っていく活動である．

(3) ZD（ゼロ・ディフェクト）運動とは，作業方法のマニュアル化と作業員に対する監視を徹底することにより，労働災害ゼロを目指す運動である．

(4) 安全施工サイクルとは，安全朝礼から始まり，安全ミーティング，安全巡回，安全工程打合せ，後片付け，終業時確認までの作業日ごとの安全活動サイクルのことである．

解説 (3) ZD 運動は，作業方法のマニュアル化と作業員に対する監視を徹底することではなく，**作業員の自発的な安全意欲の盛り上がり**によりミスや欠点を排除することを目的とした安全活動である．

解答▶(3)

問題 2 安全管理

建設工事における安全管理に関する記述のうち，適当でないものはどれか．

(1) 重大災害とは，一時に 3 人以上の労働者が業務上死亡した災害をいい，労働者が負傷又は罹病（りびょう）した災害は含まない．

(2) 建設工事において発生件数の多い労働災害には，墜落·転落災害，建設機械·クレーン災害，土砂崩壊・倒壊災害がある．

(3) 災害の発生頻度を示す度数率とは，延べ実労働時間 100 万時間当たりの労働災害による死傷者数である．

(4) 災害の規模及び程度を示す強度率とは，延べ実労働時間 1 000 時間当たりの労働災害による労働損失日数である．

解説 (1) 重大災害とは，一時に 3 人以上の労働者が業務上**死傷又は罹病**した災害事故をいう．

解答▶(1)

問題 3 安全管理

建設工事における安全管理に関する記述のうち，適当でないものはどれか．

(1) ツールボックスミーティングは，職場安全会議ともいい，作業関係者が作業終了後に集まり，その日の作業，安全等について反省，再確認等を行う活動である．

(2) 暑さ指数（WBGT）は，気温，湿度及び輻射熱に関係する値により算出される指数で，熱中症予防のための指標である．

(3) 不安全行動とは，手間や労力，時間やコストを省くことを優先し，労働者本人又は関係者の安全を阻害する可能性のある行動を意図的に行う行為をいう．

(4) 4S 活動とは，整理，整頓，清掃，清潔の 4S により，安全で健康な職場づくりと生産性の向上を目指す活動である．

解説 (1) ツールボックスミーティングは，作業終了後だけでなく，作業の進捗状況に応じて，作業中や職場打合せ時にも行う．

解答▶(1)

問題 4 安全管理

建設工事における安全管理に関する記述のうち，適当でないものはどれか．

(1) 屋内でアーク溶接作業を行う場合は，粉じん障害を防止するため，全体換気装置による換気の実施又はこれと同等以上の措置を講じる．

(2) 導電体に囲まれた著しく狭隘（きょうあい）な場所で，交流アーク溶接等の作業を行うときは，自動溶接の場合を除き，交流アーク溶接機用自動電撃防止装置は使用しない．

(3) リスクアセスメントとは，潜在する労働災害のリスクを評価し，当該リスクの低減対策を実施することである．

(4) リスクアセスメントの実施においては，個々の事業場における労働者の就業に係るすべての危険性又は有害性が対象となる．

解説 (2) 導電体に囲まれた著しく狭隘な場所で，交流アーク溶接等の作業を行うときは，交流アーク溶接機用自動電撃防止装置を使用しなければならない．

解答▶(2)

問題 5 安全管理

建設工事現場における安全管理に関する記述のうち，適当でないものはどれか．

(1) 作業床の高さが10 m以上の高所作業車の運転（道路上を走行させる運転を除く）業務は，事業者が行う当該業務に関わる特別の教育を修了した者に行わせなければならない．

(2) 暑さ指数（WBGT）は，気温，湿度及び輻射熱に関係する値により算出される指数で，熱中症予防のための指標である．

(3) 事業者は，建築物の解体を行う場合，石綿等による労働者の健康障害を防止するために，石綿等の使用の有無を目視，設計図書などにより調査し，記録しなければならない．

(4) リスクアセスメントとは，建設現場に潜在する危険性又は有害性を洗い出し，それによるリスクを見積もり，その大きいものから優先してリスクを除去，低減する手法である．

(1) 労働安全衛生規則第41条に，作業床の高さが10 m以上の高所作業車の運転業務は，**高所作業車運転技能講習を修了**したものと規定されている．

解答▶(1)

マスターPoint

〈高所作業車運転資格〉

作業床の高さが10 m以上の高所作業車——技能講習修了者

作業床の高さが10 m以上の高所作業車——技能講習修了者

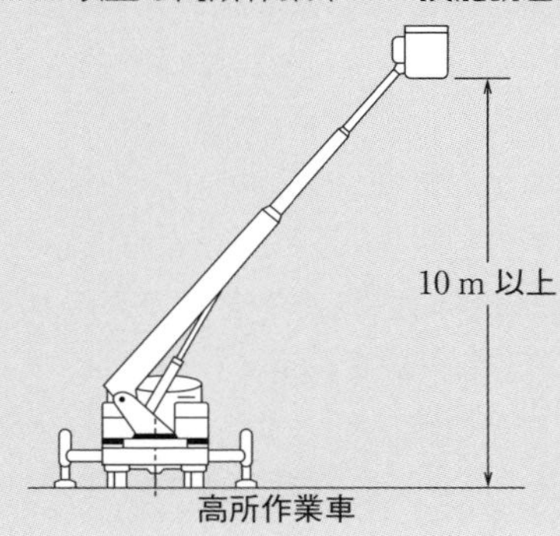

高所作業車

問題 6 安全管理

建設工事現場における危険防止に関する記述のうち，適当でないものはどれか．

(1) 屋外で金属をアーク溶接する作業者に使用させるため，呼吸用保護具等の適切な保護具を備える．

(2) 枠組足場以外の高さ 2 m の作業床には，墜落のおそれがある箇所に，高さ 65 cm の手すりと中さんを取付ける．

(3) 作業場所の空気中の酸素濃度が 18 % 以上に保たれるように換気を行う．

(4) 墜落防止のために労働者に要求性能墜落制止用器具を使用させるときは，要求性能墜落制止用器具及びその取付設備等の異常の有無について，随時点検する．

解説 (2) 労働安全衛生規則第 563 条に規定されている，足場における高さ 2 m 以上の作業場所には，**高さ 85 cm 以上の手すりと中さん**を取付ける．

解答▶(2)

問題 7 安全管理

建設業における安全管理に関する記述のうち，適当でないものはどれか．

(1) 安全衛生責任者は，関係請負人が行う労働者の安全のための教育に対する指導及び援助を行う措置を講じなければならない．

(2) 一つの荷物で重量が 100 kg 以上のものを貨物自動車に積む作業を行うときは，当該作業を指揮する者を定めなければならない．

(3) 安全施工サイクルとは，安全朝礼から始まり，安全ミーティング，安全巡回，工程打合せ，片付けまでの日常活動サイクルのことである．

(4) 事業者は，労働者を雇い入れたときは，当該労働者に対して，その従事する業務に関する安全又は衛生のため必要な事項の教育を行わなければならない．

解説 (1) 安全衛生責任者の職務は，**統括安全衛生責任者との連絡**，**統括安全衛生責任者から連絡を受けた事項の関係者への連絡**がある．設問 (1) の内容は，特定元方事業者である．

解答▶(1)

問題 8 安全管理

建設工事現場における危険防止に関する記述のうち，適当でないものはどれか．

(1) 交流アーク溶接機の自動電撃防止装置は，その日の使用を開始する前に，作動状態を点検しなければならない．

(2) 架設通路の高さ 8 m 以上の登りさん橋には，高さ 8 m ごとに踊場を設けた．

(3) 吊り上げ荷重 1 トンの移動式クレーンの運転業務には，小型移動式クレーン運転技能講習を修了した者を就かせた．

(4) はしご道は，はしごの転位防止のための措置を行い，はしごの上端を床から 60 cm 以上突出させなければならない．

(2) 高さ 8 m 以上の登りさん橋には，**高さ 7 m 以内ごと**に踊場を設けなければならない．

解答▶(2)

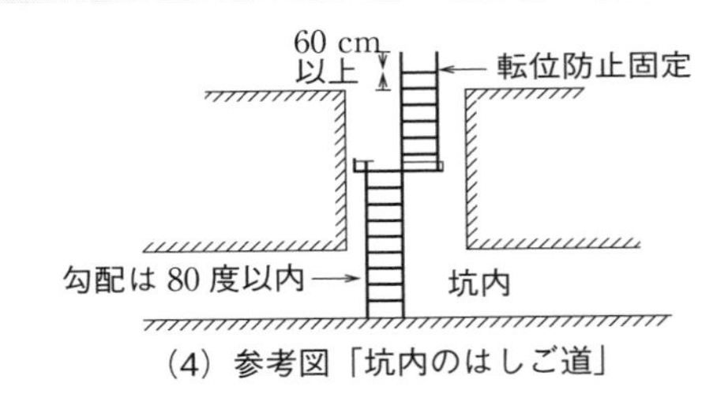

(4) 参考図「坑内のはしご道」

〈自動電撃防止装置の点検〉

その日の使用を開始する前に，熔接作業員が行う作業．

① 外箱の設置とふたの状態の確認
② 溶接機との配線，及び接続器具損傷の有無の確認
③ 電磁接触器の作動状態の確認
④ 異音・異臭発生の有無の確認

必ず覚えよう

❶ 労働災害で多い，墜落，転落の内容と特徴
❷ 酸素欠乏症，掘削工事，クレーン揚重，アーク溶接作業などの安全

8 5 工事施工

1 機器の基礎工事

1. コンクリート基礎工事施工上の留意事項

① 床置き用設備機器の基礎は，コンクリートで打設する．

② 基礎の現場練りコンクリートの調合（容積比）は，一般に**セメント 1：砂 2：砂利 4** とする．

③ 飲料用受水タンクの基礎は，鋼製架台 100 mm として，コンクリート基礎高さを 500 mm とし，合計 600 mm とする．

④ 基礎コンクリートの**設計基準強度は，18 N/mm² 以上**と定められている．レディーミストコンクリートの呼び強度は，18 N/mm² + 3 N/mm² で 21 N/mm² と定められている．

≫**レディーミストコンクリート**：コンクリート工場で配合されミキサー車で現場に運搬されるコンクリートのこと．

⑤ 大形の機器（ボイラー，冷凍機など）は，コンクリート打込み後，適切な養生を行い，**10 日経過してから機器を据付ける**．

2. コンクリート基礎の仕上げと高さ

① 基礎の仕上げは，コンクリート打設時に**金ごて仕上げ**とする．

② 機器の据付前に，コンクリートの表面を水洗い後，モルタル仕上げとし，水平にする．

表 8・7 基礎の高さ（参考例）

機器名	基礎の高さ H（mm）
・ポンプ（標準基礎）	300
（防振基礎）	150
・冷温水発生機	150
・送風機	150
・空気調和機	150
・パッケージ型空調機	150
・冷却塔	150

3. アンカーボルト

① 機器をコンクリート基礎に固定するためにアンカーボルトを取付ける.

② アンカーボルトには，埋込みアンカーボルト（**図 8･21**），箱抜きアンカーボルト，あと施工アンカーボルトなどがある.

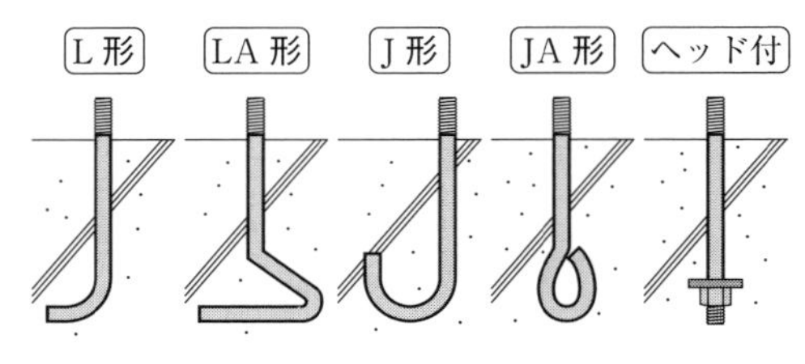

図 8・21　埋込みアンカーボルト

③ 埋込みアンカーボルトは，許容引抜き力の大きい方から L 形，LA 形，J 形，JA 形，ヘッド付となる.

4. あと施工アンカーボルト

金属系アンカーボルトと接着系アンカーボルトに分けられるが，金属系アンカーは配管やダクトの吊り支持，接着系アンカーは機器の基礎用アンカーとして用いる.

① 金属拡張アンカーボルト

- おねじ型アンカー（**図 8･22**）：めねじ型より許容引き抜き荷重が大きい.
- めねじ型アンカー（**図 8･23**）：許容引き抜き荷重が小さいので注意が必要.

② 接着系アンカーボルト（**図 8･24**）：金属拡張アンカーに比較して許容引き抜き荷重が大きい（穴に充填した接着剤で固着する）.

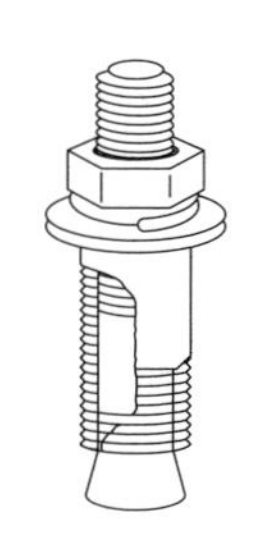
図 8・22　おねじ

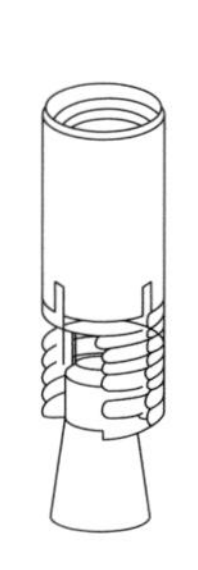
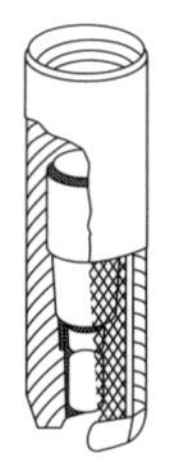
図 8・23　めねじ

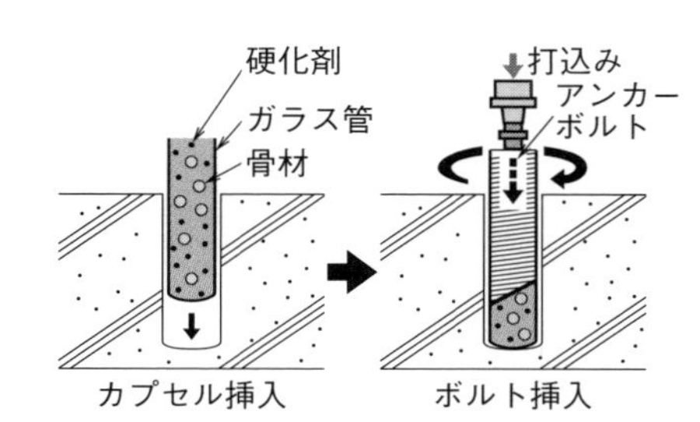

図 8・24　接着系アンカーボルト

5. 基礎工事の留意事項

① 接着系アンカーボルトを施工する場合，マーキング位置までアンカーボルトを埋込み後は，埋込み作業を止めて，接着剤の撹拌は行わない．
② あと施工の接着系アンカーボルトの打設間隔は，呼び径の 10 倍以上を標準とする．
③ 天井スラブの下面において，あと施工アンカーボルトを上向きに設置する場合，接着系アンカーボルトは使用しない．
④ あと施工アンカーボルトは，基礎コンクリートの強度が，規定以上であることを確認してから打設する．
⑤ アンカーボルトの径及び埋込み長さは，アンカーボルトに加わる引抜き力，せん断力及びアンカーボルトの本数などから決定する．
⑥ 地震時にアンカーボルトに加わる荷重は，機器を剛体とみなし，当該機器の重心の位置に水平及び鉛直の地震力が作用するものとして算定する．
⑦振動を伴う機器の固定は，ナットが緩まないようにダブルナットとし，増し締め後に確認のマーキングを行う．

2 機器の据付

1. 共通の留意事項

① コンクリート**打設後 10 日以内は，機器を据付けない．**
② コンクリート基礎の表面は，**金ごて押え**又は**モルタル塗り**とし，据付面は，**水平に仕上げる．**
③ 耐震基礎は，スラブや梁の鉄筋と緊結させたアンカーボルトに機器を固定する．
④ 機器の荷重は，基礎に均等に分布するように据付ける．
⑤ 防振基礎は，地震時の移動，機器のずれや転倒防止のため**耐震ストッパー**を設ける．
⑥ 機器の保守点検，修理が容易にできるように据付ける．

2. 冷却塔の据付留意事項

① 冷却塔を屋上設置にする場合，構造体と一体となったコンクリート基礎上

に直接，又は形鋼製架台に据付ける（**図 8·25**）.

② アンカーボルトは，ステンレス製や溶融亜鉛めっきしたものを使い，腐食に考慮し，コンクリート基礎に堅固に設置する.

③ 煙突や空調，換気設備の給排気口から離し，空気の流通の良い場所に設ける.

④ ボールタップを作動させるため，冷却塔の補給水口の高さは，補給水タンクの低水位より 3 m 以上の落差を確保する（**図 8·26**）.

⑤ 屋上設置は，冷却塔の振動が建物躯体を伝搬し，下階の居室に振動，騒音が発生することがあるので，基礎にゴムパッドや防振ゴムなどを設け防振対策を検討する.

⑥ 冷却塔の周囲に化粧壁，遮音壁を取付ける場合は，冷却塔から排出される高温多湿の空気が，本体の空気取入口に**ショートサーキット**が起きないように離隔距離を取る.

⑦ 冷却塔周りの配管は，荷重が直接冷却塔本体にかからないように支持し，配管の出入口には，必要に応じて**フレキシブルジョイント**を設ける.

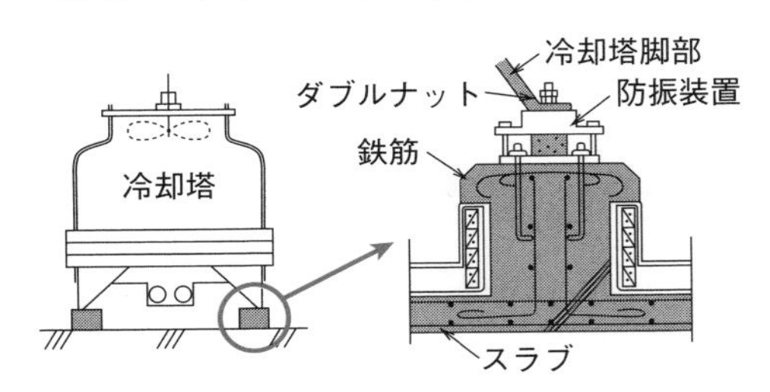

図 8・25 屋上設置冷却塔のコンクリート基礎

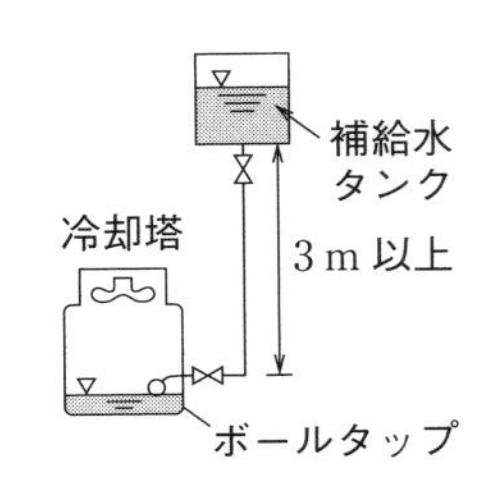

図 8・26 冷却塔の補給水口

3. ボイラーの据付留意事項

① 運転時における全体質量の 3 倍以上の長期荷重に耐えられる鉄筋コンクリート基礎上に据付ける.

② ボイラー最上部から天井, 配管までの距離は 1.2 m 以上, ボイラー側面と壁・配管等の構造物との距離は 0.45 m 以上とする.

③ 運転時の**全体荷重の 3 倍**以上の長期荷重に耐えられる，鉄筋コンクリート基礎に据付ける.

④ 搬入時にクレーン車を使用する場合，吊具，地盤，ボイラーユニットの支持部分に留意する.

⑤ ボイラー室内に燃料を貯蔵する場合，ボイラーの外側から2m（固体燃料は，1.2m）以上離す．

⑥ 伝熱面積が3m² を超えるボイラー（簡易ボイラーを除く）は，専用の建物で区画された場所（ボイラー室）に設置する．

4. 遠心送風機の据付留意事項

① 送風機（Vベルト駆動）

- 送風機とモーター側のプーリーの芯だしは，外側面に定規，水糸を当て出入りを調整する．
- Vベルトの張力は，電動機を移動して調整を行う（**図8･27**）．
- Vベルトの回転方向は，ベルトの下側引っ張りとなるようにする．

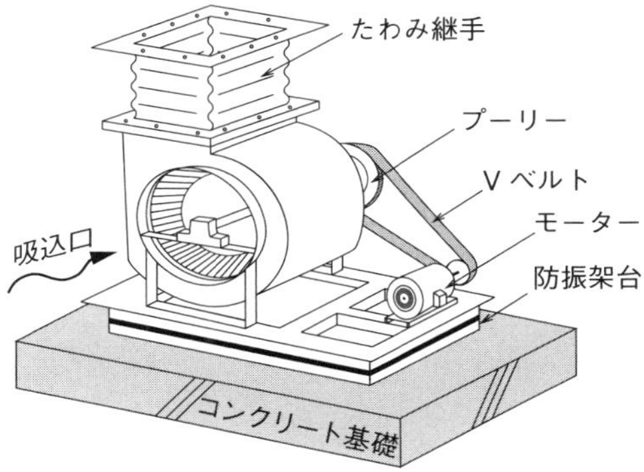

図8・27　遠心送風機の据付

② 据付位置は，接続ダクトや保守点検スペースによって決定されるので，羽根車，軸受けの点検取替えができるスペースを確保する．

③ 据付時は，送風機を仮置きしてレベルを水準器で調整，水平が出ない場合は，基礎と共通架台の間にライナーを入れて調整する．

④ コンクリート基礎の幅は，送風機の架台より100～200mm大きくする．

5. ユニット型空気調和機の据付留意事項

① ユニット型空気調和機は，コンクリート基礎の高さを**150mm程度**とし，コンクリート基礎の上に**防振ゴムパッド**を敷き水平に設置する．

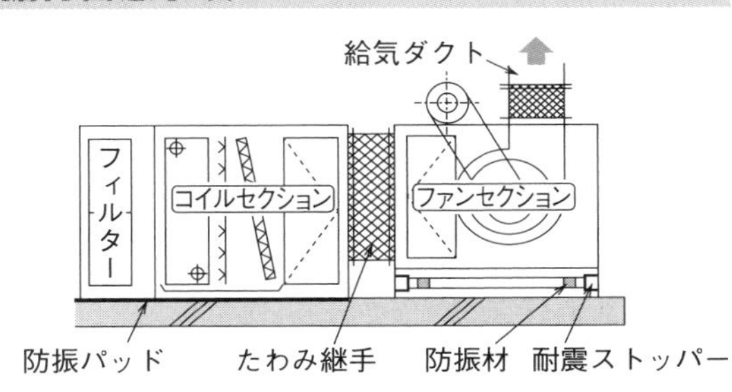

図8・28　空気調和機のたわみ継手

② ファンセクションに防振材を設ける場合は，コ

イルセクションとの間を**たわみ継手**で接続する（**図 8·28**）.

6. 床置形パッケージ型空気調和機の据付留意事項

① 床置形パッケージ型空調機をコンクリート基礎（高さ 150 mm 程度）の上に設ける場合，防振ゴムパッドを敷いて水平に設置する（**図 8·29**）.

② 防振基礎の場合，耐震ストッパーを設置して機器の移動，転倒防止を行う.

③ 床置形パッケージ型空調機で直吹きの場合，吸込み口，吹出し口の前に障害物があると，室内気流が停滞するので，設置場所を考慮する.

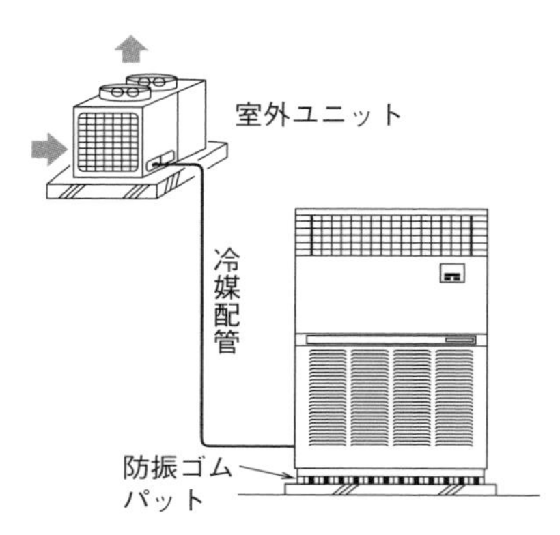

図 8・29　空冷ヒートポンプ形空調機

7. マルチ型空気調和機の据付留意事項

① 室内ユニットと室外ユニット間の冷媒配管が長く，高低差があると冷暖房の能力が低下するため据付には考慮する（**図 8·30**）.

② ドレン排水管は，一般排水管からの影響がないように間接排水とする.

③ 室内ユニットは，ドレン排水勾配が天井内で確保できる懐の高さを確保する.

④ **冷媒配管の施工上の留意点**

- 配管は差込み接合を用い，機器接続や取外しのある個所は，フレア接合，ユニオン接合，フランジ接合などで接合する.
- 冷媒配管は施工前に内面を十分に乾燥させ，清掃後は配管の開口を密閉する.
- 差込み接合時は，硬ろうを用い管内に不活性ガスを流して，酸化物の生成を抑止しながら接合する.
- 屋内と屋外ユニットの連絡配線を冷媒管と共巻きする場合は，**冷媒管の保温施工後に行う**（**図 8·31**）.
- 配管の施工中は，異物や水分が入らないように窒素ガスを充てんさせておく.

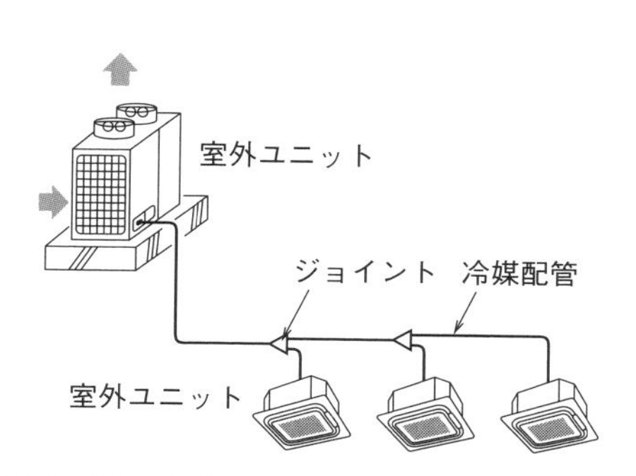

図８・30　空冷ヒートポンプ形マルチ型空調機

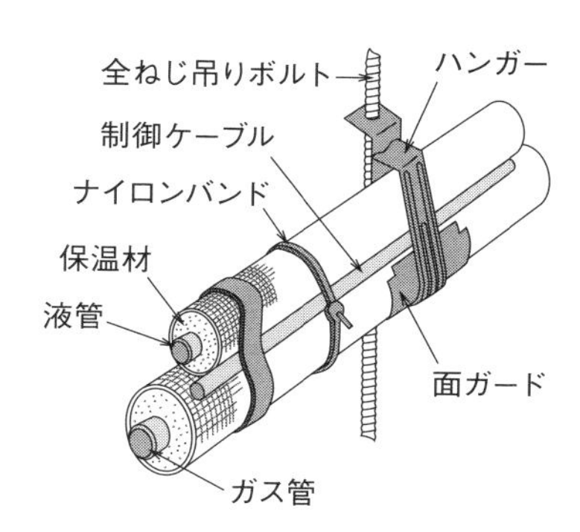

図８・31　冷媒管の保温

8. 渦巻ポンプの据付

①　標準基礎は，コンクリート基礎の高さは，床上 300 mm とする（**図 8･32**）.

②　防振基礎は，コンクリート基礎の高さは，床上 150 mm とする.

③　ポンプの軸封がグランドパッキンの場合は，コンクリート基礎の表面に排水目皿と排水溝を設け，最寄りの排水系統には間接排水とする.

④　渦巻ポンプの吸込側は，負圧になる恐れがあるので，**連成計**を取付ける.

⑤　ポンプの吸込み管は，空気溜まりができないように，ポンプに向かって 1/50 ～ 1/100 の上り勾配とする.

⑥　吐出管の揚程が 30 m を超える場合は，ウォータハンマの予防として**衝撃吸収式逆止弁**，**エアチャンバー**などを設ける.

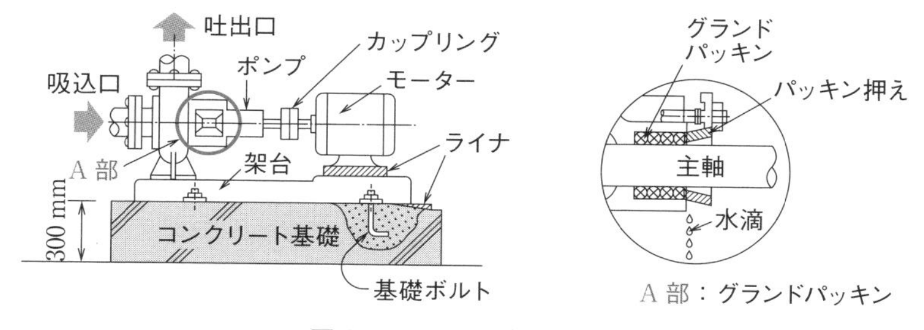

図８・32　渦巻ポンプの据付

9. 水中排水ポンプの据付

①　水中排水ポンプの据付位置は排水槽への排水流入口から離れた位置とする.

② ポンプケーシングの外側や底部は，ピットの壁，底面より 200 mm 程度離す．

③ 床置形は，ピットの底面に基礎を設け，その上にポンプ底部を据付ける．

④ 吊り下げ形は，ポンプの出し入れに支障のない大きさの点検用マンホールの真下近くに設ける．

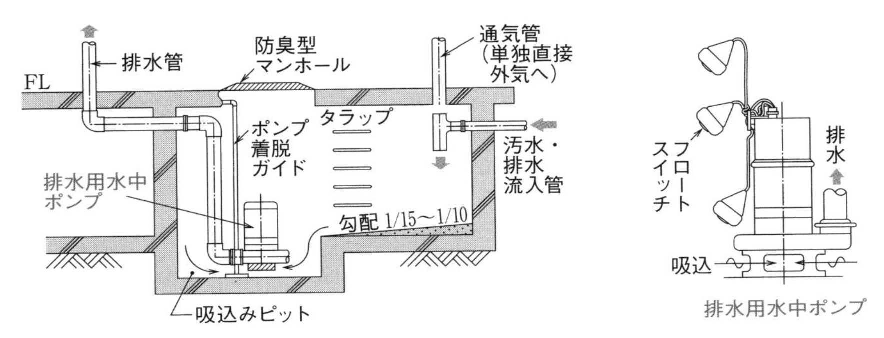

図 8・33　汚水排水槽と排水用水中ポンプ

3 配管・ダクト

1. 配管及び配管付属品の施工上の留意事項

① 空気調和機への冷温水量を調整する混合型電動 3 方弁は，空調機の冷温水コイルからの還り管に設ける．

② 空気調和機への冷温水配管の接続は，往き管を空調機コイルの下部接続口に，還り管を上部接続口に接続する．

③ 冷温水配管からの膨張管を開放形膨張タンクに接続する際は，バルブを設けてはならない．

④ 複数の空気調和機に冷温水を供給する冷温水配管には，各空気調和機を通る経路の摩擦損失抵抗を等しくし，各機器に対する流量のバランスが取れる，リバースリターン方式がある．

⑤ 配管の防振支持に吊り形の防振ゴムを使用する場合は，防振ゴムに加わる力の方向が鉛直下向きとなるようにする．

⑥ 強制循環式の下向き給湯配管では，給湯管，返湯管とも先下がりとし，勾配は 1/200 以上とする．

⑦　通気横走り管を通気立て管に接続する場合は，通気立て管に向かって上り勾配とし，配管途中で鳥居配管や逆鳥居配管とならないようにする．

⑧　鋼管のねじ接合で，転造ねじのねじ部強度は，鋼管本体の強度とほぼ同程度になる．転造ねじは，管を切削しないで山と谷の部分の素材を転がしながら圧縮して成形する塑性（そせい）加工により造られる．

⑨　ステンレス鋼管の溶接接合は，管内にアルゴンガス又は窒素ガスを充満させてから，TIG 溶接により行う．

≫**TIG 溶接**：タングステン棒に電流を流し，溶接する材料との間に高温のアークを発生させ，その熱で材料どうしを溶かして溶接を行う．

⑩　弁棒が弁体の中心にある中心型のバタフライ弁は，冷水・温水切替え弁などの全閉全開用に適している．

⑪　硬質塩化ビニルライニング鋼管のねじ切りの際の**リーマ掛け**は，ライニング厚の 1/2 程度とする．

≫**リーマ**：ドリルなどで空けられた穴の径を拡げたり，形状を整えたりする工具．

⑫　揚水管の試験圧力は，揚水ポンプの全揚程の 2 倍とするが，0.75 MPa に満たない場合は 0.75 MPa とする．

⑬　冷温水横走り配管の径違い管を偏心レジューサーで接続する場合，管内の上面に段差ができて，空気溜まりにならないように上部は平滑に設ける．

⑭　配管用炭素鋼鋼管を溶接接合する場合，管外面の余盛（よもり）高さは 3 mm 程度以下とし，それを超える余盛はグラインダー等で除去する．

2. 配管支持施工上の留意事項

①　冷凍機，冷却塔，ポンプの配管は，機器に荷重がかからない支持にする．

②　二方弁，三方弁，減圧弁などの各種弁類の支持は，弁の近くで行う．

③　U ボルトは振れ止めとして用い，固く締めて固定支持として使用ない．

④　立て配管に鋼管を用いる場合は，各階 1 箇所に形鋼振れ止め支持を行う．

⑤　伸縮する立て管を振れ止め支持する場合は，支持点で管が上下にスライドできるようにする．

⑥　冷温水管の横走り管の径違い管は，レジューサーを用いて管の天端が水平になるように接続する．

⑦　ステンレス鋼管を鋼製金物で支持する場合は，絶縁材を用いて支持する．

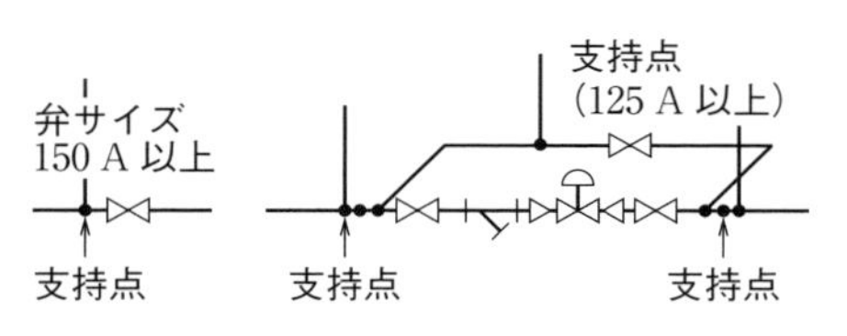

図８・34　配管中の弁装置

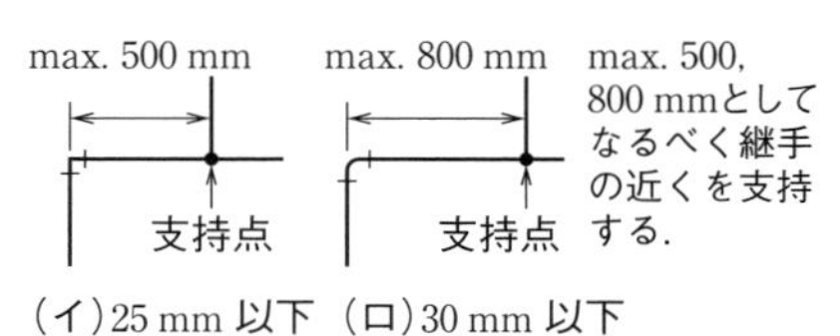

図８・35　水平曲がり部の支持点

⑧　単式伸縮管継手は，管の伸縮ができるようにする必要があるため，継手本体は固定せず，継手の片側を固定し，もう片側を伸縮ガイドで支持する（**図8･36**）．

⑨　不等沈下が予想される建物の土間配管は，**土間スラブから配管**を支持する．

⑩　建物のエキスパンションジョイント部の配管に変位吸収管継手を設けるときは，継手の近くに設け，その前後の配管を吊り金物で梁等に支持する．

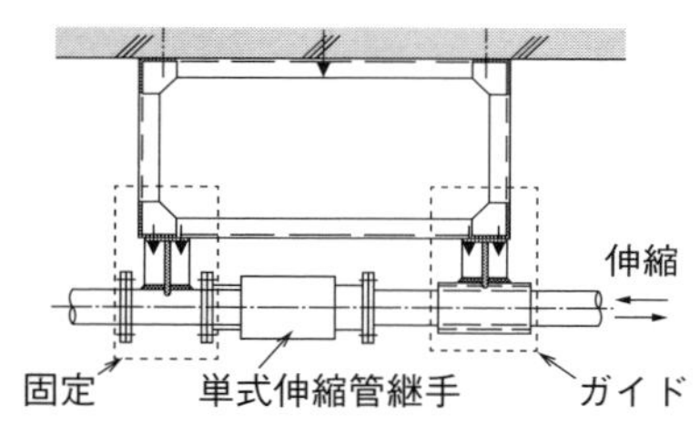

図８・36　単式伸縮継手

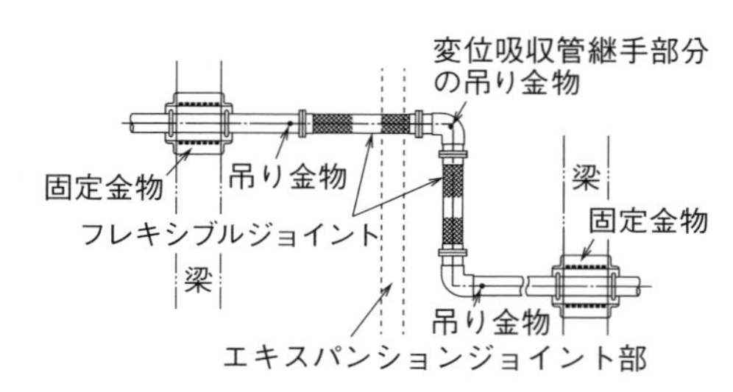

図８・37　変位吸収管手の吊り金物

3. ダクト施工上の留意事項

①　円形スパイラルダクトの接続には，一般的に小口径には**差込み継手**，大口径には**フランジ継手**を使用する（**図８･38**，**図８･39**）．

- 鋼板製円形ダクトは，鋼板を丸めて継目をはぜで閉じたもの．
- 亜鉛鉄板製円形スパイラルダクトは，帯状の亜鉛鉄板を，ら旋状に甲はぜ掛けしたもので，高圧ダクトにも使用できる（**図８･40**）．

②　送風機の吐出口直後に風量調節ダンパーを設ける場合は，風量調節ダンパーの軸が送風機羽根車の軸に対し直角となるようにする．

③　シーリングディフューザー形吹出口は，最大拡散半径が重ならないように配置する．

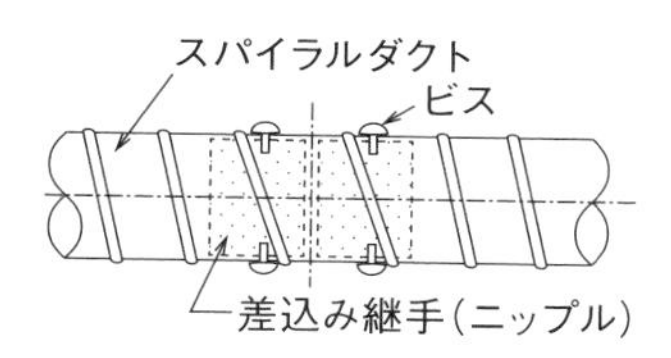

図8・38　差込み継手

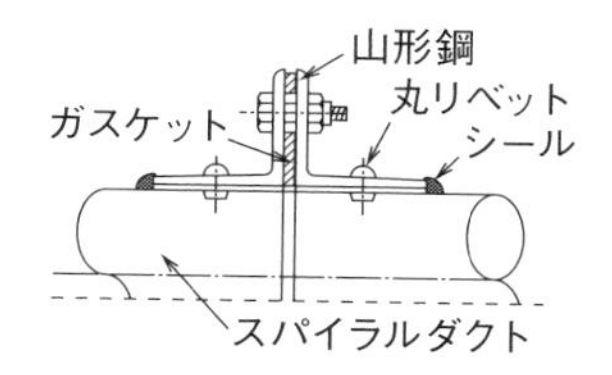

図8・39　フランジ継手

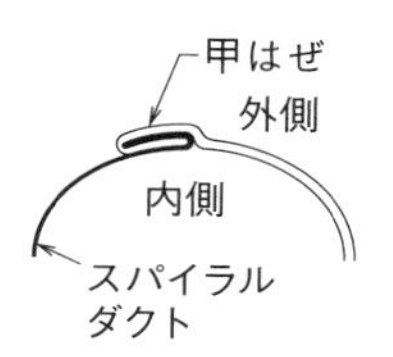

図8・40　甲はぜ掛け

④　**コーナーボルト工法**ダクトのフランジのコーナー部では，コーナー金具まわりと四隅のダクト内側のシールを確実に行う（**図8·41**）．
コーナーボルト工法には，共板フランジ工法とスライドオンフランジ工法がある（**図8·42，図8·43**）．

⑤　横走りダクトの吊り間隔は，スライドオンフランジ工法のダクトは**3m以下**とし，共板フランジ工法のダクトは**2m以下**とする．

⑥　共板フランジ工法のダクトは，接合部の締付けが劣るので，厚みと弾力性のある**ガスケット**を用いる．

⑦　サプライチャンバーやレタンチャンバーの点

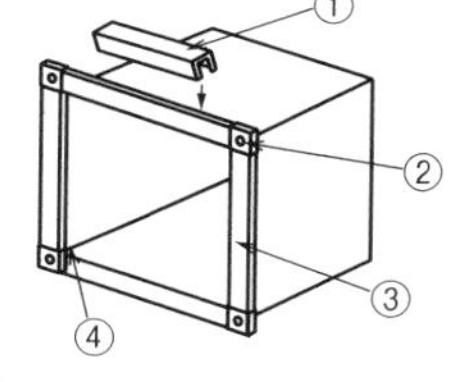

① フランジ押え金具
② コーナー金具
鉄板フランジの見切り部をシールする
③ 共板フランジ又はスライドオンフランジ
④ はぜ切込み部の見込み部をシールする

図8・41　コーナー金具

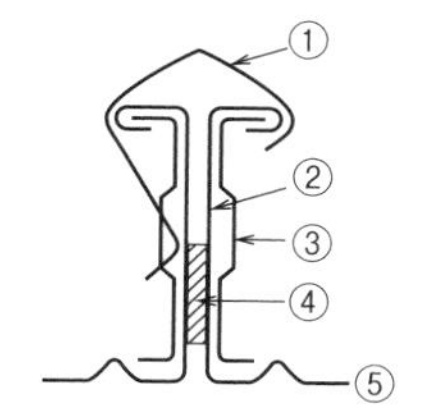

① フランジ押え金具
② 共板フランジ（クリップ·ジョイント）
③ コーナー金具
④ ガスケット
⑤ ダクト板

図8・42　共板フランジ

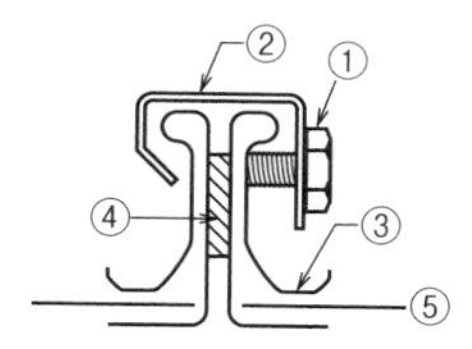

① 締付けボルト
② フランジ押え金具（ラッツ·スナップ·クリップ）
③ スライドオンフランジ
④ ガスケット
⑤ ダクト板

図8・43　スライドオンフランジ

検口の扉は，チャンバー内が正圧で内開き，負圧の場合は外開きとする．

⑧　直径 300 mm 以下の横走りスパイラルダクトの吊り金物は，棒鋼にかえて亜鉛鉄板を帯状に加工した吊りバンドを使用する．

⑨　温度ヒューズ形ダンパーの作動温度は，一般系統ダクトは 72 ℃，排煙ダクトは 280 ℃，厨房排気ダクトは 120 ℃ とする．

⑩　横走りの主ダクトに設ける振れ止め支持の支持間隔は 12 m 以下で，梁貫通箇所等の振れ止め箇所は，振れ止め支持とみなすことができる（**図 8・45**）．

⑪　ダクトは，ダクト内気流による振動，騒音の発生防止，内外圧による変形，破損の防止のためリブ補強，形鋼（アングル）補強を行う．

⑫　ダクトの板振動による騒音防止は，幅又は高さが 450 mm を超えて，保温のないダクトには，間隔 300 mm 以下のピッチで補強リブを設ける（**図 8・46**）．

⑬　排煙ダクトは，木材その他可燃物から **150 mm 以上離す**．

⑭　排煙ダクトと排煙機の接続は，**フランジ継手**とする．

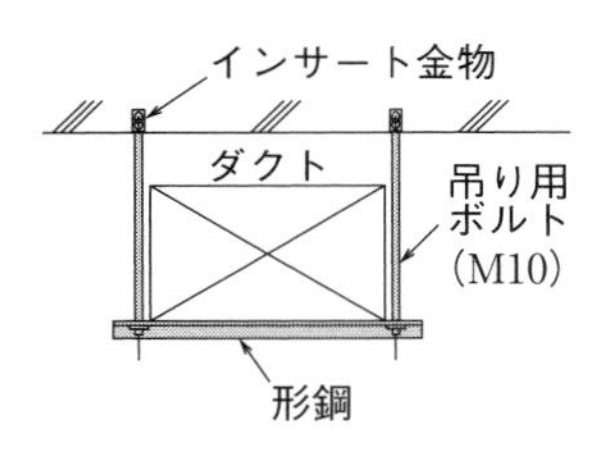

図 8・44　吊り金物

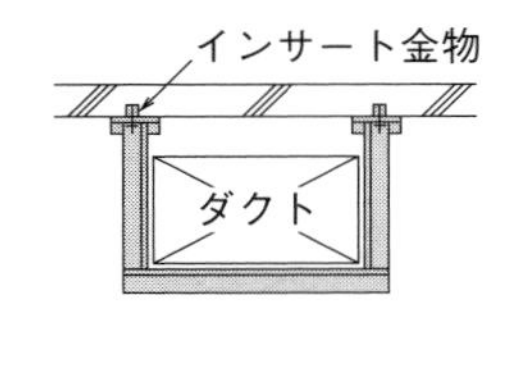

図 8・45　形鋼振れ止め支持

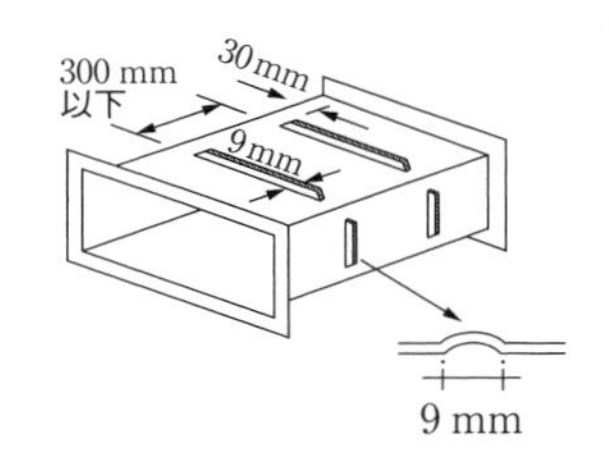

図 8・46　補強リブ

4. 保温・保冷工事施工上の留意事項

①　施工は，保温材の種別，厚さ，施工順序，施工箇所を確認して行う．

②　屋内隠蔽露出の冷水管にグラスウール保温材で保温する場合，保温筒，ポリエチレンフィルム，鉄線，アルミガラスクロスの順に施工する（**図 8・47**）．

③　蒸気管が壁又は床を貫通する場合，伸縮を考慮して，貫通部及び前後約 25 mm 程度は保温被覆を行わない．

④　粘着テープ，アルミガラスクロスなどのテープ巻き仕上げの重ね幅は，15 mm 以上とし，垂直な配管の場合は，下方から上方へ巻き上げる．

⑤　保温材相互のすき間はできる限り少なくし，保温材の重ね部の継目は同一線上とならないようにする．

⑥　スパイラルダクトの保温に帯状保温材を用いる場合は，鉄線を 150 mm 以下のピッチでらせん状に巻き締める．

⑦　ポリエチレンフォーム保温筒は，合わせ目を粘着テープでとめ，継ぎ目は粘着テープ**2回巻き**とする（問題㉔，解説図）．

⑧　屋内露出配管やダクトの床貫通部は，保温材保護のため床面より，高さ 150 mm 程度まで，ステンレス鋼板などで被覆する．

⑨　室内配管の保温見切り部には，菊座を設けて分岐，曲がり部などにはバンドを取付ける．

⑩　グラスウール保温材の 24 K，32 K，40 K の表示は，保温材の密度を表すもので，数値が大きいほど熱伝導率が小さい（断熱が高い）．

⑪　防火区画の貫通部は，スリーブ内面と配管及びダクトとの間をロックウール保温材などの不燃性のもので充填する．

⑫　冷温水配管の吊りバンドの支持部には，防湿加工を施した合成樹脂製支持受けを用いる（**図 8･48**）．

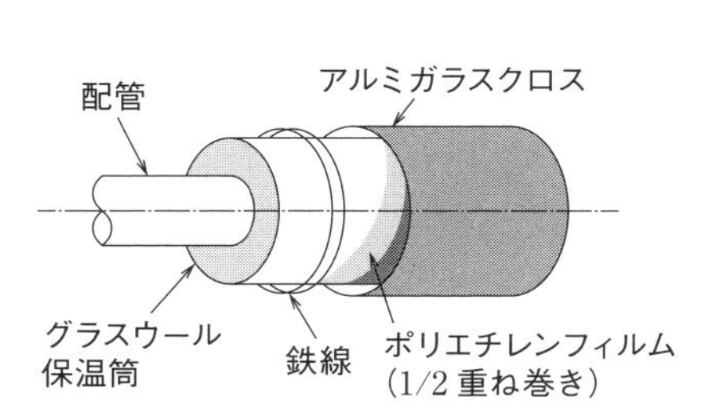

図 8・47　冷温水管の保温（屋内隠蔽部）

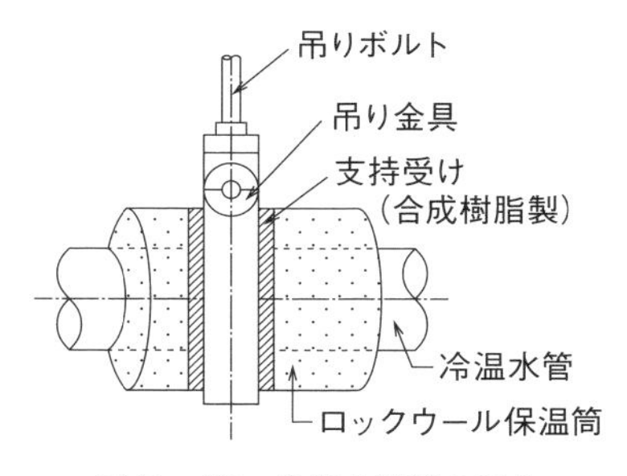

図 8・48　冷温水配管の吊り

5. 給排水衛生配管及び衛生器具の施工上の留意事項

①　衛生器具は，JIS に合格したものを使用する．

②　JIS の規格にないものは，使用目的に適応し，形状，サイズで JIS などの規格に準じる材質，機能があるものにする．

③　衛生器具取付時の芯だしは，建築設計図，器具取付要領図を検討し，決定する．

④　器具に付属するトラップの封水深は，**50 mm 以上 100 mm 以下**とする．

⑤　防水層床に設ける床排水トラップは，つば付き形を用いる．

⑥　強制循環式の下向き給湯配管では，給湯管，返湯管とも先下がりとし，勾配は 1/200 以上とする．

⑦　通気横走り管を通気立て管に接続する場合は，通気立て管に向かって上り勾配とし，配管途中で鳥居配管や逆鳥居配管とならないようにする．

⑧　屋外埋設の排水管には，合流，屈曲等がない直管部であっても，**管径の 120 倍以内**に 1 箇所，排水ますを設ける．

⑨　揚水管の試験圧力は，**揚水ポンプの全揚程の 2 倍**とするが，**0.75 MPa に満たない場合は 0.75 MPa** とし，保持時間は最小 60 分とする．

⑩　施工中の器具は，汚損や破損による被害を防止する養生を行う．

⑪　洗面器，手洗い器据付時の**施工方法**

- 合板張りの壁は，間柱と同じサイズの当て木（堅木材）を設ける．
- 軽量鉄骨ボードなどの乾式壁は，あらかじめ補強鋼材（アングル加工）又は当て木（堅木材）などを設けておく（**図 8･49**）．

⑫　水栓の吐水口端と水受け容器のあふれ縁（越流面）との間には，十分な吐水口空間を設ける（**図 8･50**）．

⑬　洗面器の設置高さは，床面より器具あふれ縁（越流面）迄 750 mm とする．

⑭　給水，排水管の埋設深さは，給水管では管の上端より車両通路で 600 mm 以上，その他の部分で 300 mm 以上，排水管では 200 mm 以上とする．

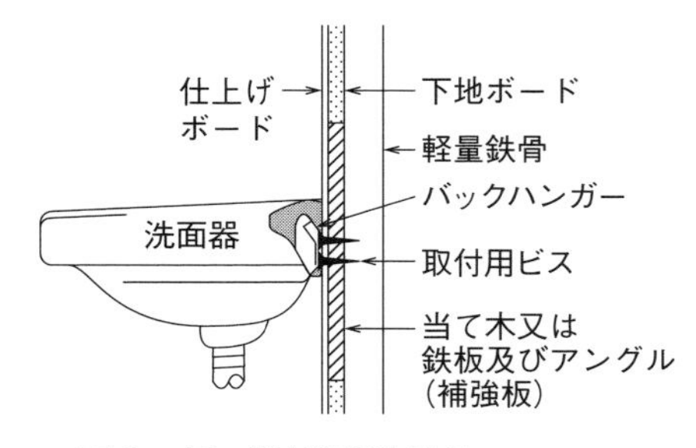

図 8・49　壁付け衛生器具

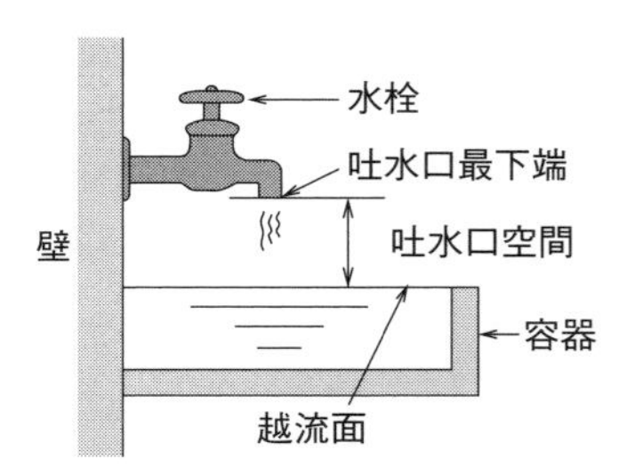

図 8・50　吐水口空間

6. 各種設備機器の試運転調整の留意事項

① **冷凍機は，冷水ポンプ，冷却水ポンプ，冷却塔のインターロックを確認後，冷凍機の起動スイッチを入れ，インターロック運転を確認**する．

② 吸収式冷温水機は，減水時システム停止のインターロックを確認するほか，換気ファンとのインターロックを確認する．

③ ボイラーの試運転では，ボイラーを運転する前に，ボイラー給水ポンプ，オイルポンプ，給気ファン等の単体運転の確認を行う．

④ **ボイラーの単体試運転調整は，火炎監視装置（フレームアイ）の前面をふさぎ，不着火や失火の場合のバーナ停止の作動を確認**する．

⑤ 蒸気ボイラーは，低水位燃焼遮断装置用の水位検出器の水位を下げ，バーナが停止することを確認する．

⑥ 無圧式温水発生機は，地震やこれに相当する衝撃を受けたとき，耐震自動消火装置が作動し，燃焼が自動停止することを確認する．

⑦ **ポンプの試運転の試運転**

・**ポンプを手で回して，回転ムラがないか確認**する．

・吐出弁を全閉にして起動し，ポンプの電流計を見ながら，徐々に弁を開いて，規定の水量になるように調整する．

・**軸封部がメカニカルシール方式の場合，メカニカルシールから水滴落下がほとんどないことを確認**する．

・ポンプと電動機の主軸が一直線になるようにカップリングに定規を当てて水平度を確認する．

⑧ 排水ポンプは，排水槽の満水警報の発令時に，2台同時運転が行われ，満水警報が発信されたことを確認する．

⑨ 空気調和機の試運転は，加湿器と空気調和機の送風機がインターロックされていることを確認する．

⑩ **多翼送風機の試運転**

- **V ベルトは，指で押したときベルトの厚さ程度にたわむのを確認**する．
- **V ベルトの回転方向がベルトの下側引っ張りとなっているか確認**する．
- 送風機の風量で，風量測定口がない場合，試験成績表の風量と電流計の電流値を読み取り，規定風量に調整する．
- **吹出側のダンパーを全閉にして，手元スイッチで瞬時運転をし，羽根の回転方向を確認**する．

7. 防　振

① 建築設備に用いられる防振材は，防振ゴムと金属ばねが一般的である．

② **金属ばね（コイルばね）の特徴**（図 8･51）

- 減衰比が小さい（振動が収まるまでの時間が長い）ため，共振時の振幅が大きくなり，サージング現象が起こりやすい．
- 金属ばねは，固有振動数が小さいため低周波数の防振に優れている．

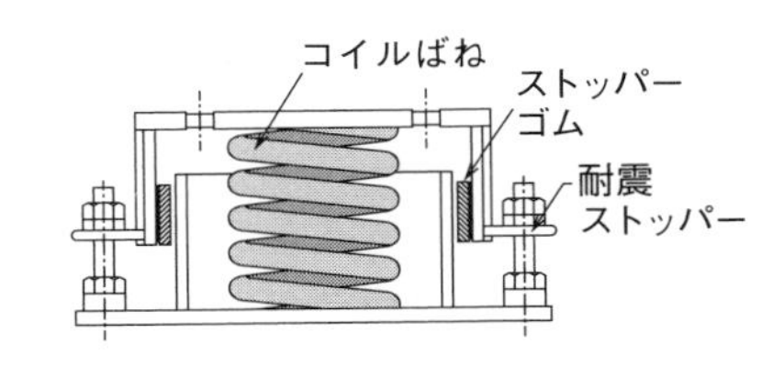

図 8・51　コイルばね防振装置

- 防振ゴムに比べ，ばね定数を小さく，固有振動数を低くすることができるので，加振力の振動数が低い系の防振材として適している．

③ **防振ゴムの特徴**（図 8･52）

- 防振ゴムは，固有振動数が大きく，高周波数の防振に優れている．
- 同一のゴムにより，垂直方向だけではなく，水平方向や回転方向のばねとして防振絶縁を行うことができる．
- ばね定数を小さく設計することができないので，固有振動数を低くすることができない．

④ 高い振動数における振動絶縁効率は，防振ゴムの方が金属ばね（コイルばね）に比べて大きい．

⑤ 機器を防振基礎上に設置すると，機器自体の振動振幅は，防振基礎を使用しない場合よりも大きい．

⑥ 防振基礎の固有振動数と設置機器の運転時の振動数の差が小さい場合，防振効果は期待できない．

⑦ 送風機の振動を直接構造体に伝えないためには，金属コイルばねを用いた架台を使用する．

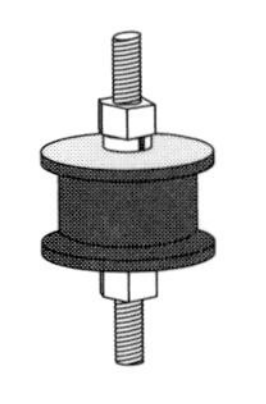

図 8・52　丸形防振ゴム

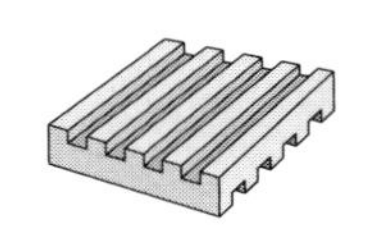

図 8・53　防振ゴムパッド

⑧ 振動伝達率は，防振架台に載せる機器の重量が大きくなると，小さくなる．

⑨ 共通架台に複数の回転機械を設置する場合，**共振現象を防止するため，回転数が1番低い機器に対して防振材を選定**する．

8. 防食対策の留意事項

① SUS 444製貯湯タンクには，応力腐食割れの対策として，外部電源方式の電気防食を施してはならない．

② コンクリート基礎中の鉄筋と土中埋設鋼管が接触すると，土中の鋼管が陽極となり，また，コンクリート中の鉄筋が陰極となり，土中の埋設鋼管が腐食する．

③ 土質の差によって生じる**マクロセル腐食**の対策として，埋設した鋼管にマグネシウム合金の犠牲陽極を施し，流電陽極方式の電気防食を行う．

④ 外部電源方式の電気防食は，マイナス極側に**防食の対象**となる電極を設け，プラス極側に**耐久性のある**電極を接続する．

⑤ 密閉系配管は，酸素が供給されないので配管の腐食速度は遅くなる．

⑥ 鋼管，ステンレス鋼管，銅管，鉛管などをコンクリート内に埋設する場合，外面腐食防止用としてポリ塩化ビニル粘着テープを1/2重ね巻きとする．

⑦ 配管完成後，十分フラッシングを行い，水中のスラッジ，溶接のノロなどの金属酸化物が配管内に残らないようにする．

⑧ 空気溜まりは酸素供給源となるので，水張り時，配管の要部に空気抜き弁を設け空気抜きを徹底して行う．

⑨ 銅配管においては**かい食防止のため，1.0m/秒内外の流速**とする．

⑩ 「**鋼とステンレス**」又は「**鋼と銅**」のような**異種配管材料で接続**する場合は，**防食のため直接接合しないで必ず絶縁**を行う．

9. 試　験

各試験に対する保持時間

① 排水管の満水試験　30分

② タンク類の満水試験　24時間

③ 給水管の水圧試験　1時間以上

④ 排水管の煙試験　15分

- 揚水管の水圧試験の試験圧力は，通常ポンプの**全揚程の2倍の圧力値**とし，試験時間は**最小保持時間1時間**とする．

- 高置タンクからの配管の水圧試験は**最小 0.74 MPa** とし，保持時間は，**1 時間以上**とする．
- 排水立て管には，3 階以下ごとに 1 個の割合で満水試験用の継手を取付ける．
- 蒸気配管は，水圧試験として，試験圧力は最高使用圧力の 2 倍，保持時間は 30 分とする．
- **冷媒配管は気密試験**とし，**加圧ガスは窒素ガス**とする．
- 給水管の水圧試験において，試験圧力は，揚水管では当該ポンプの全揚程に相当する圧力の **2 倍**の圧力，高置タンク以降の給水配管では，静水頭に相当する圧力の **2 倍**の圧力とする．

⊕その他測定に必要な計器類

① **空気調和機出口の空気温度の測定**に，**工業用バイメタル式温度計**を使用する．

② **ダクト内の風速測定**に，**ピトー管**を使用する．

③ **ダクト内の静圧測定**に，**マノメータ**を用いる．

④ **室内空気の温湿度測定**に，**アスマン通風乾湿計**を使用する．

⑤ **ベンチュリ計**は，配管の大口径部と小口径部の圧力差を測定するものである．

必ず覚えよう

❶ 機器据付：大型機器の据付上の留意事項，主な機器と配管の耐震対策

❷ 配管：配管の施工，配管材料と接合における基本的な注意事項，給水管の試験圧力，管種別の配管施工法

❸ ダクト：長方形ダクト，丸ダクトの製作と施工，ダンパーの取付

❹ 保温・保冷：各種保温材の特徴，材料の被覆順序，管の支持方法

❺ その他：代表的な設備機器（冷凍機，冷却塔，ポンプ，多翼送風機など）の試運転の手順

問題 1 基礎工事

機器の据付に関する記述のうち，適当でないものはどれか．

(1) あと施工のメカニカルアンカーボルトは，めねじ型よりおねじ型の方が許容引抜き力が大きい．

(2) カプセル方式の接着系アンカーボルトを施工する場合，マーキング位置までアンカーボルトを埋め込み後，アンカーボルトの回転により接着剤を十分撹拌する．

(3) 地震時にアンカーボルトに加わる荷重は，原則として，機器を剛体とみなし，当該機器の重心の位置に水平及び鉛直の地震力が作用するものとして算定する．

(4) あと施工の接着系アンカーボルトの打設間隔は，呼び径の 10 倍以上を標準とする．

解説 (2) マーキング位置までアンカーボルトを埋め込んだ後は，埋込み作業を止めて，接着剤の撹拌は行わない．

解答▶(2)

問題 2 基礎工事

機器の据付に関する記述のうち，適当でないものはどれか．

(1) 貯湯タンクの据付においては，周囲に 450 mm 以上の保守・点検スペースを確保するほか，加熱コイルの引抜きスペース及び内部点検用マンホール部分のスペースを確保する．

(2) 防振基礎に設ける耐震ストッパーは，地震時における機器の横移動の自由度を確保するため，機器本体との間のすき間を極力大きくとって取付ける．

(3) あと施工アンカーの設置においては，所定の許容引抜き力を確保するため，使用するドリルにせん孔する深さの位置をマーキングして所定のせん孔深さを確保する．

(4) 天井スラブの下面において，あと施工アンカーを上向きに設置する場合，接着系アンカーは使用しない．

解説 (2) 耐震ストッパーと機器本体との間のすき間は，機器が運転する際に接触しない程度の間隔を取り，地震時に機器に接触するストッパー面には，ゴムなどを設ける．

解答▶(2)

問題 3 基礎工事

アンカーボルトに関する記述のうち，適当でないものはどれか．

(1) アンカーボルトは，それに加わる引抜き力，せん断力及びアンカーボルトの本数から，ボルトの径及び埋込み長さを決定した．

(2) あと施工の金属拡張アンカーボルトは，おねじ型よりめねじ型の方が，許容引抜き力が大きい．

(3) 振動を伴う機器の固定は，ナットが緩まないようにダブルナットとし，増し締め後に確認のマーキングを行った．

(4) あと施工の接着系アンカーボルトは，下向き取付の場合，あと施工の金属拡張アンカーボルトに比べて許容引抜き力が大きい．

解説 (2) おねじ型よりめねじ型の方が，**許容引抜き力が小さい．**

解答▶(2)

金属拡張あと施工アンカーボルト

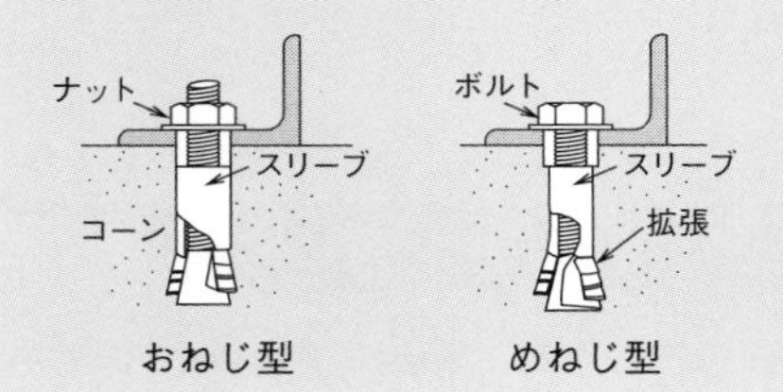

問題 4 基礎工事

機器の基礎及びアンカーボルトに関する記述のうち，適当でないものはどれか．

(1) コンクリートを現場練りとする場合，調合（容積比）はセメント 1，砂 2，砂利 4 程度とする．

(2) チリングユニットで防振基礎とする場合は，耐震ストッパーを設ける．

(3) アンカーボルトは，J 形より許容引抜き荷重が大きい L 形を用いた．

(4) あと施工アンカーボルトは，基礎コンクリートの強度が，規定以上であることを確認してから打設した．

解説 (3) L 形アンカーボルトは，J 形アンカーボルトに比べて，**許容引抜き荷重が小さい．**

解答▶(3)

問題 5 基礎工事

アンカーボルトに関する記述のうち，適当でないものはどれか．

(1) あと施工のアンカーボルトにおいては，下向き取付の場合，金属拡張アンカーに比べて，接着系アンカーの許容引抜き力は小さい．

(2) あと施工のメカニカルアンカーボルトは，めねじ型よりおねじ型の方が許容引抜き力が大きい．

(3) アンカーボルトの径及び埋込み長さは，アンカーボルトに加わる引抜き力，せん断力及びアンカーボルトの本数などから決定する．

(4) アンカーボルトの埋込み位置と基礎縁の距離が不十分な場合，地震時に基礎が破損することがある．

解説 (1) 金属拡張アンカーに比べて，接着系アンカーの許容引抜き荷重は大きい．

※あと施工のアンカーボルトは，コンクリート打設後，躯体に穴をあけ，アンカーボルトを取付ける．

解答▶(1)

問題 6 機器据付工事

機器の据付に関する記述のうち，適当でないものはどれか．

(1) V ベルト駆動の送風機は，V ベルトの回転方向でベルトの下側引張りとなるように設置した．

(2) 排水用水中モーターポンプの据付位置は，排水槽への排水流入口から離れた場所とした．

(3) 渦巻ポンプの吸込み管内が負圧になるおそれがあったため，連成計を取付けた．

(4) 呼び番号 3 の送風機は，天井より吊りボルトにて吊り下げ，振れ防止のためターンバックルをつけた斜材を 4 方向に設けた．

解説 (4) 呼び番号 2 未満の小型送風機は，天井より吊りボルトと振れ防止用の斜材とターンバックルで吊った架台上に設ける．

≫**ターンバックル**：右ねじと左ねじを本体 1 回転で一度に締め付ける締結金具．

解答▶(4)

問題 7 機器据付け工事

機器の据付に関する記述のうち，適当ではないものはどれか．

(1) 低層建築物の屋上に2台の冷却塔を近接して設置する場合，2台の冷却塔は，原則として，冷却塔本体のルーバー面の高さの2倍以上離して設置する．

(2) 横形ポンプを2台以上並べて設置する場合，各ポンプの基礎の間隔は，一般的に500 mm以上とする．

(3) 真空又は窒素加圧状態で分割搬入した密閉型遠心冷凍機は，大気開放してから組み立て据付ける．

(4) 大型冷凍機をコンクリート基礎に据付ける場合，冷凍機は，基礎のコンクリートを打設後，10日が経過してから据付ける．

解説 (3) 密閉型遠心冷凍機は，配管の接続時，真空や窒素加圧の状態の保持に気をつけ，運転開始まで配管の弁を開放してはならない．真空や窒素加圧の状態の破壊に気をつける．

解答▶(3)

問題 8 機器据付け工事

機器の据付に関する記述のうち，適当でないものはどれか．

(1) 1日の冷凍能力が法定50トン未満の冷凍機の据付において，冷凍機の操作盤前面の空間距離は，大型ボイラー等に面する場合を除き，1.2 mとしてよい．

(2) 屋内設置の飲料用受水タンクの据付において，コンクリート基礎上の鋼製架台の高さを100 mmとする場合，コンクリート基礎の高さは500 mmとしてよい．

(3) 呼び番号3の送風機の設置において，4方向に振れ止めを設ける場合，天井から吊りボルトにより吊り下げてよい．

(4) 雑排水用水中モーターポンプ2台を排水槽内に設置する場合，ポンプケーシングの中心間距離は，ポンプケーシングの直径の3倍としてよい．

解説 (3) 呼び番号2未満の小型送風機は，天井より吊りボルトと振れ防止用の斜材で吊った架台上に設ける．呼び番号3以上の送風機は，形鋼かご型の架台に設置する．

解答▶(3)

問題 9 機器据付工事

機器の据付に関する記述のうち，適当でないものはどれか．

(1) パッケージ型空気調和機の屋外機の設置場所に季節風が吹き付ける場合，屋外機は原則として，空気の吸込み面や吹出し面が季節風の方向に正対しないように設置する．

(2) 3 階建ての建築物の屋上に 2 台の冷却塔を近接して設置する場合，2 台の冷却塔は，原則としてルーバー面の高さの 2 倍以上離して設置する．

(3) 呼び番号 3 の送風機を天井吊りとする場合，送風機は形鋼をかご型に溶接した架台上に防振材を介して設置し，当該架台は建築構造体に固定する．

(4) 大型ボイラーをコンクリート基礎に据付ける場合，ボイラーは，基礎のコンクリートを打設後，5 日が経過してから据付ける．

解説 (4) 基礎のコンクリートを打設後，10 日間程度の養生期間が経過してから据付ける．5 日では，養生期間が短い．

解答▶(4)

問題 10 機器据付工事

機器の据付に関する記述のうち，適当でないものはどれか．

(1) 吸収冷温水機は，脚部の振動の振幅値が小さいため，屋上や中間階設置の場合，防振パッド上に据付けることが多い．

(2) 送風機の防振基礎には，地震による横ずれや，転倒防止のためのストッパーを設ける．

(3) 送風機とモーターのプーリーの芯だしは，外側面に定規や水糸などを当てて調整する．

(4) 真空又は窒素加圧の状態で据付けられた冷凍機は，機内を大気に開放した後，配管を接続する．

解説 (4) 配管の接続時は，真空や窒素加圧の状態の保持に気を付け，運転開始までは配管の弁を開放しながら，真空や窒素加圧の状態の破壊に気をつける．

解答▶(4)

問題 11 配管工事

配管及び配管付属品の施工に関する記述のうち，適当でないものはどれか．

(1) 冷温水配管の空気抜きに自動空気抜き弁を設ける場合，当該空気抜き弁は，管内が正圧になる箇所に設ける．

(2) 冷温水配管の主管から枝管を分岐する場合，エルボを3個程度用いて，管の伸縮を吸収できるようにする．

(3) 排水立て管に鉛直に対して45°を超えるオフセットを設ける場合，当該オフセット部には，原則として，通気管を設ける．

(4) 冷温水横走り配管の径違い管を偏心レジューサーで接続する場合，管内の下面に段差ができないように接続する．

解説 (4) 径違い管を偏心レジューサーで接続する場合，**管の上面**に段差ができ，空気溜まりとならないよう，**上部は平らになるように取りつける**．

解答▶(4)

問題 12 配管工事

配管及び配管付属品の施工に関する記述のうち，適当でないものはどれか．

(1) 屋外埋設の排水管には，合流，屈曲等がない直管部であっても，管径の120倍以内に1箇所，排水桝（ます）を設ける．

(2) ステンレス鋼管の溶接接合は，管内にアルゴンガス又は窒素ガスを充満させてから，TIG溶接により行う．

(3) 遠心ポンプの吸込み管は，ポンプに向かって1/100程度の下り勾配とし，管内の空気がポンプ側に抜けないようにする．

(4) 配管用炭素鋼鋼管を溶接接合する場合，管外面の余盛高さは3 mm程度以下とし，それを超える余盛はグラインダー等で除去する．

解説 (3) 遠心ポンプの吸込み管は，ポンプに向かって1/50～1/100程度の**上り勾配**とする．

解答▶(3)

問題13 配管工事

空気調和設備の配管の施工に関する記述のうち，適当でないものはどれか．

(1) 空気調和機への冷温水量を調整する混合型電動3方弁は，一般的に空調機コイルからの還り管に設ける．

(2) 空気調和機への冷温水配管の接続では，往き管を空調機コイルの下部接続口に，還り管を上部接続口に接続する．

(3) 冷温水配管からの膨張管を開放形膨張タンクに接続する際は，接続口の直近にメンテナンス用バルブを設ける．

(4) 複数の空気調和機に冷温水を供給する冷温水配管において，各空気調和機を通る経路の摩擦損失抵抗を等しくする方式にリバースリターン方式がある．

解説 (3) 膨張管にバルブを設け，間違ってバルブを閉めた場合，配管系統に支障をきたすので，**膨脹管にはメンテナンス用のバルブを取付けてはならない**．

解答▶(3)

問題14 配管工事

配管の施工に関する記述のうち，適当でないものはどれか．

(1) ポンプの振動が防振継手により配管と絶縁されている場合は，配管の防振支持の検討は不要である．

(2) 配管の防振支持に吊り形の防振ゴムを使用する場合は，防振ゴムに加わる力の方向が鉛直下向きとなるようにする．

(3) 強制循環式の下向き給湯配管では，給湯管，返湯管とも先下がりとし，勾配は1/200以上とする．

(4) 通気横走り管を通気立て管に接続する場合は，通気立て管に向かって上り勾配とし，配管途中で鳥居配管や逆鳥居配管とならないようにする．

解説 (1) 配管の振動は，ポンプの振動が配管に伝わり，配管内の脈動，ウォータハンマによって発生するので，機器に**防振継手が取付けられていても，防振支持の検討は必要**である．

解答▶(1)

問題 15 ダクト工事

ダクト及びダクト付属品の施工に関する記述のうち，適当でないものはどれか．

(1) ダクトの系統において，常用圧力（通常の運転時におけるダクト内圧）が±500 Pa を超える部分は，高圧ダクトとする．

(2) 送風機の吐出口直後に風量調節ダンパーを取付ける場合，風量調節ダンパーの軸が送風機の羽根車の軸に対し平行となるようにする．

(3) 亜鉛鉄板製の排煙ダクトと排煙機の接続は，原則としてたわみ継手等を介さずに，直接フランジ接合とする．

(4) 送風機の吐出口直後にエルボを取付ける場合，吐出口からエルボまでのダクトの長さは，送風機の羽根車の径の 1.5 倍以上とする．

解説 (2) 風量調節ダンパーの軸が送風機の**羽根車の軸に対し直角となるようにする**．羽根車の軸に対し平行にすると，気流の偏流が平行に流入して風量調整がうまくできない．

解答▶(2)

問題 16 ダクト工事

ダクト及びダクト付属品の施工に関する記述のうち，適当でないものはどれか．

(1) 口径が 600 mm 以上のスパイラルダクトの接続には，一般的に，フランジ継手が使用される．

(2) 排煙ダクトに使用する亜鉛鉄板製の長方形ダクトの板厚は，高圧ダクトの板厚とする．

(3) シーリングディフューザー形吹出口は，最小拡散半径が重なるように配置する．

(4) 長辺が 450 mm を超える保温を施さない亜鉛鉄板製ダクトには，補強リブを入れる．

解説 (3) シーリングディフューザー形吹出口は，最小拡散半径が重なるように配置すると，ドラフトを感じるので，**最小拡散半径が重ならないように配置**する．

≫**ドラフト**：人体に当たると不快感を与える気流．

解答▶(3)

問題 17 ダクト工事

ダクト及びダクト付属品の施工に関する記述のうち，適当でないものはどれか．

(1) 亜鉛鉄板製スパイラルダクトは，亜鉛鉄板をらせん状に甲はぜ機械掛けしたもので，高圧ダクトにも使用できる．

(2) 横走りの主ダクトに設ける振れ止め支持の支持間隔は 12 m 以下とするが，梁貫通箇所等の振れを防止できる箇所は振れ止め支持とみなしてよい．

(3) 立てダクトの支持は 1 フロア 1 か所とするが，階高が 4 m を超える場合には中間に支持を追加する．

(4) サプライチャンバーやレタンチャンバーの点検口の扉は，原則として，チャンバー内が正圧の場合は外開き，負圧の場合は内開きとする．

解説 (4) 点検口の扉は，チャンバー内が**正圧の場合は内開き，負圧の場合は外開き**とする．

解答▶(4)

問題 18 ダクト工事

ダクト及びダクト付属品の施工に関する記述のうち，適当でないものはどれか．

(1) フランジ用ガスケットの厚さは，アングルフランジ工法ダクトでは 3 mm 以上，コーナーボルト工法ダクトでは 5 mm 以上を標準とする．

(2) コーナーボルト工法ダクトのフランジ用ガスケットは，フランジ幅の中心線より内側に貼り付け，コーナー部でオーバーラップさせる．

(3) コーナーボルト工法ダクトのフランジのコーナー部では，コーナー金具まわりと四隅のダクト内側のシールを確実に行う．

(4) コーナーボルト工法ダクトの角部のはぜは，アングルフランジ工法ダクトの場合と同じ構造としてよい．

解説 (2) フランジ用ガスケットは，幅の狭いものをフランジの中心より内側に設け，継目はコーナー部を避けてフランジの中央で長めにオーバーラップさせる．

解答▶(2)

問題 19 ダクト工事

ダクト及びダクト付属品の施工に関する記述のうち，適当でないものはどれか．

(1) アングルフランジ工法ダクトの角の継目は，長辺が 800 mm の長方形ダクトの場合，1 か所とする．

(2) 共板フランジ工法ダクトのフランジ押え金具（クリップなど）は再使用しない．

(3) 風量調整ダンパーは，対向翼ダンパーの方が平行翼ダンパーより風量調整機能が優れている．

(4) アングルフランジ工法ダクトは，フランジ接続部分の鉄板の折返しを 5 mm 以上とする．

解説 (1) 角の継目は，工法に関係がなくダクトの長辺が **750 mm 以下なら 1 か所**，**750 mm を超える場合は 2 か所以上**で行う．

解答▶(1)

問題 20 ダクト工事

ダクトの施工に関する記述のうち，適当でないものはどれか．

(1) 共板フランジ工法の横走りダクトの吊り間隔は，アングルフランジ工法より短くする．

(2) 送風機の吐出口直後にエルボを取付ける場合，吐出口からエルボまでの距離は，送風機の羽根径の 1.5 倍以上とする．

(3) 亜鉛鉄板製スパイラルダクトは，亜鉛鉄板をら旋状に甲はぜ機械掛けしたもので，高圧ダクトにも使用できる．

(4) 最上階等を横走りする主ダクトに設ける耐震支持は，25 m 以内に 1 か所，形鋼振止め支持とする．

解説 (4) 横走りする主ダクトに設ける耐震支持は，**形鋼振止め支持の間隔を 12 m 以内と**，しなければならない．

解答▶(4)

問題 21 ダクト工事

ダクト及びダクト付属品の施工に関する記述のうち，適当でないものはどれか．

(1) 一般系統用防火ダンパーの温度ヒューズの作動温度は，72℃程度とする．
(2) 風量調整ダンパーの取付位置は，エルボ部よりダクト幅の2倍程度離れた直線部分とする．
(3) シーリングディフューザー形吹出口は，最小拡散半径が重ならないように配置する．
(4) シーリングディフューザー形吹出口は，暖冷房効果をあげるため，冷房時には中コーンを下げ，暖房時には中コーンを上げる．

解説 (2) 風量調整ダンパーの取付位置は，エルボ部より**ダクト幅の8倍程度**離れた直線部分とする．

解答▶(2)

問題 22 ダクト工事

ダクト及びダクト付属品の施工に関する記述のうち，適当でないものはどれか．

(1) 長方形ダクトに用いる直角エルボには，ダクトと同じ板厚の案内羽根を設ける．
(2) シーリングディフューザー形吹出口は，最小拡散半径が重なるように配置する．
(3) 口径が600 mm以上のスパイラルダクトは，フランジ接合とする．
(4) 変風量（VAV）ユニットは，気流が整流となるダクトの直管部分に設ける．

解説 (2) シーリングディフューザー形吹出口は，気流の干渉による**室内温度のむらを防止**するため，**最小拡散半径が重ならない**ように配置する．

>> **最小拡散半径**：吹出口からの風速が0.5 m/秒以上となる範囲．

解答▶(2)

問題 23 保温・保冷

保温，保冷の施工に関する記述のうち，適当でないものはどれか.

(1) スパイラルダクトの保温に帯状保温材を用いる場合は，原則として，鉄線を 150 mm 以下のピッチでらせん状に巻き締める.

(2) 保温材相互のすきまはできる限り少なくし，保温材の重ね部の継目は同一線上とならないようにする.

(3) 保温材の取付が必要な機器の扉，点検口廻りは，その開閉に支障がなく，保温効果を減じないように施工する.

(4) テープ巻き仕上げの重ね幅は 15 mm 以上とし，垂直な配管の場合は，上方から下方へ巻く.

解説 (4) 重ね幅は 15 mm 以上とし，垂直な配管は**下方から上方に向かって巻き上げる**．上方から下方に向かって巻くと，重力の影響でテープが剥がれやすくなる.

解答▶(4)

問題 24 保温・保冷

保温・保冷，塗装に関する記述のうち，適当でないものはどれか.

(1) ポリスチレンフォーム保温材は，優れた独立気泡体を有し，吸水，吸湿による断熱性能の低下が小さい.

(2) 立て管の外装用テープは，ずれを少なくするために，一般的に，立て管の上方より下向きに巻き進める.

(3) 亜鉛めっき面に合成樹脂調合ペイント塗りを施す場合，中塗り及び上塗りの塗装工程における放置時間及び最終養生時間は，一般的に，気温 20 ℃ では両工程とも 24 時間以上とする.

(4) 保温帯を二層以上重ねて所要の厚さにする場合は，保温帯の各層をそれぞれ鉄線で巻き締める.

解説 (2) ずれを少なくするために，**立て管の下方より上向きに巻き上げる**.

解答▶(2)

問題 25 保温・保冷

保温に関する記述のうち，適当でないものはどれか．

(1) ステンレス鋼板製（SUS 444 製を除く．）貯湯タンクを保温する際は，タンク本体にエポキシ系塗装等を施すことにより，タンク本体と保温材とを絶縁する．

(2) ポリスチレンフォーム保温筒を冷水管の保温に使用する場合，保温筒 1 本につき 2 か所以上粘着テープ巻きを行うことにより，合わせ目の粘着テープ止めは省略できる．

(3) 保温を施した屋内露出配管が床を貫通する場合は，床面より少なくとも 150 mm 程度の高さまでステンレス鋼帯製バンド等で被覆する．

(4) JIS に規定される 40 K のグラスウール保温板は，32 K の保温板に比較して，熱伝導率（平均温度 70 ℃）の上限値が小さい．

解説 (2) 保温筒 1 本につき 2 か所以上の粘着テープ巻きを行い，合わせ目の粘着テープ止めを行う．合わせ目の粘着テープ止めを省略してはならない．

解答▶(2)

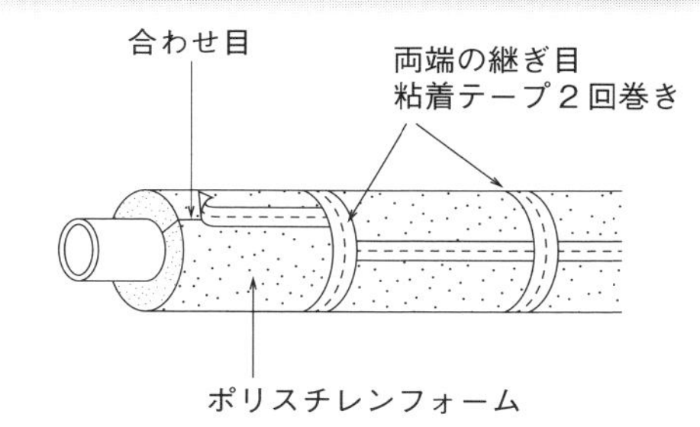

問題 26 保温・保冷

保温・保冷・塗装に関する記述のうち，適当でないものはどれか．

(1) ポリスチレンフォーム保温筒は，保温筒1本につき鉄線を2か所以上巻き締める．

(2) 室内露出配管の床貫通部は，その保温材の保護のため，床面より少なくとも高さ150 mm程度までステンレス鋼板等で被覆する．

(3) 冷温水管の保温施工において，ポリエチレンフィルムは，防湿及び防水のため，補助材として使用される．

(4) 塗装は，原則として，塗装場所の気温が5℃以下，湿度が85％以上，換気が十分でなく結露する等，塗料の乾燥に不適当な場所では行わない．

解説 (1) ポリスチレンフォーム保温筒は，**合わせ目を粘着テープで止め，継ぎ目は粘着テープ2回巻き**（問題㉔，解説図）．鉄線巻きはロックウール保温筒，グラスウール保温筒となる．

解答▶(1)

問題 27 試運転調整

試運転調整に関する記述のうち，適当でないものはどれか．

(1) チリングユニットは，冷水ポンプ，冷却水ポンプ，冷却塔とのインターロックを確認する．

(2) 蒸気ボイラーは，低水位燃焼遮断装置用の水位検出器の水位を下げることにより，バーナが停止することを確認する．

(3) ポンプは，吐出し側の弁を全開にして起動し，徐々に弁を閉じて，規定の水量になるように調整する．

(4) 送風機の風量は，風量測定口がない場合，試験成績表と運転電流値により確認する．

解説 (3) ポンプは，吐出し側の弁を**全閉**にして起動し，徐々に弁を**開きながら**水量調整をする．

解答▶(3)

問題 28 試運転調整

機器の試運転調整に関する記述のうち，適当でないものはどれか．

(1) 蒸気ボイラーは，低水位燃焼遮断装置の水位検出器の水位を下げることにより，バーナが停止することを確認する．

(2) 給水ポンプの軸受け温度を点検し，周囲空気温度より 40℃ 以上高くなっていないことを確認する．

(3) ポンプのメカニカルシールの摺動部から，ほとんど漏水がないことを確認する．

(4) チリングユニットの場合，冷却塔の送風機を止めて，低圧リレーが作動することを確認する．

解説 (4) 冷却塔の送風機を止めたときに，**圧力保護制御機能**が作動するのを確認する．及び蒸発器の試運転調整で，蒸発器の圧力が下がりすぎたときに，低圧リレーが作動するのを確認する．

解答▶(4)

問題 29 試運転調整

試運転調整時の確認事項に関する記述のうち，適当でないものはどれか．

(1) 渦巻きポンプは，ポンプと電動機の主軸が一直線になるようにカップリングに定規を当てて水平度を確認する．

(2) 吸収冷温水機は，減水時システム停止のインターロックを確認するほか，換気ファンとのインターロックを確認する．

(3) 排水ポンプは，排水槽の満水警報の発報により 2 台交互運転することを確認する．

(4) 無圧式温水発生機は，地震又はこれに相当する衝撃により燃焼が自動停止することを確認する．

解説 (3) 排水ポンプは，排水槽の満水警報の発報により **2 台同時運転**することを確認する．

解答▶(3)

問題30 試運転調整

ポンプの試運転調整に関する記述のうち，適当でないものはどれか．

(1) 冷凍機の運転停止時には，冷却水ポンプが残留運転していることを確認する．

(2) 軸受温度が，周囲空気温度より 40℃ 以上高くなっていないことを確認する．

(3) 規定水量は，吐出し側弁を全閉にして起動し，徐々に弁を開けながら調整する．

(4) メカニカルシールの摺動部から，運転中に一定量の水滴が出ていることを確認する．

解説 (4) メカニカルシールの摺動部から，運転中の**水漏れがない**ことを確認する．ポンプの軸封部には，グランドパッキンとメカニカルシールの2種類がある．グランドパッキンはパッキンの発熱防止として，連続滴下程度の水漏れが必要となる．

解答▶(4)

問題31 腐食・防食

防食方法等に関する記述のうち，適当でないものはどれか．

(1) 溶融めっきは，金属を高温で溶融させた槽中に被処理材を浸漬したのち引き上げ，被処理材の表面に金属被覆を形成させる防食方法である．

(2) 金属溶射は，加熱溶融した金属を圧縮空気で噴射して，被処理材の表面に金属被覆を形成させる防食方法である．

(3) 配管の防食に使用される防食テープには，防食用ポリ塩化ビニル粘着テープ，ペトロラタム系防食テープ等がある．

(4) 電気防食法における外部電源方式では，直流電源装置から被防食体に防食電流が流れるように，直流電源装置のプラス端子に被防食体を接続する．

解説 (4) 直流電源装置の**プラス端子**に防食体を，マイナス端子に被防食体を接続する．

解答▶(4)

問題32 腐食・防食

設備配管の腐食・防食に関する記述のうち，適当でないものはどれか.

(1) 密閉系配管では，ほとんど酸素が供給されないので配管の腐食速度は遅い.
(2) 電縫鋼管は，鍛接鋼管に比べて溝状腐食が発生しやすい.
(3) 蒸気管に使用した鋼管に発生する腐食は，還り管より往き管に発生しやすい.
(4) 開放系冷却水管では，スケールの形成による腐食の抑制があるが，酸素濃淡電池による局部腐食が発生する場合がある.

解説 (3) 鋼管に発生する腐食は，往き管より還り管に発生しやすい.

解答▶(3)

問題33 機器の防振

機器の防振に関する記述のうち，適当でないものはどれか.

(1) ポンプの振動を直接構造体に伝えないために，防振ゴムを用いた架台を使用する.
(2) ポンプの振動を直接配管に伝えないために，防振継手を使用する.
(3) 送風機の振動を直接構造体に伝えないために，金属コイルばねを用いた架台を使用する.
(4) 送風機の振動を直接ダクトに伝えないために伸縮継手を使用する.

解説 (4) 送風機の振動が直接ダクトに伝わらないようにたわみ継手を設ける.

解答▶(4)

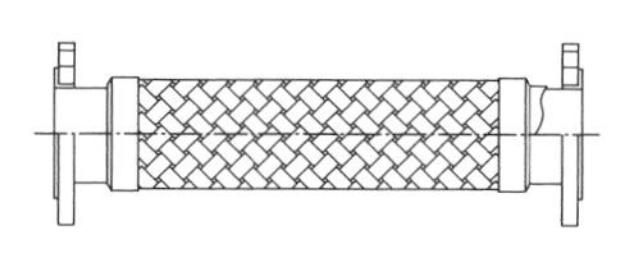

ステンレス製防振継手

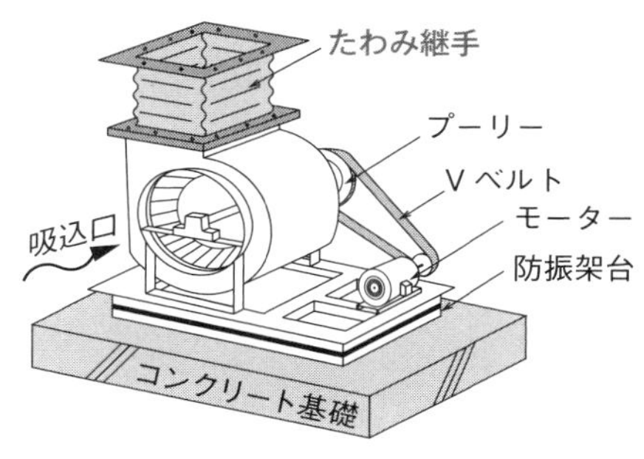

たわみ継手

問題34 騒音・防振

騒音・振動の「現象」，「発生部位」及び「原因」の組合せとして，適当でないものはどれか．

	（現象）	（発生部位）	（原因）
(1)	振動	遠心ポンプ	キャビテーション
(2)	流水音	給水管	水圧が低い
(3)	流水音	排水管	流水の乱れ
(4)	ウォータハンマ	揚水管	水圧が高い

解説 (2) 給水管の水圧が高いと管内の流水が乱れるため，騒音（流水音）や振動の発生部位となる．

解答▶(2)

問題35 防振

防振に関する記述のうち，適当でないものはどれか．

(1)共通架台に複数個の回転機械を設置する場合，防振材は一番低い回転数に合わせて選定する．

(2)金属ばねは，防振ゴムに比べて，一般的に低周波数の振動の防振に優れている．

(3)金属ばねは，減衰比が大きいため，共振時の振幅が小さく，サージング現象が起こりにくい．

(4)金属ばねは，防振ゴムに比べて，一般的に耐寒性，耐熱性，耐水性，耐油性に優れている．

解説 (3) 金属ばねの特徴は以下のとおりである．

- 防振ゴムに比べると，ばね定数が小さく，固有振動数を低くできるので，加振力の振動数が低い防振材として適している．
- 減衰係数がほとんどゼロで，共振時の振幅増加が欠点となる．
- 高い周波数で，サージング現象が起こる．

解答▶(3)

8 6 監理技術者補佐として必要な応用能力

令和３年度に試験制度の改正が行われた．第一次検定には，これまでの学科試験で出題されていた知識問題を基本に，実地試験で出題されていた応用能力の問題の一部が追加されることになった．

第一次検定の合格基準点は全体で**60 % 以上の得点**，追加された応用能力は，**50 % 以上の得点**と公表されている．したがって，第一次検定の合格基準点60 % 以下，応用能力が50 % 以下の得点では，不合格となる．問題の解答は，マークシート形式を基本としている．

1. 第一次検定の問題は従来どおり，**四肢一択**で設問される．
2. 応用能力の問題は，実地試験で出題されていた施工管理法の問題から，**四肢二択**で設問される．

1 申請・届出書類と提出先に関する項目

⊕□にレ点を入れて精読する（以下同様）．

□高圧ガス保安法の高圧ガス製造許可申請書は**都道府県知事**に提出

□消防法の指定数量以上の危険物貯蔵所設置許可申請書は**都道府県知事又は市町村長**に提出

□労働安全衛生法の第一種圧力容器設備設置届は**労働基準監督署長**に提出

□振動規制法の特定建設作業実施届出書は**市町村長**に提出

□ボイラー設置届は**労働基準監督署長**に提出

□ばい煙発生施設設置届出書は**都道府県知事**に提出

□工事整備対象設備等着工届出書は**消防長又は消防署長**に提出

□振動の特定建設作業実施届出書は**市町村長**に提出

2 公共工事標準請負契約約款に関する留意事項

□受注者は，設計図書に定めるところにより，工事目的物及び工事材料等を火災保険，建設工事保険等に付さなければならない．

□発注者が監督員を置いたときは，約款に定める請求，通知，報告，申出，承諾及び解除については，設計図書に定めるものを除き，**監督員を経由して行う．**

□発注者は，必要があると認めるときは，設計図書の変更内容を受注者に通知して，設計図書を変更することができる．

□工事材料は，設計図書にその品質が明示されていない場合にあっては，**中等の品質**を有するものとする．

□発注者が設計図書を変更し，請負代金が**2/3 以上減少**した場合，受注者は契約を解除することができる．

□発注者は，完成通知を受けたときは，**通知を受けた日から 14 日以内に完成検査を完了**し，その結果を受注者に通知しなければならない．

□受注者は，工事現場内に搬入した工事材料を監督員の承諾を受けないで工事現場外に搬出してはならない．

□発注者は，受注者が正当な理由なく，工事に着手すべき期日を過ぎても工事に着手しないときは，**契約を解除**することができる．

3 施工計画に関する留意事項

□工事目的物を完成させるための施工方法は，設計図書等に特別の定めがない限り，受注者の責任において定めることができる．

□予測できなかった大規模地下埋設物の撤去に要する費用は，設計図書等に特別の定めがない限り，**受注者の負担としなくてもよい．**

□総合施工計画書は受注者の責任において作成されるが，設計図書等に**特記された事項については監督員の承諾を受けなければならない．**

□公共工事の場合，発注者に社会保険に係る法定福利費を明示した内訳書の提出は求められるが，**実行予算書の提出は求められない．**

□**工事原価**とは，**純工事費と現場管理費**を合わせたもの．

□**純工事費**とは，**直接工事費と共通仮設費**とを合わせたもの．

□**現場管理費**には，**労務管理費**，**保険料**，**現場従業員の給与手当**がある．

□仮設計画は，現場事務所，足場など施工に必要な諸設備を整えることであり，主としてその**工事の受注者がその責任において計画**する．

□総合施工計画書は**受注者の責任**において作成され，設計図書に特記された事項については**監督員の承諾**を受ける．

□工事中に設計変更や追加工事が必要となった場合は，工期及び請負代金額の変更について，**発注者と受注者で協議**する．

□仮設物は，工事期間中一時的に使用されるものなので，**火災予防**，**盗難防止**，

安全管理，**作業騒音対策**を考慮する．

4 工程管理に関する留意事項

□**スケジューリング**は，手持ち資源等の制約のもとで工期を計画全体の所定の期間に合わせるために調整することをという．

□ネットワーク工程表は，作業内容を**矢線で表示するアロー形と丸で表示するイベント形**に大別することができる．

□ネットワーク工程表において日程短縮を検討する際は，日程短縮により**トータルフロートが負**となる作業について作業日数の短縮を検討する．

□**マンパワースケジューリング**は，工程計画時の配員計画のことで**作業員の人数が経済的**，**合理的**になるように作業の予定を決めることをいう．

□総工事費が最小となる最も経済的な施工速度を**経済速度**といい，このときの工期を**最適工期**という．

□総合工程表は，工事全体の作業の施工順序，労務・資材などの段取り，それらの工程などを総合的に把握するために作成する．

□総合工程表で利用されることが多いネットワーク工程表には，前作業が遅れた場合の**後続作業への影響度が把握しやすい**という長所がある．

□バーチャート工程表は，作成が容易で，作業の所要時間と流れが比較的わかりやすいので，詳細工程表によく用いられる．

□バーチャート工程表で作成する**予定進度曲線**は，一般に，**S カーブ**と呼ばれ，実施進度と比較することにより工程の動きを把握できる．

□ガントチャート工程表は，各作業の完了時点を 100 % としたもので，次のような欠点がある．

①各作業の前後関係が不明
②工事全体の進行度が不明
③各作業の日程，所要工数が不明

5 品質管理に関する留意事項

□**PDCA** サイクルは，**計画 → 実施 → 確認 → 処理 → 計画のサイクル**を繰り返すことであり，品質の改善に有効である．

□全数検査は，特注機器の検査，配管の水圧試験，空気調和機の試運転調整等に適用するものである.
□抜取検査は，合格ロットの中に，**ある程度の不良品の混入が許される場合**に適用する.
□品質管理とは，品質の目標や管理体制等を記載した品質計画に基づいて，設計図書で要求された品質を実現する方法である.
□品質管理を行うことによって工事費は増加するが，品質の向上や均一化に効果がある.
□品質管理には，施工図の検討，機器の工場検査，装置の試運転調整などがある.
□**散布図**は，縦・横軸のグラフに点でデータをプロットしたもので，点の分布状態よりデータの相関関係がわかる.
□**ヒストグラム**は，柱状図とも呼ばれるもので，データの分布から規則性をつかんで不良原因の追究ができる.
□**特性要因図**は，魚の骨とも呼ばれるもので，**不良の原因**を深く追及することができる.
□**パレート図**は，不良品，欠点，故障の発生個所を現象，原因別に分類して，棒グラフと折れ線グラフで表したものである.

6 安全管理に関する留意事項

□高さが2m以上，6.75m以下の作業床がない箇所での作業において，胴ベルト型の墜落制止用器具を使用する場合，当該器具は一本つり胴ベルト型とする.
□**ヒヤリハット**活動とは，作業中にけがをする危険を感じてヒヤリとしたこと等を報告させることにより，危険有害要因を把握し改善を図っていく活動である.
□**ZD**（ゼロ・ディフェクト）運動とは，**作業員の自発的な安全の盛り上がり**により，ミスや欠点を排除することを目的とした安全活動のことである.
□安全施工サイクルとは，安全朝礼から始まり，安全ミーティング，安全巡回，安全工程打合せ，後片付け，終業時確認までの**作業日ごとの安全活動サイクル**のことである.
□重大災害とは，一時に**3人以上**の労働者が業務上**死病又は，罹病災害事故**をいう.

□建設工事において**発生件数の多い労働災害**には，墜落･転落災害，建設機械･クレーン災害，土砂崩壊・倒壊災害がある．

□災害の発生頻度を示す度数率とは，**延べ実労働時間 100 万時間当たり**の労働災害による**死傷者数**である．

□災害の規模及び程度を示す強度率とは，**延べ実労働時間 1 000 時間当たり**の労働災害による労働損失日数である．

□屋内でアーク溶接作業を行う場合は，粉じん障害を防止するため，**全体換気装置による換気の実施**又はこれと同等以上の措置を講じる．

□**リスクアセスメント**とは，**潜在する労働災害のリスク**を評価し，当該リスクの低減対策を実施することである．

7 機器の据付に関する留意事項

□1 日の冷凍能力が法定 50 トン未満の冷凍機の据付において，冷凍機の操作盤前面の**空間距離は，1.2 m** とする．

□屋内設置の飲料用受水槽の据付において，コンクリート基礎上の鋼製架台の高さを 100 mm とする場合，コンクリート基礎の高さは 500 mm とする．

□雑排水用水中モーターポンプ 2 台を排水槽内に設置する場合，ポンプケーシングの中心間距離は，ポンプケーシングの直径の **3 倍**とする．

□ゲージ圧力が 0.2 MPa を超える温水ボイラーを設置する場合，ボイラーの最上部からボイラーの上部にある構造物までの距離は，**1.2 m 以上**とする．

≫0.2 MPa を超える温水ボイラー：**労働安全衛生法施行令第 1 条によりボイラーに該当**する．

□**軸封部がメカニカルシール方式**の冷却水ポンプをコンクリート基礎上に設置する場合，**排水目皿と排水管を設けなくてもよい．**

□機器を吊り上げる場合，ワイヤーロープの**吊り角度を大きく**すると，ワイヤーロープに掛かる**張力も大きく**なる．

□冷凍機の設置において，**アンカーボルト選定**のための耐震計算をする場合，設計用地震力は，一般的に，**機器の重心に作用するものとして計算**を行う．

□鋼管のねじ接合において，**転造ねじ**の場合のねじ部強度は，**鋼管本体の強度とほぼ同程度**となる．

□ステンレス鋼管の溶接接合は，管内にアルゴンガス又は窒素ガスを充満させてから，**TIG 溶接**により行う．

≫**TIG 溶接**：溶接部分に不活性ガスを充満させた状態で，タングステン電極から電気を放電することで，溶接する方法．

□弁棒が弁体の中心にある中心型のバタフライ弁は，冷水温水切替え弁などの全閉全開用に適している．

8 配管に関する留意事項

□立て管に鋼管を用いる場合は，**各階 1 か所**に形鋼振れ止め支持をする．

□銅管を鋼製金物で支持する場合は，合成樹脂を被覆した支持金具を用いるなどの**絶縁措置**を講ずる．

□土間スラブ下に配管する場合は，不等沈下による配管の不具合が起きないよう**建築構造体から支持**する．

□空気調和機のドレン管には，空気調和機の機内静圧相当以上の封水深さをもつ排水トラップを設ける．

□屋内給水主配管の適当な箇所に，保守及び改修を考慮して**フランジ継手**を設ける．

□管径が 100 mm の屋内排水管の直管部に，**15 m 間隔で掃除口**を設ける．

□揚水管の試験圧力は，揚水ポンプの全揚程に相当する圧力の **2 倍**（ただし，**最小 0.75 MPa**）とする．

□排水管の満水試験において，**満水後 30 分放置**してから減水がないことを確認する．

□硬質塩化ビニルライニング鋼管の切断には，帯のこ盤，弓のこ盤などを使用する．ガス切断，アーク切断，高速砥石，チップソーカッターなど**切断部が高温になるものは，使用してはならない．**

□管の厚さが **4 mm のステンレス鋼管**を突合せ溶接する際の開先を **V 形開先**とする．

□飲料用に使用する鋼管の**ねじ接合に，ペーストシール剤**を使用する．

□径違い管を偏心レジューサーで接続する場合，管の上面に段差ができて，空気溜まりとならないよう上部は，平らになるように取付ける．

□配管用ステンレス鋼鋼管は，メカニカル継手又は溶接継手を使い接合する．

□配管用ステンレス鋼鋼管の溶接接合は，管内に**アルゴンガス**又は**窒素ガス**を充満させてから，TIG 溶接により行う．

□冷温水配管の自動空気抜き弁は，管内が負圧にならない部分に設ける．

□複式伸縮管継手は，配管両端を固定せずにガイドとし，**継手本体を固定**する．
□配管の防振支持に，吊り形の防振ゴムを使用する場合は，防振ゴムに加わる力の方向が**鉛直下向き**になるようにする．

9 ダクトに関する留意事項

□フランジ用**ガスケットの厚さ**は，アングルフランジ工法ダクトでは**3 mm以上**，コーナーボルト工法ダクトでは**5 mm 以上**を標準とする．
□**コーナーボルト工法ダクト**のフランジのコーナー部では，コーナー金具まわりと四隅のダクト内側の**シールを確実に行う**．
□コーナーボルト工法ダクトの角部のはぜは，アングルフランジ工法ダクトの場合と同じ構造とする．
□**アングルフランジ工法**の横走りダクトの吊り間隔は，ダクトの大きさにかかわらず**3 640 mm** 以下とする．
□横走りダクトの吊り間隔は，**スライドオン工法ダクトで 3 000 mm 以下**，**共板フランジ工法ダクトで 2 000 mm 以下**とする．
□空調機チャンバーなどで負圧となる**点検口の開閉方向は外開き**とする．
□**アングルフランジ工法ダクト**の角の継目は，**2 か所以上**（ただし，**長辺が 750 mm 以下の場合は 1 か所以上**）とする．
□**共板フランジ工法ダクト**のフランジ押え金具（クリップなど）は，規定の間隔で取付けるが，1 度使用したクリップは**再使用しない**とする．
□風量調整ダンパーは，対向翼ダンパーの方が平行翼ダンパーより風量調整機能が優れている．
□**アングルフランジ工法ダクト**は，フランジ接続部分の鉄板の**折返しを 5 mm 以上**とする．
□スパイラルダクトの接合方法は，継手の外面にシール材を塗布して直管に差し込み，鉄板ビス止めを行い，その上にダクト用テープで外周を**二重巻き**にする．
□送風機の振動をダクトに伝わらないように**たわみ継手**を用い，たわみ継手が負圧で，静圧部が全圧 300 Pa を超える場合は，補強用の**ピアノ線を送入**する．
□横走り主ダクトには，12 m 以下ごとに振れ止め支持を施す．また，横走りダクトの吊り間隔は，3 640 mm 以下とする．

10 その他の留意事項

□冷凍機の試運転では，冷水ポンプ，冷却水ポンプ及び冷却塔が起動した後に冷凍機が起動することを確認する．

□送風機の風量測定時に，測定口がない場合，試験成績表と運転電流値により確認する．

□ポンプの振動を直接構造体に伝えないために，**防振ゴム**を用いた架台を使用する．

□ポンプの振動を直接配管に伝えないために，**防振継手**を使用する．

□送風機の振動を直接構造体に伝えないために，**金属コイルばね**を用いた架台を使用する．

□溶融めっきは，金属を高温で溶融させた槽中に被処理材を浸漬したのち引き上げ，被処理材の表面に金属被覆を形成させる防食方法である．

□金属溶射は，加熱溶融した金属を圧縮空気で噴射して，被処理材の表面に金属被覆を形成させる防食方法である．

□配管の防食に使用される防食テープには，防食用ポリ塩化ビニル粘着テープ，ペトロラタム系防食テープ等がある．

□給湯管（銅管）に発生するかい食は，流速が速いほど発生しやすい．

□横走配管に取付けた筒状保温材の抱き合わせ目地は，管の垂直上下面を避け，管の横側に位置させる．

□配管の保温・保冷施工は，水圧試験の後で行う．

□ポリスチレンフォーム保温筒は，合わせ目をすべて粘着テープで止め，継目は粘着テープ2回巻きとする．

□屋内露出の配管及びダクトの床貫通部は，保温材保護のため床面より高さ**150 mm 程度**までステンレス鋼板などで被覆する．

□塗装場所の気温が5℃以下，湿度が85％以上，又は換気が不十分で乾燥しにくい場所では塗装を行わない．

問題 1 応用能力　公共工事

公共工事における施工計画等に関する記述のうち，適当でないものはどれか．適当でないものは二つあるので，二つとも答えなさい．

(1) 仮設，施工方法等は，工事の受注者がその責任において定めるものであり，発注者が設計図書において特別に定めることはできない．

(2) 工事材料の品質は設計図書で定められたものとするが，設計図書にその品質が明示されていない場合は，均衡を得た中等の品質を有するものとする．

(3) 工事原価は共通仮設費と直接工事費を合わせた費用であり，現場従業員の給料，諸手当等の現場管理費は直接工事費に含まれる．

(4) 総合試運転調整では，各機器単体の試運転を行うとともに，配管系，ダクト系に異常がないことを確認した後，システム全体の調整が行われる．

解説 (1) 発注者は，設計図書の変更内容を受注者に通知して，設計図書を変更することができる〔公共工事標準請負契約約款第19条〕．

(3) 工事原価は共通仮設費と直接工事費からなる純工事費，現場従業員の人件費，事務用品費など現場を運営するために必要な現場管理費で構成される．

※監理技術者補佐応用能力の正解は，1問につき二つである．解答欄の正解と思う数字を二つ塗りつぶす．

解答▶(1) (3)

問題 2 応用能力　公共工事

公共工事における施工計画等に関する記述のうち，適当でないものはどれか．適当でないものは二つあるので，二つとも答えなさい．

(1) 発注者は完成検査に当たって，必要と認められる理由を受注者に通知した上で，工事目的物を最小限度破壊して検査できる．この場合において，検査又は復旧に直接要する費用は，発注者の負担とする．

(2) 約款及び設計図書に特別の定めがない仮設，施工方法等については，監督員の指示によらなければならない．

(3) 工事材料の品質については，設計図書にその品質が明示されていない場にあっては，中等の品質を有するものとする．

(4) 完成検査合格後，発注者は受注者から請負代金の支払いの請求があった場合，請求を受けた日から40日以内に請負代金を支払う．

解説 (1) 発注者は完成検査に当たって，必要と認められる理由を受注者に通知した上で，工事目的物を最小限度破壊して検査できる．この場合において，**検査又は復旧に直接要する費用は，受注者の負担**とする．
(2) 仮設，施工方法については，約款及び設計図書に，**特別な定めがある場合を除き，受注者がその責任において定める**と規定されている．仮設は，特殊な場合を除き，受注者に任されており，自己責任で進めることができる．

解答▶(1) (2)

問題 3 応用能力　工程管理

工程管理に関する記述のうち，適当でないものはどれか．適当でないものは二つあるので，二つとも答えなさい．

(1) ネットワーク工程表において，作業の出発結合点の最早開始時刻から到着結合点の最遅完了時刻までの時間から，当該作業の所要時間を引いた余裕時間をトータルフロートという．
(2) バーチャート工程表は，各作業の着手日と終了日の間を横線で結ぶもので，各作業の所要日数と施工日程がわかりやすい．
(3) ネットワーク工程表において，後続作業の最早開始時刻に影響を及ぼすことなく使用できる余裕時間をインターフェアリングフロートという．
(4) 総工事費が最少となる最も経済的な工期を最適工期といい，このときの施工速度を採算速度という．

解説 (3) **インターフェアリングフロート**とは，その作業で使用できる余裕時間のうち，**使用した分だけ後続作業の余裕時間が減る**ものをいう．
(4) 総工事費が最少となる**最も経済的な施工速度を経済速度といい，このときの工期を最適工期**という．

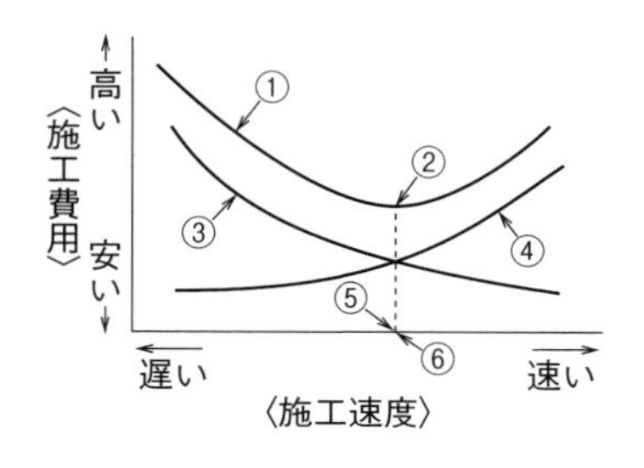

①総費用　②最小原価
③間接費　④直接費
⑤最適後期　⑥経済速度

解答▶(3) (4)

問題 4 応用能力　工程管理

工程表に関する記述のうち，適当でないものはどれか．適当でないものは二つあるので，二つとも答えなさい．

(1) ガントチャート工程表は，各作業を合わせた工事全体の進行状態が不明という欠点がある．
(2) ガントチャート工程表は，各作業の所要日数が容易に把握できる．
(3) バーチャート工程表に記入される予定進度曲線は，バナナ曲線とも呼ばれている．
(4) バーチャート工程表は，各作業の施工日程が容易に把握できる．

解説 (2) ガントチャート工程表は，各作業の日程及び所要工数が不明である．
(3) バーチャート工程表に記入される予定進度曲線は，S カーブ（S 字曲線）と呼ばれている．

解答▶(2) (3)

問題 5 応用能力　品質管理

品質管理で用いられる統計的手法に関する記述のうち，適当でないものはどれか．適当でないものは二つあるので，二つとも答えなさい．

(1) 散布図では，対応する二つのデータの関係の有無がわかる．
(2) 管理図では，問題としている特性とその要因の関係が体系的にわかる．
(3) パレート図では，各不良項目の発生件数の順位がわかる．
(4) ヒストグラムでは，データの時間的変化がわかる．

解説 (2) 問題としている特性とその要因の関係が体系的にわかるのは，特性要因図である．
(4) ヒストグラムでは，規格や標準値から外れている度合い，データの分布，工程の異常などがわかる．データの時間的変化がわかるのは，管理図である．

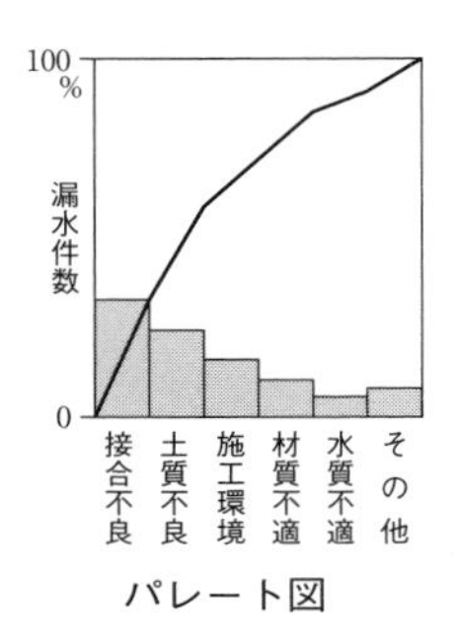

パレート図

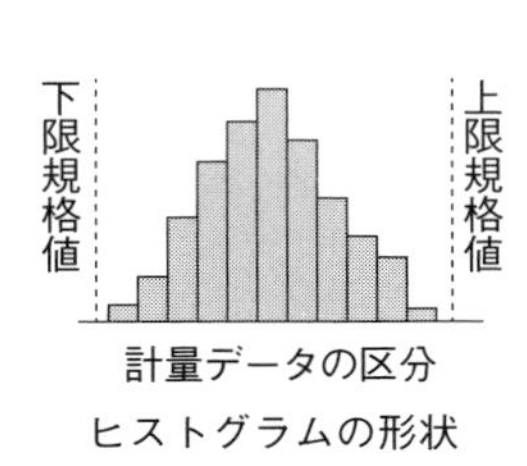

ヒストグラムの形状

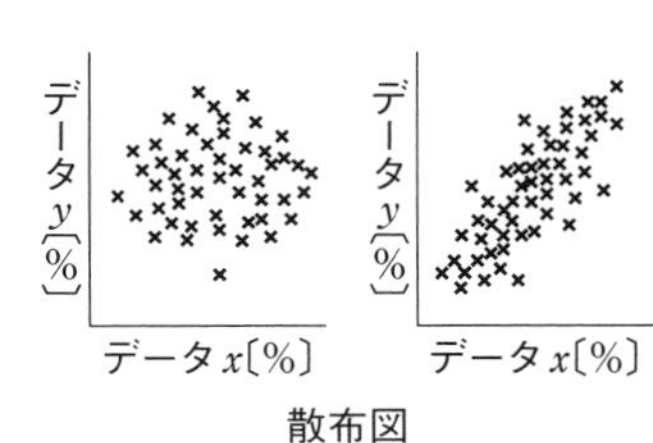

散布図

解答▶(2) (4)

問題 6 応用能力　安全管理

建設工事における安全管理に関する記述のうち，適当でないものはどれか．適当でないものは二つあるので，二つとも答えなさい．

(1) 建設工事に伴う公衆災害とは，工事関係者及び第二者の生命，身体及び財産に関する危害並びに迷惑をいう．

(2) 年千人率は，重大災害発生の頻度を示すもので，労働者 1 000 人当たりの 1 年間に発生した死者数である．

(3) 建設業労働安全衛生マネジメントシステム（COHSMS）は，組織的かつ継続的に安全衛生管理を実施するための仕組みである．

(4) 災害の発生頻度を示す度数率は，延べ実労働時間 100 万時間当たりの労働災害による死傷者数である．

解説 (1) 建設工事に伴う公衆災害とは，**工事関係者以外の第三者（公衆）**の生命，身体及び財産に関する危害及び迷惑をいう．

(2) 年千人率は，労働者 1 000 人当たり 1 年間に発生する**死傷者数**で表したもので，発生頻度を示すものである．

$$\text{年千人率} = \frac{\text{1 年間の死傷者数}}{\text{1 年間の平均労働者数}} \times 1\,000$$

解答▶(1) (2)

問題 7 応用能力　機器の据付け

機器の据付に関する記述のうち，適当でないものはどれか．適当でないものは二つあるので，二つとも答えなさい．

(1) 防振基礎に設ける耐震ストッパーは，地震時における機器の横移動の自由度を確保するため，機器本体との間のすき間を極力大きくとって取付ける．

(2) 天井スラブの下面において，あと施工アンカーを上向きで施工する場合，接着系アンカーは使用しない．

(3) 軸封部がメカニカルシール方式の冷却水ポンプをコンクリート基礎上に設置する場合，コンクリート基礎上面に排水目皿及び当該目皿からの排水管を設けないこととしてよい．

(4) 機器を吊り上げる場合，ワイヤーロープの吊り角度を大きくすると，ワイヤーロープに掛かる張力は小さくなる．

解説 (1) 防振基礎に設ける耐震ストッパーと防振架台との間隔は，機器運転時に接触しない程度とし，地震時に接触する耐震ストッパーの面には，緩衝材を取付ける．

(4) 機器を吊り上げる場合，ワイヤーロープの吊り角度が大きいほど，ワイヤーロープに作用する張力は大きくなる．

解答▶(1) (4)

問題 8 応用能力　配管及び配管附属品

配管及び配管附属品の施工に関する記述のうち，適当でないものはどれか．適当でないものは二つあるので，二つとも答えなさい．

(1) 複式伸縮管継手を使用する場合は，当該伸縮管継手が伸縮を吸収する配管の両端を固定し，伸縮管継手本体は固定しない．

(2) 水道用硬質塩化ビニルライニング鋼管の切断には，パイプカッターや，高速砥石切断機は使用しない．

(3) 空気調和機への冷温水量を調整する混合型電動三方弁は，一般的に空調機コイルへの往き管に設ける．

(4) 開放系の冷温水配管において，鋼管とステンレス鋼管を接合する場合は，絶縁継手を介して接合する．

解説 (1) 複式伸縮管継手は，本体を固定し，継手両端にガイドを設け伸縮を吸収させる．

(3) 冷温水量を調整する混合型電動三方弁は，一般的に空調機コイルからの還り管に設ける．

解答▶(1) (3)

問題 9 応用能力　配管及び配管附属品

配管及び配管附属品の施工に関する記述のうち，適当でないものはどれか．適当でないものは二つあるので，二つとも答えなさい．

(1) 飲料用の冷水器の排水管は，その他の排水管に直接連結しない．

(2) 飲料用の受水タンクに給水管を接続する場合は，フレキシブルジョイントを介して接続する．

(3) ループ通気管の排水横枝管からの取出しの向きは，水平又は水平から 45° 以内とする．

(4) ループ通気管の排水横枝管からの取出し位置は，排水横枝管に最上流の器具排水管が接続された箇所の上流側とする．

解説 (3) ループ通気管の排水横枝管からの取出しの向きは，排水管上部から垂直ないし 45° より急な角度で取り出す．

(4) ループ通気管の排水横枝管からの取出し位置は，排水横枝管に最上流の器具排水管が接続された箇所の直後の下流からとする．

解答▶(3) (4)

問題 10 応用能力　ダクト及びダクト附属品

ダクト及びダクト附属品の施工に関する記述のうち，適当でないものはどれか．適当でないものは二つあるので，二つとも答えなさい．

(1) 送風機吐出口とダクトを接続する場合，吐出口断面からダクト断面への変形における拡大角は 15° 以下とする．

(2) 排煙ダクトを亜鉛鉄板製長方形ダクトとする場合，かどの継目にピッツバーグはぜを用いてはならない．

(3) 横走りする主ダクトには，振れを防止するため，形鋼振れ止め支持を 15 m 以下の間隔で設ける．

(4) 給気ダクトに消音エルボを使用する場合，風量調整ダンパーの取付位置は，消音エルボの上流側とする．

解説 (2) 排煙ダクトに亜鉛鉄板製長方形ダクトを使用する場合，かどの継目には，漏洩などを考慮してピッツバーグはぜを用いる．

(3) 横走りする主ダクトには，振れを防止するため，形鋼振れ止め支持を12 mごとに施す．さらに横走り主ダクト末端にも，形鋼振れ止め支持を施す．

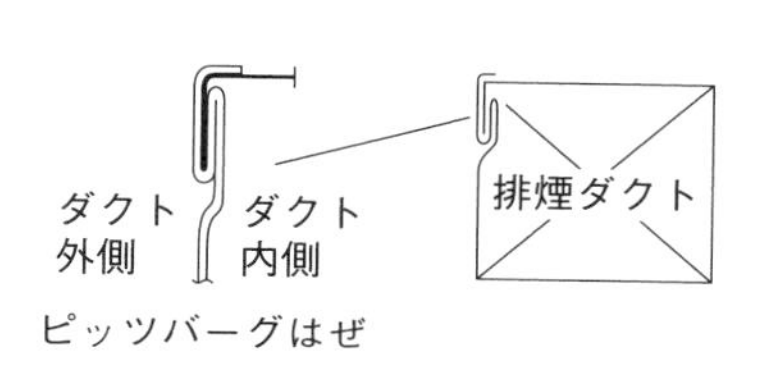

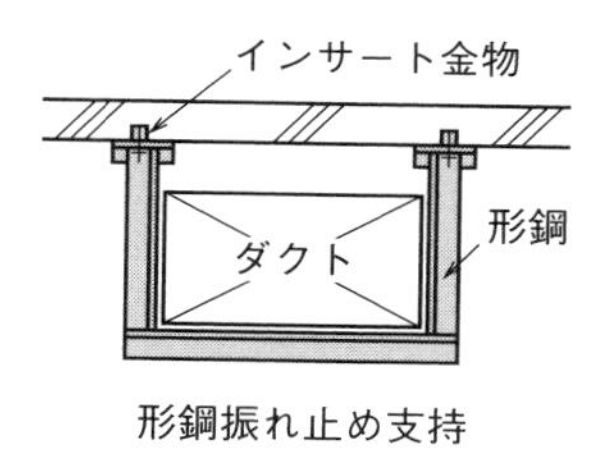

解答▶(2) (3)

問題11 応用能力 保温・保冷

保温の施工に関する記述のうち，適当でないものはどれか．適当でないものは二つあるので，二つとも答えなさい．

(1) 保温筒の抱合せ目地は，同一線上にならないようずらして取付ける．

(2) ポリエチレンフォーム保温材は，水にぬれた場合，グラスウール保温材に比べ熱伝導率の変化が大きい．

(3) 冷温水配管の保温施工において，ポリエチレンフィルムを補助材として使用する主な目的は，保温材の脱落を防ぎ，保温効果を高めるためである．

(4) 配管の保温材としてグラスウール保温材を使用している場合，防火区画を貫通する部分にはロックウール保温材を使用する．

解説 (2) ポリエチレンフォーム保温材は，独立気泡構造のため，吸水，吸湿がほとんどないため，水分による断熱性能の低下が少ない．

(3) ポリエチレンフィルムを補助材として使用する目的は，防湿，防水が目的で，保温材の脱落を防ぎ，保温効果を高めるためではない．

解答▶(2) (3)

問題12 応用能力　試運転調整

試運転調整に関する記述のうち，適当でないものはどれか．適当でないものは二つあるので，二つとも答えなさい．

(1) 無圧式温水発生器は，地震又はこれに相当する衝撃により燃焼が自動停止することを確認する．

(2) ポンプは，吐出し側の弁を全開にして起動し，徐々に弁を閉じて規定の水量になるように調整する．

(3) 渦巻きポンプのメカニカルシールの摺動部から，運転中に一定の水滴が出ていることを確認する．

(4) 冷凍機の運転停止時には，冷却水ポンプが残留運転していることを確認する

解説 (2) ポンプの運転調整は，吐出弁を全閉にしておいて，ポンプの電流計を見ながら徐々に弁を開き，規定の水量になるよう調整する．

(3) ポンプの軸封部には，グランドパッキンとメカニカルシールがあるが，メカニカルシールは，摺動部からの漏水はほとんどない．

解答▶(2)(3)

マスターPoint 無圧式温水発生機は，間接加熱方式の温水器で，圧力が大気圧以下のため労働安全衛生法によるボイラーに該当しない．

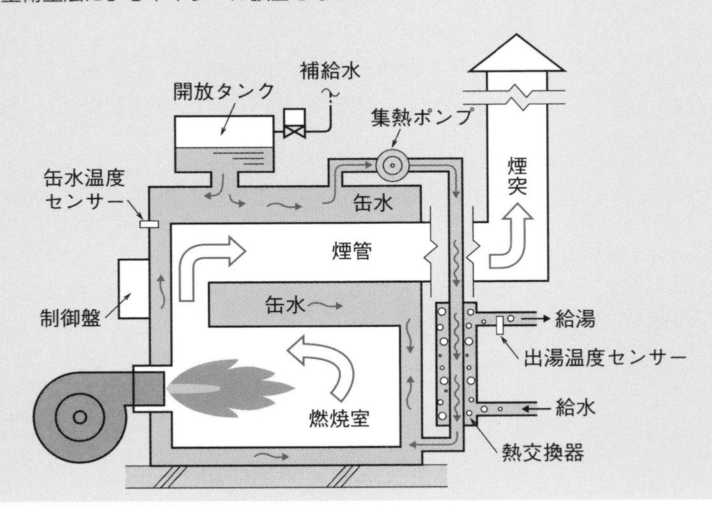

選択問題

9 法規

全出題問題の中における『9章』の内容からの出題比率

全出題問題数 60 問中／必要解答問題数 10 問(＝出題比率：16.6 %)

合格ラインの正解解答数➡ 6 題以上(10問中)を目指したい！

過去 10 年間の出題傾向の分析による出題ランク

(★★★最もよく出る／★★比較的よく出る／★出ることがある)

労働安全衛生法

★★★	・作業主任の選任　・移動式クレーンの運転 ・高所作業の危険防止措置　・安全管理体制

労働基準法

★★★	・年少者の就業制限　・労働時間，休日，休憩，賃金

建築基準法

★★★	・確認申請の手続　・防火区画貫通部の処理　・大規模の修繕 ・給排水設備の技術上の基準

建設業法

★★★	・許可，契約　・元請負人の義務　・建設業の許可

消防法

★★★	・スプリンクラー設備の技術上の基準　・不活性ガス消火設備
★★	・1・2 号消火栓

その他の法規

★★★	・産業廃棄物管理票，運搬処分　・特定建設資材廃棄物　・騒音規制基準
★★	・建設リサイクル法　・騒音規制法

■凡　例■

〔　〕内の法，令，則の名称は，見出しごとの法律の名称に準ずる.

9 1 労働安全衛生法

1 安全管理体制（混在する事業場）

1. 統括安全衛生責任者（特定元方事業者が選任する）〔法第15条〕

50人以上の労働者が**混在する事業場**に選任する．統括安全衛生責任者の職務は以下となる．

① 元方安全衛生管理者の指揮
② 作業所を1日1回以上巡視する．
③ 作業間の調整と連絡を行う．
④ 協議組織を設置と運営を行う．

≫**混在する事業場**：元請負人と下請負人の労働者が混在する事業場

2. 元方安全衛生管理者（特定元方事業者が選任する）〔法第15条の2〕

50人以上の労働者が混在する事業場に，専属の元方安全衛生管理者を選任する．職務は**技術的事項の管理**を行う．

3. 安全衛生責任者（関係請負人が選任する）〔法第16条〕

50人以上の労働者が混在する事業場に選任し，職務は**統括安全衛生責任者からの，連絡，調整事項を労働者に伝える．**

4. 店社安全衛生管理者（特定元方事業者が選任する）〔法第15条の3〕

20人以上50人未満の労働者が混在する事業場に選任し，職務は協議組織に参加し，**作業場所を1か月に1回以上巡視**する．

2 安全管理体制（単一の事業場）

1. 総括安全衛生管理者（事業者が選任する）〔法第10条〕

100人以上となる**単一の事業場**で選任し，職務は**安全管理者及び衛生管理者の指揮**や，**健康診断を行う．**

2. 安全衛生推進者（事業者が選任する）〔法第12条の2〕

10人以上50人未満となる**単一の事業場**に選任する．

3. 安全管理者（事業者が選任する）〔法第11条〕

50人以上となる**単一の事業場**に，安全管理者，衛生管理者，産業医を選任し，安全委員会，衛生委員会を設ける．

≫**単一事業場**：1社の労働者のみを使用する事業場

3 作業床，通路，足場

1. 作業床，照度の保持，昇降するための保持

① 事業者は，高さが2m以上の箇所で作業を行う場合において，墜落により労働者に危険を及ぼすおそれのあるときは，足場を組み立てる等の方法により**作業床**を設けなければならない〔則第563条〕．

② 事業者は，作業床を設けることが困難なときは，**防網**を張り，労働者に**安全帯を使用**させる等，墜落による労働者の危険を防止するための措置を講じなければならない〔則第518条〕．

③ 事業者は，高さが2m以上の作業床の端，開口部等で墜落により労働者に危険を及ぼすおそれのある箇所には，**囲い**，**手すり**，**覆い等**を設けなければならない〔則第519条〕．

④ 囲い等を設けることが困難なとき又は臨時に囲いなどを取外すときは，**防網を張り**，労働者に**安全帯**を使用させる等，墜落による労働者の危険を防止するための措置を講じなければならない〔則第518条〕．

⑤ 事業者は，高さが2m以上の箇所で作業を行うときは，当該作業を安全に行うため必要な**照度を保持**しなければならない〔則第523条〕．

⑥ 事業者は，高さ又は深さが1.5mをこえる箇所で作業を行うときは，当該作業に従事する労働者が安全に**昇降するための設備**等を設けなければならない〔則第526条〕．

⑦ 高さが5m未満の足場の組立て，解体又は変更の作業を行う場合に，墜落により労働者に危険を及ぼすおそれのあるときは，作業を**指揮する者を指名**して，**その者に直接作業を指揮**させなければならない〔則第529条〕．

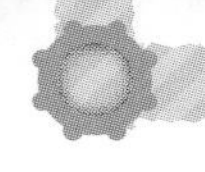

2. 移動はしご，脚立，投下設備（則第527, 528, 536条）

① **移動はしごの幅は30 cm以上**とする（**図9·1**）．

② 脚立の脚と水平の角度を**75° 以下**とし，折りたたみ式のものにあっては，脚と水平面との角度を確実に保つための**金具を備える**こと（**図9·2**）．

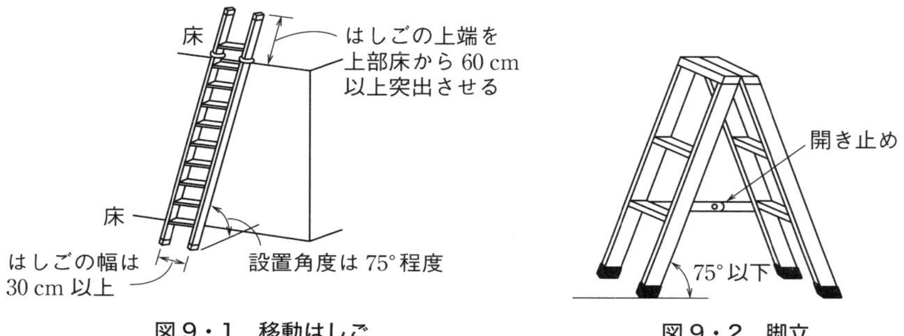

図9・1　移動はしご　　図9・2　脚立

③ 事業者は，**3 m以上**の高所から物体を投下するときは，適当な**投下設備**を設け，**監視人を置く**等，労働者の危険を防止するための措置を講じなければならない．

3. 屋内に設ける通路，機械間の通路，架設通路（則第542, 543, 552条）

① 通路には，通路面から**高さ1.8 m以内**に障害物を置かないこと．

② 機械間又はこれとほかの設備との間に設ける通路は**幅80 cm以上**とする．

③ 架設通路

a）丈夫な構造とする．

b）**勾配は30° 以下**とする．ただし，階段を設けたもの又は高さが2 m未満で丈夫な手掛けを設けたものは，この限りでない．

c）勾配が**15°**を超えるものには，**踏みさん**その他の**滑り止め**を設ける．

d）建設工事に使用する高さ8 m以上の登り桟橋には**7 m以内**ごとに**踊場**を設ける．

e）墜落の危険のある個所には，高さ**85 cm以上**の丈夫な手すりを設ける．ただし，作業上やむを得ない場合は，必要な部分に限って**臨時に**これを取り外すことができる．

4 作業主任

建設業の事業者は，労働災害を防止するための管理を必要とする作業で，政令で定めるものについては，**都道府県労働局長の免許を受けた者**又は**都道府県労働局長の登録を受けた者**が行う技能講習を修了した者のうちから当該作業の区分に応じて，**作業主任者を**選任し，その者に当該作業に従事する労働者の指揮等を行わせなければならない．

1．作業主任者を選任すべき作業（抜粋）〔令第6条〕

① **ガス溶接作業主任者**：アセチレン溶接装置又はガス集合溶接装置を用いて行う金属の溶接，溶断又は加熱の作業（**資格：免許**）

② **地山の掘削作業主任者**：掘削面の高さが**2m以上**となる地山の掘削の作業（**資格：技能講習**）

③ **足場の組立等作業主任者**：つり足場（ゴンドラのつり足場を除く），張出し足場又は高さが**5m以上**の構造の足場の組立て，解体又は変更の作業（**資格：技能講習**）

④ **ボイラー取扱作業主任者**：ボイラー（小型ボイラーを除く）の取扱い作業（**資格：免許又は技能講習**）

⑤ **酸素欠乏危険作業主任者**：以下の**酸素欠乏危険場所**における作業（**資格：技能講習**）

a）ケーブル，ガス管その他**地下**に敷設される物を収容するための暗渠，マンホール又は**ピットの内部**

b）**し尿**等を入れてあり，又は入れたことのあるタンク，**槽**，管，暗渠，マンホール，溝又は**ピットの内部**

5 移動式クレーン

1．検査証，設置報告書〔クレーン等安全規則第60, 61条〕

① 移動式クレーン検査証の有効期間は**2年**である．

② 移動式クレーンを設置しようとする事業者は，あらかじめ移動式クレーン設置報告書に移動式クレーン明細書及び移動式クレーン検査証を添えて，所轄の**労働基準監督署長**に提出しなければならない．

2. 就業制限，作業方法〔クレーン等安全規則第 67, 68, 70 条〕

① 移動式クレーンの運転業務（道路上を走行させる運転を除く）は，次の者でなければ行ってはならない．

a）つり上げ荷重が 1 トン未満の場合は，移動式クレーンに関する安全のための**特別教育を受けた者**

b）つり上げ荷重が 1 トン以上 5 トン未満の場合は，小型移動式クレーン運転技能講習を修了した者

c）つり上げ荷重が 5 トン以上の場合は，移動式クレーン運転士免許を受けた者

d）移動式クレーンは，その定格荷重をこえる荷重をかけて使用してはならない

e）移動式クレーンは，移動式クレーン明細書に記載されている**ジブの傾斜角**（つり上げ荷重が 3 トン未満の移動式クレーンにあっては，これを製造した者が指定した**ジブの傾斜角**）の範囲をこえて使用してはならない

3. 移動式クレーンの運転，定期自主検査〔クレーン等安全規則第70条の5, 71, 79条〕

① アウトリガーは，最大限に張り出すことを原則とする．

② 移動式クレーンを用いて作業を行うときは，移動式クレーンの運転について一定の合図を定め，合図を行う者を指名して，その者に合図を行わせなければならない．ただし，運転者に単独で作業を行わせるときは，この限りでない．

③ 移動式クレーンを設置した後，**1 年以内ごとに 1 回**，定期に自主検査を行わなければならない．この検査では，定格荷重に相当する荷重の荷を，つり

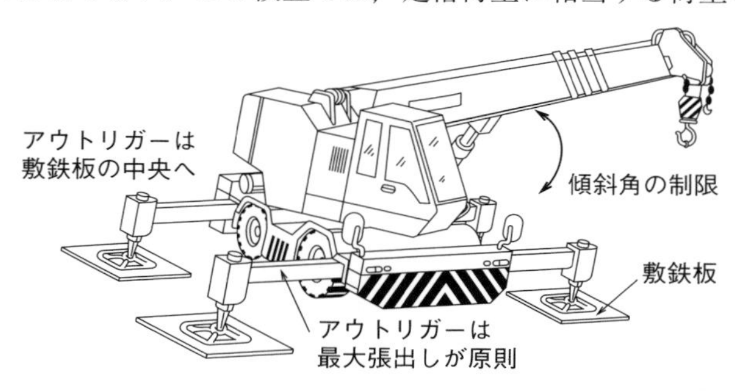

図 9・3 移動式クレーン

上げ，旋回，走行などの作動を定格速度で行う荷重試験を行う．

④ これらの移動式クレーン自主検査結果の記録は，3年間保存しなければならない．

6 酸素欠乏症の防止

① 酸素欠乏とは，空気中の酸素濃度が 18 % 未満である状態をいう．

② 酸素欠乏危険作業とは，政令で定める酸素欠乏危険場所における作業をいう．

③ 事業者は，酸素欠乏危険場所で作業するときは，その日の作業を開始する前に当該作業場の酸素（第2種酸素欠乏危険場所では，酸素及び硫化水素）濃度を測定しなければならない．

④ 事業者は，酸素欠乏危険作業に労働者を従事させる場合は，当該作業場の酸素濃度を 18 % 以上（**第2種酸素欠乏危険場所**では，酸素濃度 18 % 以上，硫化水素濃度 10 ppm 以下）に保つように換気しなければならない．

⑤ 酸素欠乏危険作業を行う場合は，**作業主任者**を置かなければならない．

⑥ 酸素欠乏危険作業に労働者を就かせるときは，**特別の教育**を行う．特別の教育科目は以下のとおり．

(1) 酸素欠乏の発生の原因

(2) 酸素欠乏症の症状

(3) 空気呼吸器の使用方法

(4) 事故の場合の退避及び救急そ生の方法

(5) 前各号に掲げるもののほか，酸素欠乏の防止に関し必要な事項

⑦ 事業者は，労働者を酸素欠乏危険作業を行う場合に入場及び退場させるときに，人員を点検しなければならない．

⑧ 事業者は，作業環境測定の記録を **3年間**保存しなければならない．

〔酸素欠乏症等予防規則第 2, 3, 5, 8, 11, 12 条〕

必ず覚えよう

❶ 統括安全衛生責任者の統括管理するべき事項．

❷ 総括安全衛生管理者の統括管理するべき事項．

❸ 特定元方事業者が選任すべき管理者等について．

❹ 建設工事現場における危険防止措置について（作業床・照度の保持・投下設備・架設通路等の規定）．

❺ 作業主任者を選任すべき作業について．

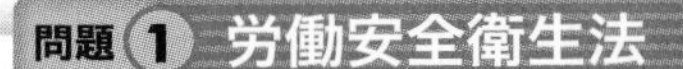

問題 1 労働安全衛生法

建設現場における安全管理体制に関する記述のうち，「労働安全衛生法」上，適当でないものはどれか．

(1) 特定元方事業者は，毎作業日に少なくとも1回，作業場所の巡視を行わなければならない．

(2) 元方安全衛生管理者は，その事業場に専属の者でなければならない．

(3) 事業場に安全委員会を設置した場合，当該安全委員会は毎月1回以上開催されなければならない．

(4) 特定元方事業者は，安全衛生責任者を選任して，統括安全衛生責任者との連絡等を行わさせなければならない．

解説 (4) 安全衛生責任者を選任する事業者以外の請負人は，特定元方事業者以外の請負人である〔法第16条第1項，則第19条〕．

解答▶(4)

問題 2 労働安全衛生法

建設工事において，統括安全衛生責任者が行わなければならない事項又は統括管理しなければならない事項として，「労働安全衛生法」上，定められていないものはどれか．

(1) 作業場所を巡視すること．

(2) 健康診断の実施及び健康教育を行うこと．

(3) 協議組織の設置及び運営を行うこと．

(4) 元方安全衛生管理者を指揮すること．

解説 (2) 健康診断の実施及び健康教育を行うことは，特定元方事業者（統括安全衛生責任者）が統括管理する事項には含まれていない〔法第30条〕．

解答▶(2)

マスターPoint 特定元方事業者は，その労働者及びその請負人の労働者が作業を行うときは，統括安全衛生責任者を選任し，その者に元方安全衛生管理者の指揮をさせる．

問題 3 労働安全衛生法

建設現場における安全管理体制に関する記述のうち，「労働安全衛生法」上，適当でないものはどれか．

(1) 特定元方事業者は，下請けも含めた作業場の労働者が50人以上となる場合は，統括安全衛生責任者を選任しなければならない．
(2) 統括安全衛生責任者を選任すべき事業者以外の請負人で，仕事を自ら行う者は，総括安全衛生管理者を選任しなければならない．
(3) 特定元方事業者による元方安全衛生管理者の選任は，その事業場に専属の者を選任して行わなければならない．
(4) 事業者は，事業場の労働者が常時100人以上となる場合には，総括安全衛生管理者を選任しなければならない．

解説 (2) 統括安全衛生責任者を選任すべき事業者以外の請負人で，仕事を自ら行う者は，安全衛生責任者を選任し，その者に総括安全衛生管理者との連絡等を行わせなければならない〔法第16条第1項〕．

解答▶(2)

問題 4 労働安全衛生法

建設業の事業場等において新たに職務に就くこととなった職長等（作業主任者を除く）に対し，事業者が行わなければならない安全又は衛生のための教育における教育事項のうち，「労働安全衛生法」上，規定されていないものはどれか．

(1) 作業効率の確保及び品質管理の方法に関すること
(2) 労働者に対する指導又は監督の方法に関すること
(3) 法に定める事項の危険性又は有害性等の調査及びその結果に基づき講ずる措置に関すること
(4) 異常時等における措置に関すること

解説 事業者が新たに職務につくこととなった職長に対して行う安全又は衛生のための教育の内容は下記のとおりである．

① 作業方法の決定及び労働者の配置，労働者に対する指導又は監督の方法に関すること
② 上記以外に，労働災害を防止するため必要な事項で，厚生労働省令で定めるもの（危険性又は有害性等の調査の方法とその結果に基づき講ずる措置，異常時における措置等）

〔法第60条，則第40条第2項〕

解答▶(1)

9 2 労働基準法

1 労働契約

この法律で定める基準に達しない労働条件を定める労働契約は，その部分については無効とする〔法第13条〕.

1. 契約期間〔法第14条〕

期間の定めないものを除き，一定の事業の完了に必要な期間を定めるもののほかは，3年を超える期間については締結してはならない.

2. 解雇の予告〔法第20条〕

使用者は，労働者を解雇しようとする場合においては，少なくとも30日前にその予告をしなければならない.

2 賃　金

1. 休業手当〔法第26条〕

使用者は，休業期間中労働者に，その平均賃金の100分の60以上の手当てを支払わなければならない.

2. 労働時間，休日，休憩等〔法第32, 34, 35条〕

⊕**労働時間**

① 使用者は，労働者に休憩時間を除き1週間について40時間を超えて，労働させてはならない.

② 使用者は，1週間の各日については，労働者に休憩時間を除き1日について8時間を超えて，労働させてはならない.

⊕**休　日**・・・使用者は，労働者に対して毎週少なくとも1回の休日を与えなければならない.

⊕**休　憩**・・・使用者は，労働時間が6時間を超える場合においては少なくとも45分，8時間を超える場合においては，少なくとも1時間の休憩時間を労働時間の途中に与えなければならない．

3 年少者

1．年少者の証明書〔法第 57 条〕

使用者は，満 18 歳に満たない者について，その年齢を証明する**戸籍証明書**を事業場に備えなければならない．

2．深夜業〔法第 61 条〕

使用者は，満 18 歳に満たない者を**午後 10 時から午前 5 時**までの間において使用してはならない．ただし，交替制によって使用する満 16 歳以上の男子については，この限りではない．

3．年少者の就業制限〔年少者労働基準規則第 8 条の抜粋〕

満 18 歳に満たない者を就かせてはならない業務は，次に掲げるものとする．

① ボイラー（小型ボイラーを除く）〔同条第 1 号〕．

② クレーン，デリック又は揚貨装置の運転業務〔同条第 3 号〕．

③ クレーン，デリック又は揚貨装置の玉掛けの業務〔同条第 10 号〕．

④ 土砂が崩壊するおそれのある場所又は深さが 5 m 以上の地穴における業務〔同条第 23 号〕．

⑤ 高さが 5 m 以上の場所で，墜落により労働者が危害を受けるおそれのあるところにおける業務〔同条第 24 号〕．

4 災害補償

労働者が療養のため，労働することができないために賃金を受けない場合においては，労働者の療養中平均賃金の**100 分の 60 の休業補償**を行わなければならない〔法第 76 条〕．

5 就業規則

1. 就業規則の作成〔法第 89 条〕

常時 10 人以上の労働者を使用する使用者は，就業規則を作成し，労働基準監督署に届け出なければならない（変更も同じ）．また，就業規則の作成・変更は労働者代表の意見を聞き，意見を書いた書面を添付しなければならない．

6 労働者名簿と賃金台帳

1. 労働者名簿〔法第 107, 108, 109 条〕

使用者は，常時使用する労働者の労働者名簿を作成し，常時使用する労働者の賃金台帳を調製しなければならない．なお，労働者名簿，賃金台帳，雇入，解雇，災害補償，その他労働関係に関する書類は 5 年間保存しなければならない．

2. 賃金台帳に記入しなければならない事項〔則第 54 条〕

① 氏名
② 性別
③ 賃金計算期間
④ 労働日数
⑤ 労働時間数
⑥ 労働時間延長時間数，休日労働時間数及び深夜労働時間数
⑦ 基本給，手当その他賃金の種類ごとにその額
⑧ 規定により賃金の一部を控除した場合にはその額

3. 労働者の休日〔法第 35 条〕

使用者は，労働者に対して，毎週少なくとも 1 回の休日，又は 4 週間を通じて 4 日以上休日を与えなければならない．

❶ 労働時間，休日及び休憩，休業補償，就業規則に関する事項．
❷ 年少者への就業制限，労働者名簿及び賃金台帳に関する事項．

問題 1 労働基準法

次の記述のうち,「労働基準法」上, 誤っているものはどれか.

(1) 使用者は, 労働契約に際して貯蓄の契約をさせ, 又は貯蓄金を管理する契約をしてはならない.

(2) 使用者は, 満 20 才に満たない者を使用する場合, その年齢を証明する戸籍証明書を事前に備え付けなければならない.

(3) 使用者は, 労働契約の不履行について違約金を定め, 又は損害賠償額を予定する契約をしてはならない.

(4) 労働基準法で定める基準に達しない労働条件を定める労働契約は, その部分については無効であり, 労働基準法に定められた基準が適用される.

解説 (2) 使用者は, 満 18 才に満たない者について, その年齢を証明する戸籍証明書を事業場に備え付けなければならない〔法第 57 条〕.

解答▶(2)

労働基準法に規定する基準に達しない労働条件を定める労働契約は, その部分については無効とする.

問題 2 労働基準法

次の記述のうち,「労働基準法」上, 誤っているものはどれか.

(1) 使用者は, 満 18 才に満たない者をクレーンの玉掛けの業務に就かせてはならない.

(2) 使用者は, 労働者名簿, 賃金台帳及び雇入れ, 解雇, 災害補償, 賃金その他労働関係に関する重要な書類を 3 年間保存しなければならない.

(3) 常時 20 人未満の労働者を使用する使用者は, 就業規則を行政官庁に届け出なくてよい.

(4) 使用者の責に帰すべき事由による休業の場合においては, 使用者は, 休業期間中当該労働者に, その平均賃金の 100 分の 60 以上の手当を支払わなければならない.

解説 (3) 常時 10 人以上の労働者を使用する使用者は, 就業規則を作成し, 行政官庁に届け出なければならない〔法第 89 条〕.

解答▶(3)

問題3 労働基準法

有給休暇に関する文中,「労働基準法」上,誤っているものはどれか.

使用者は,その雇入れの日から起算して,[A]間継続勤務し全労働日の[B]以上出勤した労働者に対して,継続し,又は分割した10労働日の有給休暇を与えなければならない.

(A)　(B)

(1)3箇月——8割

(2)3箇月——9割

(3)6箇月——8割

(4)6箇月——9割

解説 (3) 使用者は,その雇入れの日から起算して**6箇月間**継続して勤務し,全労働日の**8割以上**を出勤した労働者に対して,継続し,又は分割した10労働日の有給休暇を与える必要がある〔法第39条〕.

解答▶(3)

問題4 労働基準法

次の記述のうち,「労働基準法」上,誤っているものはどれか.

(1)労働者とは,職業の種類を問わず,事業に使用される者で,賃金を支払われる者をいう.

(2)使用者とは,事業主又は事業の経営担当者その他その事業の労働者に関する事項について,事業主のために行為をするすべての者をいう.

(3)使用者は,満18才に満たない者に,クレーン,デリック又は揚貨装置の運転業務を行わせてはならない.

(4)使用者は,労働時間が8時間を超える場合においては少なくとも45分の休憩時間を労働時間の途中に与えなければならない.

解説 (4) 使用者は,労働時間が**8時間を超える**場合においては,少なくとも**1時間の休憩時間**を,労働時間の途中に与えなければならない〔法第34条〕.

解答▶(4)

労働時間が6時間を超える場合には,少なくとも45分間の休憩時間を与えなければならない.

1 用語の定義

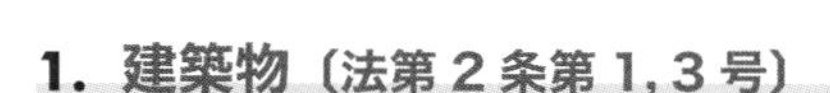

1. 建築物〔法第2条第1,3号〕

土地に定着する工作物で，下記に該当するものである．

① 屋根と柱又は壁があるもの，及びこれに付属する門，へい．

② 観覧のための工作物．

③ 地下工作物，高架工作物内の事務所，店舗，興行場，倉庫などの施設．

④ ①～③に設ける建築設備（電気，ガス，給水，排水，換気，暖房，冷房，消火，排煙，汚水処理，煙突，昇降機，避雷針等）

なお，鉄道，軌道の線路敷地内の運転保安施設，跨線橋（こせんきょう），プラットホーム上屋，貯蔵槽等は除く．

2. 特殊建築物〔法第2条第2号〕

公共上必要な建築物，多数の人が使用する建築物，特殊な用途，機能等をもった建築物をいう（事務所ビルは該当しない）．

≫**特殊建築物**：学校，体育館，病院，劇場，観覧場，集会場，展示場，百貨店，遊技場，公衆浴場，旅館，共同住宅，寄宿舎，下宿，工場，倉庫，自動車車庫，危険物の貯蔵場，と畜場，火葬場，汚物処理場等が含まれる．

3. 建築面積〔令第2条第2号〕

外壁又はこれに代わる柱の中心線で囲まれた部分の水平投影面積をいう．水平投影面積は，建物の上から光を当てたときの影の面積のことで，最上階のデッキなど張り出している部分や，庇などの出っ張りは1mを超える部分（その端から水平距離1m後退した線）は，建築面積に算入される．

4. 床面積，延べ面積〔令第2条第3,4号〕

各階又はその一部で壁その他の区画の中心線で囲まれた部分の水平投影面積が床面積である．各階の床面積を合計したものが延べ面積である．

5. 居室〔法第２条第４号〕

人が居住，執務，作業，集会，娯楽等の目的のために継続的に使用する室をいう．

≫居室：居間，台所，応接室，作業室，事務室，教室，会議室，食堂等である．便所，更衣室，車庫，物置等は居室ではない．

6. 階数〔令第２条第８号〕

屋上に設けた機械室等の，水平投影面積の合計が建物の建築面積の 1/8 以下である場合，階数に算入しない．

7. 主要構造部〔法第２条第５号〕

建築物の骨格を形成しているものをいう．壁，柱，床，梁，屋根及び階段をいう（外部階段，最下階の床，間仕切壁，間柱は除く）．

8. 大規模の修繕〔法第２条第 14 号〕

主要構造部の１種以上について，過半の修繕をいう．

9. 大規模の模様替え〔法第２条第 15 号〕

主要構造部の１種以上について，過半の模様替えをいう．

10. 地階〔令第１条第２号〕

床が地盤面より下にある階で，床面から地盤面までの高さが，その階の天井高の 1/3 以上のものをいう（**図 9･4**）．

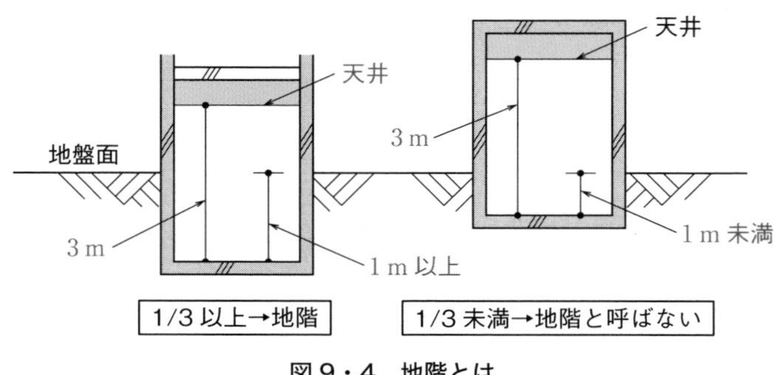

図 9・4　地階とは

11. 特定行政庁〔法第2条第35号〕

建築主事を置く市町村の区域については，当該市町村の長をいい，その他の市町村の区域については，都道府県知事をいう．

12. 不燃材料〔法第2条第9号，令第108条の2〕

不燃性を有し，ガスや煙を出さない材料をいう．

>> **不燃材料**：コンクリート，れんが，かわら，石綿スレート，鉄鋼，アルミニウム，ガラス，モルタル，しっくい等．

2 確認申請と諸届

1. 建築確認申請〔法第6条，法第87条の2，法第88条〕

確認申請を要する建築物を**表9·1**に示す．

表9・1　確認申請を要する建築物

<table>
<tr><th>適用区域</th><th>用途・構造</th><th>規　模</th><th>工事種別</th></tr>
<tr><td rowspan="5">全国適用</td><td>特殊建築物</td><td>・延べ面積が $100\ m^2$ を超えるもの</td><td rowspan="3">新築，増築，改築，移転，大規模な修繕，模様替え，用途変更（用途変更して特殊建築物となる場合に限る）</td></tr>
<tr><td>木　造</td><td>・階数が3以上のもの
・延べ面積が $500\ m^2$ を超えるもの
・高さが13 m を超えるもの
・軒の高さが9 m を超えるもの</td></tr>
<tr><td>木造以外</td><td>・階数が2以上のもの
・延べ面積が $200\ m^2$ を超えるもの</td></tr>
<tr><td colspan="2">・特殊建築物で，その用途に供する部分の床面積の合計が $100\ m^2$ を超えるもの</td><td>建築設備：エレベータ，エスカレーター等を設ける場合</td></tr>
<tr><td colspan="2">・高さ6 m を超える煙突，高さ8 m を超える高架水槽等</td><td>工作物を築造する場合</td></tr>
<tr><td colspan="3">・上記建築物以外で，都市計画区域内，又は，都道府県知事が指定する区域内等に建築するもの</td><td>建築：新築，増築，改築移転をする場合</td></tr>
</table>

2. 申請が不要な建築物〔法第85条第2項〕

災害があった場合に建築する停車場，官公署その他これらに類する公益上必要な用途に供する**応急仮設建築物**又は，工事を施工するために現場に設ける**事務所**，下小屋，材料置き場その他これらに類する仮設建築物は**確認申請が不要**である．

3. 書類の提出義務者と提出先

書類とその提出先を**表 9·2** に示す.

表 9・2　書類の提出義務者と提出先

書類名	提出義務者	提出先
確認申請	建築主	建築主事又は指定確認検査機関
完了検査申請		
中間検査申請		
仮使用の承認申請	建築主	特定行政庁又は建築主事
定期報告	所有者又は管理者	特定行政庁
建築工事届	建築主	都道府県知事
建築物除却届	工事施工者	都道府県知事

4. 防火規定（法第 26, 36 条, 令第 112, 113 条）

⊕**防火壁**・・・延べ面積が **1 000 m² を超える**建築物は，延べ面積 1 000 m² 以内ごとに防火壁で区画しなければならない．耐火建築物，準耐火建築物については防火区画の適用があるので防火壁は適用されない．

⊕**防火区画**・・・主要構造部を耐火構造とした建築物で，準耐火建築物に対しては内部火災を防ぐための建築物内を防火区画で区画したもの．

① 一般の耐火建築物，準耐火建築物は **1 500 m²** で区画する．

② 11 階以上は，仕上材（不燃性の下地）により 100 m², 200 m², 500 m² 以内ごとに区画する．

③ 主要構造部を準耐火構造（耐火構造も含む）とした建築物で**地階か 3 階以上**に居室があるものは，吹抜け，階段部分を区画する．

5. 延焼のおそれのある部分（法第 2 条第 6 号）

図 9·5 に示すように，

① 隣地境界線

② 道路中心線

③ 同一敷地内の 2 以上の建築物（延べ面積の合計が 500 m² 以内の建築は一つの建築物とみなす）相互の外壁間の中心線

①②③の線から，1 階にあっては 3 m 以下，2 階以上にあっては 5 m 以下の距離にある建築物の部分をいう．

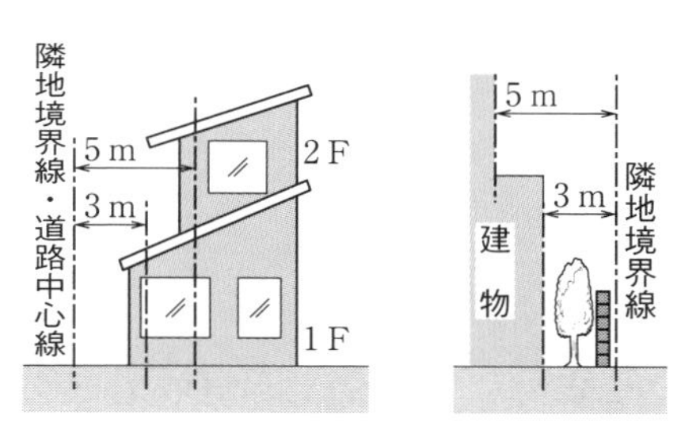

図 9・5　延焼のおそれのある部分

3 換気設備・空気調和設備

1. 自然換気設備（令第 129 条の 2 の 5）

① **給気口**は，天井高さの 1/2 以下の低い位置に設け，**排気口**は天井面に設けるか，又は天井面から 80 cm 以内の高い位置に設ける．ただし，常時外気に開放された構造としなければばならない．

② 直接外気に開放された排気口又は排気筒の頂部は，外気の流れによって排気が妨げられない構造とする．

2. 機械換気設備（令第 129 条の 2 の 5）

機械換気設備は，**第一種機械換気法**，**第二種機械換気法**，**第三種機械換気法**のいずれかを換気目的に合わせて採用する．

3. 中央管理方式の空気調和換気設備（令第 129 条の 2 の 5）

中央管理方式の空気調和設備は，**建築物衛生法**の室内環境基準に規定するレベルを維持するように**温度**，**湿度**，**気流**，**じん埃**，**炭酸ガス濃度**，**一酸化炭素ガス濃度**，**ホルムアルデヒド濃度**を制御する．

4. 換気設備の設置義務がない室（令第 20 条の 3）

火を使用する室すべてに換気設備を設けることと規定されているわけではなく，例えば**以下の室**には，法規上，**換気設備設置が義務づけられていない**．

① **密閉式燃焼器具**のみを設けた室．

② 100 m^2 以下の住宅で，発熱量の合計が 12 kW 以下の開放式燃焼器具を設けた調理室（一定規模以上の窓等があるもの）．

③　調理室以外の室で，発熱量の合計が6 kW以下の燃焼器具を設けたもの（換気上有効な開口がある）.

4 給・排水管

1. 給水管設備〔令第129条の2の4〕

①　コンクリートへの埋設等腐食のおそれのある部分は，**防食措置**とする.

②　エレベーター又は小荷物専用昇降機の**昇降路内**には，ガス管・給水管等の他，**設備の配管類を設けない**.

③　防火区画の壁・床等を，給水管，配電管その他の管（準不燃材料・難燃材料，硬質塩化ビニル等）の**配管が貫通**する場合には，**図9·6**のように**貫通部分**及びその両側1 m以下の部分を**不燃材料で被覆**する.

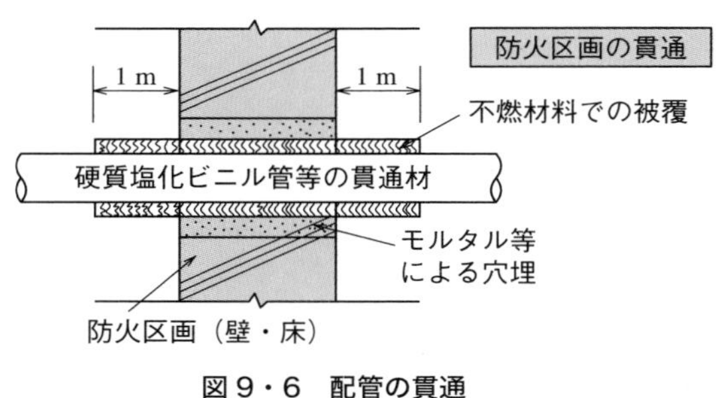

図9・6　配管の貫通

④　飲料用給水タンクに設けるマンホールは，直径60 cm以上のものとする.

2. 排水管設備〔令第129条の2の4〕

①　汚水に接する部分は，**不浸透質の耐水材料**で造る.

②　排水管は，食洗器その他これらに類する機器の**排水管に直接連結しない**.

③　**雨水排水立て管**は，汚水排水管もしくは**通気管と兼用**し，又はこれらの管に**連結しない**.

④　雨水排水管（雨水排水立て管を除く）を汚水排水のための配管設備に接続する場合，雨水配管に**排水トラップ**を設ける.

⑤　通気管は，**直接外気**に衛生上有効に開放すること．ただし，配管内の空気が屋内に漏れることを防止する装置が設けられている場合にあっては，**この**

限りではない.

⑥　排水のための配管設備の末端は，公共下水道，都市下水路その他の排水施設に排水上有効に連結しなければならない.

⑦　**汚水・雑排水槽**は，**図 9·7** に示すような構造とする.

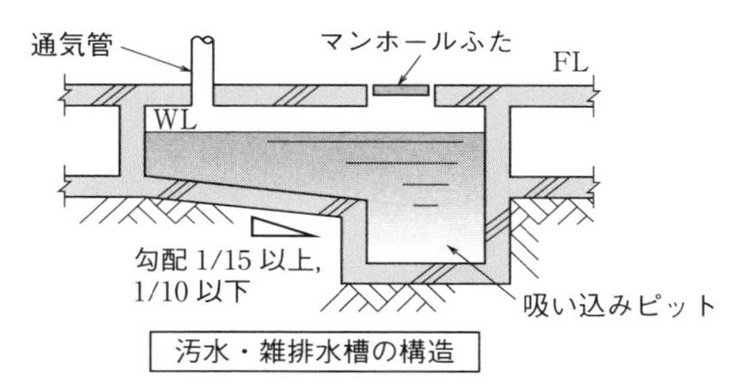

図 9・7　汚水・雑排水槽（国土交通省告示第 243 号より）

⑧　埋設した雨水排水管を汚水排水のための配管設備に連結する場合においては，雨水排水管にトラップますを設ける.

⑨　排水再利用配管設備は，洗面器，手洗器その他誤飲，誤用のおそれのある衛生器具に連結しない.

3. その他〔令第 129 条の 2 の 4〕

①　給水，排水その他の配管設備は，昇降機の昇降路内に設けないこと.

②　地階を除く階数が 3 以上である建築物，地階に居室を有する建築物又は延べ面積が 3 000 m^2 を超える建築物に設ける換気，暖房又は冷房の設備の風道は，不燃材料で造ること（ただし，配管類は不燃材料で造ることを要しない）.

❶ 用語の定義（建築物の範囲・特殊建築物・各種面積）に関する事項.
❷ 主要構造部の範囲，大規模の修繕に関する事項.
❸ 建築確認申請の必要な範囲及び申請が不要な建築物に関する事項.
❹ 延焼のおそれのある部分の規定に関する事項.
❺ 自然換気設備（給気口及び排気口の設置）に関する事項.
❻ 防火区画を貫通する配管の措置に関する事項.
❼ 給排水管の規定及び排水槽の構造に関する事項.

問題 1 建築基準法

建築物の用語に関する記述のうち,「建築基準法」上, 誤っているものはどれか.

(1) 共同住宅は特殊建築物であるが, 一戸建住宅は特殊建築物ではない.

(2) 建築物の壁や屋根は主要構造部であるが, 建築物の階段は主要構造部ではない.

(3) 建築物の2階以上の部分で, 隣地境界線より5m以下の距離にある部分は, 法に定める部分を除き, 延焼のおそれのある部分である.

(4) 防火性能とは, 建築物の周囲において発生する通常の火災による延焼を抑制するために, 外壁又は軒裏に必要とされる性能をいう.

解説 (2) 建築物における主要構造部とは, 壁・柱・床・梁・屋根・階段である. ただし, 外部の階段, 最下階の床, 間仕切壁, 間柱については主要構造部ではない〔法第2条第5号〕.

解答▶(2)

問題 2 建築基準法

建築物の居室に設ける中央管理方式の空気調和設備の性能に関する記述のうち,「建築基準法」上に定められている数値として, 誤っているものはどれか.

(1) 浮遊粉じんの量は, 空気1 m³について0.5 mg以下とする.

(2) 一酸化炭素の含有率は, 100万分の10以下とする.

(3) 相対湿度は, 40 % 以上 70 % 以下とする.

(4) 気流は, 1秒間につき0.5 m以下とする.

解説 建築基準法施行令に中央管理方式の空気調和設備の基準が規定されている.

①	浮遊粉じんの量	空気1 m³につき **0.15 mg** 以下
②	一酸化炭素の含有率	100万分の10以下
③	二酸化炭素の含有率	100万分の1 000以下
④	温度	• 17℃以上28℃以下 • 居室における温度を外気の温度より低くする場合は, その差を著しくしないこと
⑤	相対湿度	40 % 以上 70 % 以下
⑥	気流	1秒間につき0.5 m以下

〔令第129条の2の5〕

解答▶(1)

問題 3 建築基準法

次の記述のうち，「建築基準法」上，誤っているものはどれか．

(1)工事現場に仮設として設ける2階建ての事務所については，建築の確認の申請を必要としない．

(2)共同住宅は，特殊建築物には該当しない．

(3)機械室内の熱源機器の過半を更新する工事は，大規模の修繕に該当しない．

(4)建築物でない工作物として，高さ8mを超える高架水槽を設ける場合は，建築の確認の申請をしなければならない．

(2) 建築基準法上，**共同住宅は特殊建築物に該当する**〔法第2条第2号〕．

解答▶(2)

マスターPoint 特殊建築物に該当するのは，学校・体育館・病院・劇場・観覧場・集会場・展示場・百貨店・遊技場・公衆浴場・旅館・共同住宅・寄宿舎・下宿・工場・倉庫・自動車車庫・危険物の貯蔵場等である．

問題 4 建築基準法

建築設備に関する記述のうち，「建築基準法」上，誤っているものはどれか．

(1)給水管が準耐火構造の防火区画を貫通する場合，当該管と防火区画との隙間をモルタルその他不燃材料で埋めなければならない．

(2)給水管が防火区画を貫通する場合，貫通する部分及び貫通する部分からそれぞれ両側1m以内の距離にある部分を不燃材料で造る．

(3)雨水排水立て管を除く雨水排水管を汚水排水のための配管設備に連結する場合，当該雨水排水管に排水トラップを設けなければならない．

(4)排水槽の底の勾配は，吸い込みピットに向かって1/10以上1/5以下としなければならない．

解説 (4) 排水槽の底部には，吸い込みピット（排水ピット）を設け，排水の滞留や汚泥が残らないように，ピットに向かって**1/15～1/10の勾配**を設ける〔国土交通省告示第243号第2の2号〕．

解答▶(4)

問題 5 建築基準法

建築設備に関する記述のうち，「建築基準法」上，誤っているものはどれか．

(1) 排水トラップの封水深は，阻集器を兼ねる排水トラップの場合を除き，5 cm 以上 15 cm 以下としなければならない．

(2) 天井内等の隠ぺい部に防火ダンパーを設ける場合は，一辺の長さが 45 cm 以上の保守点検が容易に行える点検口を，天井，壁等に設けなければならない．

(3) 換気設備を設けるべき調理室等の給気口は，原則として，当該室の天井高さの 1/2 以下の位置に設けなければならない．

(4) 換気設備を設けるべき調理室等の排気口は，原則として，当該室の天井又は天井から下方 80 cm 以内の高さの位置に設けなければならない．

解説 (1) 封水深は 5 cm 以上 10 cm 以下（阻集器を兼ねる排水トラップについては 5 cm 以上）と定められている〔国土交通省告示第 243 号第 2 の 3 号〕．

解答▶(1)

問題 6 建築基準法

建築物に設ける配管設備に関する記述のうち，「建築基準法」上に定められている数値として，誤っているものはどれか．

(1) 排水のための配管設備で，汚水に接する部分は不浸透質の耐水材料で造らなければならない．

(2) 雨水排水立て管は，汚水排水管もしくは通気管と兼用し，又はこれらの管に連結してはならない．

(3) 排水のための配管設備の末端は，公共下水道，都市下水路その他の排水施設に排水上有効に連結しなければならない．

(4) 地階を除く階数が 3 以上の建築物に設ける配管設備は，不燃材料で造らなければならない．

解説 (4) 地階を除く階数が 3 以上の建築物，地階に居室を有する建築物又は延べ面積が 3 000 m² を超える建築物に設ける換気，暖房又は冷房の設備の風道は不燃材料で造らなければならない〔令第 129 条の 2 の 4〕．

解答▶(4)

9 4 建設業法

1 建設業の許可

建設業を行うには，**都道府県知事**又は**国土交通大臣**の許可が必要である．

1. 国土交通大臣の許可と都道府県知事の許可〔法第３条，令第１条の２〕

① **一つの都道府県のみ**に営業所を設置して，建設業を営もうとする場合は，**都道府県知事**の許可を受ける．

② **二つ以上（複数）の都道府県**に営業所を設置して，建設業を営もうとする場合は，**国土交通大臣**の許可を受ける．

③ 都道府県知事の許可を受けた建設業者は，許可を受けた都道府県以外での営業や建設工事をすることができる．

④ 管工事では，工事１件の請負金額が**500万円未満**（建築一式工事で，工事１件の請負金額が**1 500万円未満**の工事又は**延べ面積が150 m^{2}未満**の木造住宅工事）の軽微な建設工事を請負う建設業者は，**許可を受けなくてもよい**．

⑤ 建設業の**許可**は，**5年**ごとに**更新**を受けなければならない．

⑥ 建設業者は，許可を受けた建設業の建設工事を請け負う場合は，当該建設業に附帯するほかの建設業の建設工事を請け負うことができる．

⑦ 建設業の許可を受けた業者が，許可を受けてから**1年以内**に営業を開始しない場合や**1年以上営業を休止**した場合，その**許可は取り消される**．

2. 特定建設業と一般建設業の許可〔令第２条〕

建設業の許可には，国土交通大臣の許可と都道府県知事の許可及び特定建設業と一般建設業の許可がある．

① 特定建設業の許可及び監理技術者の配置が必要（2016年4月6日公布）
下請負代金の合計が**4 000万円以上**（建築一式工事なら6 000万円以上）の工事を行う建設業者（監理技術者は主任技術者の代替ともなる）．

② 一般建設業（民間工事）の許可が必要（2016年4月6日公布）
下請負代金の合計が**4 000万円未満**（建築一式工事なら6 000万円未満）の工事のみ行う建設業者．

9章 法規

3. 技術者の設置〔法第 26 条，令第 27 条第 2 項〕

① 建設工事を施工する者は，工事現場に主任技術者を設置する．

② 下請負人の建設業者は，工事現場に主任技術者を設置する．

③ 専任の**主任技術者**は，同一業者が同一箇所において，密接に関連する**二つの工事**を行うときに限り，二つの工事を**1 人で担当**することができる．

④ 専任の**監理技術者**は，いかなる場合であっても，**複数の工事**を**1 人で担当**することはできない．

4. 一括下請けの禁止〔法第 22 条，令第 6 条の 3〕

① 建設業者は，その請け負った建設工事を，いかなる方法をもってするを問わず，**一括して**他人に請け負わせてはならない．

② 建設業を営むものは，建設業者から当該建設業者の請け負った建設工事を一括して請け負ってはならない．

③ ①②の規定は，元請負人があらかじめ**発注者の書面による承諾**を得た場合には適用しない．

④ **共同住宅**などの公共性の高い工事は，**一括下請負が禁止**されている．

5. 元請負人の義務〔法第 24 条の 2, 3, 4〕

① 元請負人が工程の細目，施工方法等を定めるときは，あらかじめ**下請負人の意見を聴かなければならない**．

② 工事の完成後に請負代金の支払を受けた元請負人は，下請負人に対し，**1 月以内に下請代金**を支払わなければならない．

③ 前払金の支払を受けた元請負人は，下請負人に対し工事の着手に必要な費用を**前払金**として支払わなければならない．

④ 完成通知を受けた元請負人は，**当該通知を受けた日から 20 日以内**に完成を確認するための**検査完了**をしなければならない．

⑤ 元請負人は，検査によって建設工事の完成を確認した後，下請負人が申し出たときは，直ちに当該建設工事の目的物の引渡しを受けなければならない．

6. 主任技術者と監理技術者の設置

⊕**主任技術者の設置**〔法第 26 条第 1 項〕・・・建設業の**許可を得た者**は，その請け負った建設工事を施工するときには，当該建設工事に関し，元請，下請にかかわらず，金額の大小に関係なく，当該工事現場における建設工事の施工の技術上の管理をつかさどる**主任技術者**を置かなければならない．

⊕**監理技術者の設置**〔法第 26 条第 2 項〕・・・発注者から直接建設工事を請け負った**特定建設業者**は，当該建設工事を施工するために締結した下請契約の請負代金の額が **4 000 万円以上**（建築一式工事の場合：**6 000 万円以上**）になるときは，当該工事現場における建設工事の施工の技術上の管理をつかさどる**監理技術者**を置く必要がある．

7. 専任の技術者〔令第 27 条第 1 項〕

公共性のある施設もしくは工作物又は多数の者が利用する施設，もしくは工作物に関する重要な建設工事で政令が定めるものは，**工事現場ごと**に，**専任の主任技術者又は監理技術者**を置かなければならない．

政令で定める重要な建設工事は，次の①～③のいずれかに該当する建設工事（抜粋）で，工事一件の請負代金の額が **3 500 万円**（当該建設工事が建築一式工事である場合にあっては **7 000 万円**）**以上**のものとする．

① 国又は地方公共団体（都道府県・市町村等）が注文者である工事

② 鉄道，道路，橋，ダム，河川に関する工作物，上水道，下水道，電気事業用施設又はガス事業用施設等の工事

③ 学校，図書館，病院，集会場，事務所，ホテル，共同住宅又は熱供給施設等の工事

2 建設業者に対する指導・監督

建設業者の不当な行為に対し，**許可**の取消し処分が行われる．

① 営業所ごとに置く専任の技術者がいなくなった場合

② 許可を受けた後 1 年以内に営業を開始しなかったり，1 年以上営業を休止した場合

③ 廃業したにもかかわらず届出を怠っていた場合

④ 不正の手段によって許可（許可の更新を含む）を受けていた場合

〔法第 29 条〕

問題 1 建設業法

建設工事における施工体制に関する記述のうち，「建設業法」上，適当でないものはどれか．

(1) 施工体制台帳の作成を要する建設工事を請け負った建設業者は，当該建設工事における各下請負人の施工の分担関係を表示した施工体系図を作成しなければならない．

(2) 施工体制台帳の作成を要する建設工事を請け負った建設業者は，建設工事の目的物の引き渡しをするまで，施工体系図を工事現場の見やすい場所に掲示しなければならない．

(3) 主任技術者の専任が必要な工事で密接な関係にある二つの建設工事を同一の場所において施工する場合は，同一の専任の主任技術者とすることができる．

(4) 監理技術者は，工事現場における建設工事を適正に実施するため，当該建設工事の請負代金の管理及び当該建設工事の施工に従事する者の技術上の指導監督の職務を誠実に行わなければならない．

解説 (4) 監理技術者（及び主任技術者）の職務には，**請負代金の管理**は含まれていない〔法第26条の3〕．

解答▶(4)

問題 2 建設業法

次のうち，「建設業法」上，請負契約書に記載しなければならない事項として，規定されていないものはどれか．

(1) 下請負人の選定の条件及び方法に関する定め

(2) 請負代金の全部又は一部の前金又は出来形部分に対する支払の定めをするときは，その支払の時期及び方法

(3) 価格等の変動もしくは変更に基づく請負代金の額又は工事内容の変更

(4) 各当事者の履行の遅滞その他債務の不履行の場合における遅延利息，違約金その他の損害金

解説 (1) 下請負人の選定の条件及び方法に関する定めは**記載事項に含まれていない**〔法第19条第1項〕．

解答▶(1)

請負代金の支払の時期や方法，価格等変動による請負代金額の変更，工事内容の変更，債務不履行の場合の損害金等に関しては記載する．

問題 3 建設業法

元請負人の義務に関する記述のうち，「建設業法」上，誤っているものはどれか．

(1) 元請負人は，その請け負った建設工事を施工するために必要な工程の細目，作業方法その他元請負人において定めるべき事項を定めるときは，あらかじめ下請負人の意見をきかなければならない．

(2) 元請負人は，請負代金の出来形部分に対する支払又は工事完成後における支払を受けたときは，当該支払の対象となった建設工事を施工した下請負人に対して，相応する下請代金を，当該支払を受けた日から1か月以内で，かつ，できる限り短い期間内に支払わなければならない．

(3) 元請負人は，前払金の支払を受けたときは，下請負人に対して，資材の購入，労働者の募集その他建設工事の着手に必要な前払金として支払うよう適切な配慮をしなければならない．

(4) 元請負人は，下請負人からその請け負った建設工事が完成した旨の通知を受けたときは，当該通知を受けた日から1か月以内で，かつ，できる限り短い期間内に，その完成を確認するための検査を完了しなければならない．

解説 (4) 元請負人は，下請負人から工事完成した旨の通知を受けた日から20日以内，かつ，できる限り短い期間内に，その完成を確認するための検査を完了しなければならない．〔法第24条の4第1項〕

解答▶(4)

問題 4 建設業法

建設業の種類のうち，「建設業法」上，指定建設業として定められていないものはどれか．

(1) 管工事業　　(2) 造園工事業

(3) 鋼構造物工事業　　(4) 水道施設工事業

解説 (4)「建設業法」上，水道施設工事業は，指定建設業に該当しない〔令第5条の2〕．

解答▶(4)

指定建設業とは，土木工事業・建築工事業・電気工事業・管工事業・鋼構造物工事業・舗装工事業・造園工事業の７業種である.

問題 5 建設業法

建築工事の請負契約に関する記述のうち，「建設業法」上，誤っているものはどれか．ただし，電子情報処理組織を使用する方法その他の情報通信の技術を利用する方法によらないものとする.

(1) 共同住宅を新築する建設工事を請け負った建設業者は，あらかじめ発注者から承諾を得た場合であっても，その工事を一括して他人に請け負わせてはならない.

(2) 注文者は，請負契約の締結後，自己の取引上の地位を不当に利用して，その注文した建設工事に使用する資材もしくは機械器具又はこれらの購入先を指定してはならない.

(3) 注文者は，工事現場に監督員を置く場合においては，当該監督員の行為についての請負人の注文者に対する意見の申し出の方法を，請負人と協議しなければならない.

(4) 発注者と請負人との請負契約において，工事内容を変更するときは，その変更の内容を書面に記載し，署名又は記名押印をして相互に交付しなければならない.

解説 (3) 請負人の注文者に対する意見の申し出の方法を，書面により請負人に通知しなければならないが，**請負人との協議を行う必要はない**〔法第 19 条の 2 第 2 項〕.

解答 ▶ (3)

建設業者は，その請け負った建設工事を，いかなる方法をもってするかに関係なく，一括して他人に請け負わせてはならないが，元請負人があらかじめ発注者に書面による承諾を得た場合には，この限りではない．ただし，その場合でも共同住宅を新築する建設工事は除かれている.

必ず覚えよう

❶ 技術者制度（監理技術者・主任技術者），元請負人の義務に関する事項.

❷ 建設業許可，建設工事における施工体制に関する事項.

9-5 消防法

1 消防の用に供する設備

1. 消火設備〔法第17条，令第7条第2項〕

①**スプリンクラー設備**　②**屋内消火栓設備**　③屋外消火栓設備　④水噴霧消火設備　⑤**泡消火設備**　⑥**不活性ガス消火設備**　⑦ハロゲン化物消火設備　⑧粉末消火設備　⑨動力消防ポンプ設備　⑩消火器及び簡易消火用具
等がある．

2. 警報設備〔法第17条，令第7条第3項〕

①自動火災報知設備・ガス漏れ火災報知設備・非常警報設備　②漏電火災警報器　③消防機関へ通報する火災報知設備　④警鐘，携帯用拡声器，手動式サイレンその他の非常警報機器等がある．

3. 避難設備〔法第17条，令第7条第4項〕

①すべり台　②避難ばしご　③救助袋，緩降機，避難橋その他の避難器具　④誘導灯及び誘導標識等がある．

2 消火活動上必要な施設

①連結送水管　②連結散水設備　③排煙設備　④非常コンセント設備　⑤無線通信補助設備等がある〔法第17条，令第7条第6項〕．

3 不活性ガス消火設備

不活性ガスは，駐車場，通信機器室，変電気室，発電気室等の火災に適していて，全域放出方式では，放出された不活性ガス排出のため，専用の換気用送風機を設ける．

① 不活性ガスの貯蔵容器は，温度が40℃以下で温度変化が少ない防護区画以外の箇所に設ける．**2以上の防護区画**で共用するときは，**選択弁**を設ける．

② 非常電源の容量は，**1時間以上**作動できるものとする．

③ 手動式の**起動装置**は，防護区画ごとに設ける．また，起動後に消火剤を放出するまでの時間を**20秒以上**とする措置を行う．

④ 使用される消火剤には，**二酸化炭素**，**窒素**，**IG 55**又は**IG 541**がある．

⑤ 駐車の用に供される部分及び通信機器室であって**常時人がいない**部分は，**全域放出方式**とする． 〔令第16条，則第19条〕

4 スプリンクラー設備

非常電源を設置し，消防ポンプ自動車が容易に接近できる位置に，**双口形の送水口**を設ける〔令第12条第2項第7号〕．

1. 閉鎖型スプリンクラーヘッド（標準型）

① 給排気用**ダクト**，**棚**等で幅又は奥行きが**1.2 m を超える**ものがある場合には，その**下面**にもヘッドを設ける〔則第13条の2第4項〕．

② ヘッド先端の圧力は，**0.1 MPa 以上**で，放水量は**80 L/min 以上**（ラック式倉庫では**114 L/min 以上**）とする〔則第13条の6第2項第1号〕．

③ 配管の末端には，流水検知装置又は圧力検出装置の作動を試験するための**弁（末端試験弁）**を設ける〔則第14条第5号の2〕．

④ ヘッドを取り付ける場所の正常時の**最高周囲温度が39 ℃ 未満**の場合には，**標示温度79 ℃ 未満**のヘッドを使用する〔則第14条第7号〕．

2. 開放型スプリンクラーヘッド（則第13条の6第2項第4号，則第14条第8号の2）

① 劇場の**舞台**には，**開放型スプリンクラーヘッドを設け閉鎖型とはしない．**

② ヘッド先端の**圧力0.1 MPa 以上**で，**放水量80 L/min 以上**とする．

③ **予作動式**の流水検知装置が設けられている設備は，スプリンクラーヘッドが開放した場合に，**1分以内**に当該ヘッドから放水できるものとする．

3. 補助散水栓（則第13条の6第4項）

① **開閉弁**は，床面から**1.5 m 以下**の高さに設ける．

② スプリンクラー設備に設ける場合は防火対象物の階ごとに，その階の各部分から**1のホース接続口**までの**水平距離が15 m 以下**となるように設ける．

③ ノズル先端の**放水圧力0.25 MPa 以上**で，**放水量60 L/min 以上**とする．

5 屋内消火栓設備

1. 1号消火栓〔令第11条第3項第1号，則第12条第6号〕

① 各階の設置個数は，防火対象物の階ごとに，その階の各部分からの水平距離が25 m以下となるように設ける．

② 水源は，最も多く屋内消火栓が設置されている階の個数（最大で2）に，2.6 m^3 を乗じて得た量以上とする．

③ その階の屋内消火栓を**同時（最大で2）に使用**したとき，ノズル先端において，放水圧力が0.17 MPa以上で，放水量が130 L/min以上とする．

④ **非常電源**を設置する．

⑤ 主配管のうち立上り管は，50 mm（2号消火栓の場合は32 mm）以上とし，配管の**耐圧力**は，加圧送水装置の締切り圧力の1.5倍以上とする．

2. 2号消火栓〔令第11条第3項第2号〕

① 2号消火栓は，工場，作業場，倉庫に**設置ができない**．

② 各階の設置個数は，防火対象物の階ごとに，その階の各部分からの水平距離が15 m以下となるように設ける．

③ 2号消火栓は，どの階においても，その階の屋内消火栓を同時（最大で2）に使用したとき，**ノズル先端**において，放水**圧力**が0.25 MPa以上で，**放水量**が60 L/min以上とする．

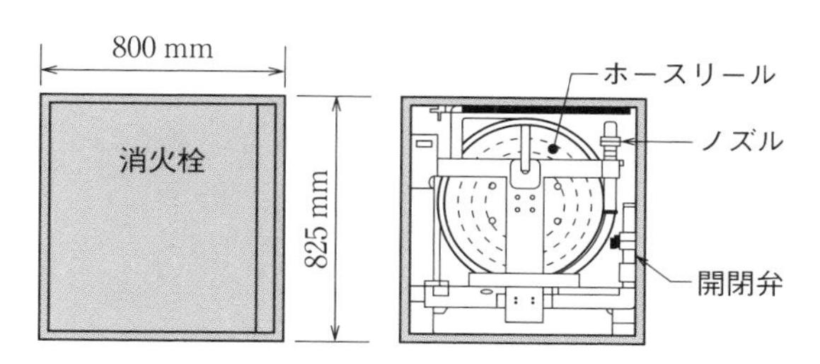

図9・8 2号消火栓（総合盤なし）

❶ 屋内消火栓及びスプリンクラー設備の各種規定に関する事項．

❷ 不活性ガス消火設備の各種規定に関する事項．

9章 法規

問題 1 消防法

スプリンクラー設備に関する記述のうち，「消防法」上，誤っているものはどれか．ただし，特定施設水道連結型スプリンクラー設備は除く．

(1) 消防ポンプ自動車が容易に接近することのできる位置に，双口型の送水口を設置しなければならない．

(2) 劇場の舞台に設けるスプリンクラーヘッドは閉鎖型としなければならない．

(3) ポンプによる加圧送水装置には，締切運転時における水温上昇防止のための逃し配管を設ける．

(4) 末端試験弁は，閉鎖型スプリンクラーヘッドを用いるスプリンクラー設備の流水検知装置又は圧力検知装置の作動を試験するために設ける．

解説 (2) 劇場の舞台部分は，可燃性の物品が多く，火災時に舞台部分の全体を散水可能なように，スプリンクラーヘッドは開放型としなければならない〔則第 13 条の 2〕．

解答▶(2)

開放型スプリンクラーヘッド

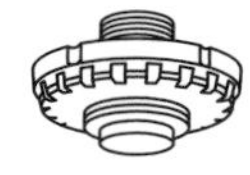

下向き型

埋込型

閉鎖型スプリンクラーヘッド

問題 2 消防法

次の消防用設備等のうち，「消防法」上，消火活動上必要な施設として定められていないものはどれか．

(1) 排煙設備

(2) 連結送水管

(3) 屋内消火栓設備

(4) 連結散水設備

解説 消火活動上必要な施設とは，排煙設備，連結送水管，連結散水設備，非常コンセント設備，無線通信補助設備である〔令第 7 条〕．

解答▶(3)

屋内消火栓設備，スプリンクラー設備，特殊消火設備等は，「消防の用に供する設備」である．

問題 3 消防法

不活性ガス消火設備に関する記述のうち，「消防法」上，誤っているものはどれか．

(1) 非常電源は，当該設備を有効に1時間作動できる容量以上としなければならない．

(2) 手動式の起動装置は，一の防護区画ごとに設けなければならない．

(3) 駐車の用に供される部分及び通信機械室であって常時人がいない部分は，局所放出方式としなければならない．

(4) 貯蔵容器は，防護区画外の場所に設けなければならない．

解説 (3) 駐車の用に供される部分及び通信機械室であって常時人がいない部分は，**全域放出方式としなければならない**〔則第19条〕．

解答▶(3)

問題 4 消防法

1号消火栓を用いた屋内消火栓設備に関する記述のうち，「消防法」上，誤っているものはどれか．

(1) 主配管のうち，立上がり管は呼び径で50 mm以上のものとする．

(2) 加圧送水装置は，消火栓のノズルの先端における放水圧力が0.7 MPaを超えるようにしなければならない．

(3) 配管の耐圧力は，当該配管に給水する加圧送水装置の締切圧力の1.5倍以上の水圧を加えた場合において，当該水圧に耐えるものとする．

(4) 水源の水量は，屋内消火栓の設置個数が最も多い階における当該設置個数（当該設置個数が2を超えるときは，2とする）に2.6 m^3を乗じて得た量以上でなければならない．

解説 (2) 屋内消火栓のノズルの先端における放水圧力が，0.7 MPa**を超えないための措置を講ずることと規定されている**〔則第12条〕．

解答▶(2)

マスターPoint 主配管の立上り管は，1号消火栓の場合は50 mm以上，2号消火栓の場合は32 mm以上とする.

問題5 消防法

スプリンクラー設備に関する記述のうち，「消防法」上，誤っているものはどれか．ただし，特定施設水道連結型スプリンクラー設備は除く．

(1) 閉鎖型スプリンクラーヘッドを用いるスプリンクラー設備の配管の末端には，末端試験弁を設ける.

(2) 閉鎖型スプリンクラーヘッドのうち標準型ヘッドは，給排気用ダクト等でその幅又は奥行が1.2 mを超えるものがある場合には，当該ダクト等の下面にも設けなければならない.

(3) 消防ポンプ自動車が容易に接近できる位置に専用の単口形送水口を設ける.

(4) 補助散水栓は，防火対象物の階ごとに，その階の未警戒となる各部分からホース接続口までの水平距離が15 m以下となるように設けなければならない.

解説 (3) スプリンクラー設備には，非常電源を附置し，消防ポンプ自動車が容易に接近することができる位置に**双口形の送水口**を附置することと規定している〔令第12条〕.

解答▶(3)

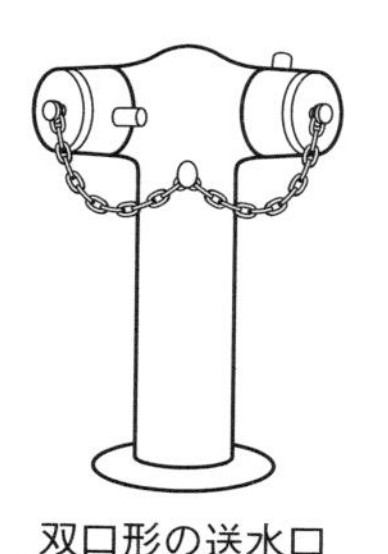

双口形の送水口

マスターPoint 補助散水栓は，防火対象物の階ごとに，その階の各部分からホース接続口までの水平距離が15 m以下となるように設けなければならないが，スプリンクラーヘッドが設けられている部分に補助散水栓を設ける場合は，この限りでない.

9 6 その他の法規

その他の法規には，駐車場法，建築物における衛生的環境の確保に関する法律（建築物衛生法），建築物のエネルギー消費性能の向上に関する法律（建築物省エネ法），大気汚染防止法，騒音規制法，浄化槽法，水質汚濁防止法，廃棄物の処理及び清掃に関する法律，ガス事業法，電気事業法等がある．

1 騒音規制法

騒音規制法第1条に，「この法律は，工場及び事業場における事業活動並びに建設工事に伴って発生する騒音について必要な規制を行ない生活環境を保全し，国民の健康の保護をすることを目的とする」と規定されている．

1. 定義〔法第2条，令第1,2条〕

⊕**規制基準**・・・特定工場等（特定施設を設置する工場又は事業場）の敷地の境界線における騒音の大きさの許容限度をいう．

⊕**特定施設**・・・工場又は事業場に設置されている施設のうち，著しい騒音を発生する施設をいう（空気圧縮機及び送風機の**原動機の定格出力が 7.5 kW 以上の**ものが「特定施設」に該当する）．

⊕**特定建設作業**・・・建設工事として行われる作業のうち，著しい騒音を発生する作業をいう（空気圧縮機の電動機以外の原動機を用いるものであって，定格出力が 15 kW 以上のものが「特定建設作業」に該当する）．

⊕**自動車騒音**・・・自動車の運行に伴い発生する騒音をいう．

2. 特定建設作業の実施届〔法第14条〕

① 指定地域内において特定建設作業を伴う建設工事を施工しようとする者は，その作業の開始の日の**7日前**までに，環境省令で定める次の事項を**市町村長**に届けなければならない．

② 特定建設作業を他の建設業者に下請けさせる場合でも，元請業者が特定建設作業の届出をしなければならない．

2 廃棄物の処理及び清掃に関する法律(廃棄物処理法)

⊕**産業廃棄物**〔法第2,11,12条，令第6条の2〕・・・産業廃棄物とは，事業活動にともなって生じた廃棄で，燃え殻，汚泥，廃油，廃酸，廃アルカリ，廃プラステック類その他政令で定める廃棄物をいう．

① 事業者は，その産業廃棄物を**自ら処理**しなければならない．

② 事業者は，その産業廃棄物が運搬されるまでの間，環境省令で定める技術上の基準に従い，生活環境の保全上支障のないように保管しなければならない．

③ 事業者は，自らその産業廃棄物の運搬又は処分を行う場合には，政令で定める産業廃棄物の収集，運搬及び処分に関する基準に従わなければならない．

④ 事業者は，産業廃棄物の運搬又は処分を委託する場合には，政令で定める基準に従い，運搬については**産業廃棄物収集運搬業者**に，処分については**産業廃棄物処分業者**にそれぞれ委託しなければならない．

⑤ 委託契約は，書面により行う．委託契約書には次の事項等が記載される．

a）委託する産業廃棄物の種類と数量

b）運搬を委託する場合は，運搬の最終目的地の所在地

⊕**特別管理産業廃棄物**〔法第2条，令第2条の4，則第1条の2〕・・・特別管理産業廃棄物とは，産業廃棄物のうち，爆発性，毒性，感染性，その他の人の健康又は生活環境にかかわる被害を生じるおそれのある性状を有するものとして，政令で定めるものをいう．灯油の廃油，pH 2以下の廃酸，pH 125以上の廃アルカリ，一定の感染性産業廃棄物，**特定有害産業廃棄物**等7種類の廃棄物が規定されている．

特別管理産業廃棄物のうち，廃PCR，PCB汚染物，廃石綿等が，**特定有害産業廃棄物**に指定されている．

建築物における石綿建材除去事業で生じた**飛散する**おそれのある**石綿保温材**は，**特別管理産業廃棄物**として処理しなければならない．

事業者は，排出した特別管理産業廃棄物の**運搬又は処分**を委託する場合，あらかじめ，特別管理産業廃棄物の種類，数量，性状等を，委託しようとする者に文書で通知しなければならない．

3 建設工事に係る資材の再資源化等に関する法律(建設リサイクル法)

この法律は，特定の建設資材について，その分別解体等及び再資源化を促進するための措置を講じているもので，資源の有効利用の確保及び廃棄物の適正な処理を図ることを目的とするものである〔法第１条〕.

⊕**分別解体工事**・・・工事にともない発生する建設資材廃棄物を，その種類ごとに分別しながら工事を施工するもの〔法第２条第３号〕.

⊕**再資源化**・・・分別解体等にともなって生じた建設資材廃棄物を処分するもの.

① **資材・原材料**として用いることができる状態にすること〔法第２条第４号〕.

② **燃焼**の用に供することができるもの,又はその可能性のあるものについて,熱を得ることに利用することができる状態にすること(サーマルリサイクル).

⊕**特定建設資材**・・・コンクリート，木材，その他建設資材のうち，建設資材廃棄物となった場合におけるその再資源化が，資源の有効な利用及び廃棄物の減量を図るうえで特に必要であり，かつその再資源化が経済性の面において制約が著しくないと認められるものとして政令で定められているもの〔法第２条第５号〕.

⊕**政令で定める特定建設資材**・・・政令で定める特定建設資材とは，以下のものをいう〔法第２条〕.

①コンクリート　②コンクリート及び鉄からなる建設資材　③木材　④アスファルト・コンクリート（**プラスチック**は特定建設資材に該当しない）

⊕**解体工事業者の登録**〔法第21,31条〕

① 解体工事業を営もうとする者は，当該業を行おうとする区域を管轄する**都道府県知事の登録**を受けなければならない.

② 前項①において，建設業法に規定する土木工事業，建築工事業又はとび・土木工事業の許可を受けた者は除かれる.

③ 解体工事業者は，その請け負った解体工事の施工の技術上の管理をつかさどる**技術管理者を選任**しなければならない.

⊕**浄化槽法**・・・この法律は，浄化槽の設置，保守点検，清掃及び製造について規制するとともに，浄化槽工事業者の登録制度及び浄化槽清掃業の許可制度を整備し，**浄化槽設備士及び浄化槽管理士**の資格を定めること等により，公共用水域等の水質の保全等の観点から浄化槽によるし尿及び雑排水の適正な処理を図り,もって生活環境の**保全及び公衆衛生の向上**に寄与することを目的とする〔法第１条〕.

問題 1 その他の法規

分別解体等に関する記述のうち，「建設工事に係る資材の再資源化等に関する法律」上，誤っているものはどれか．

(1) 対象建設工事受注者は，解体する建築物等の構造，工事着手の時期及び工程の概要，分別解体等の計画等の事項を都道府県知事に届け出なければならない．

(2) 対象建設工事受注者は，分別解体等に伴って生じた特定建設資材廃棄物である木材は，再資源化施設が工事現場から 50 km 以内にない場合は，再資源化に代えて縮減をすれば足りる．

(3)「建設業法」上の管工事業のみの許可を受けた者が解体工事業を営もうとする場合は，当該業を行おうとする区域を管轄する都道府県知事の登録を受けなければならない．

(4) 対象建設工事受注者は，その請け負った建設工事の全部又は一部を他の建設業を営む者に請け負わせようとするときは，当該他の建設業を営む者に対し，当該対象建設工事について届け出られた分別解体等の計画等の事項を告げなければならない．

解説 (1) 対象建設工事の**発注者又は自主施工者**は，工事に着手する 7 日前までに，規定の事項（解体する建築物の構造，特定建設資材の種類，工事着手の時期及び工程の概要，分別解体の計画）を都道府県知事に届け出なければならない．受注者が届け出るのではない．〔法第 10 条〕

解答▶(1)

分別解体の実施には，次のものがある．
(1) 建築工事の解体工事は，床面積の合計が 80 m² 以上のものに実施する．
(2) 建築物の新築又は増築の場合は床面積が 500 m² 以上のものに実施する．
(3) 建築物以外で解体工事又は新築工事については，請負代金の額が 500 万円以上のものに実施する．

問題 2 その他の法規

産業廃棄物の処理に関する記述のうち，「廃棄物の処理及び清掃に関する法律」上，誤っているものはどれか．

(1) 事業者は，電子情報処理組織を使用して産業廃棄物の運搬又は処分を委託する場合，受託者に産業廃棄物を引き渡した後，3 日以内に情報処理センターに登録する必要がある．

(2) 事業者は，他人に委託した産業廃棄物の運搬又は処分が終了したことを確認した後，産業廃棄物管理票（マニフェスト）の写しの送付を受けた日から5年間は当該管理票の写しを保存しなければならない．
(3) 運搬受託者は，産業廃棄物の運搬を終了した日から20日以内に産業廃棄物管理票（マニフェスト）の写しを管理票交付者に送付しなければならない．
(4) 事業者は，建設工事に伴い発生した産業廃棄物を事業場の外の300 m^2 以上の保管場所に保管する場合，非常災害のために必要な応急措置として行う場合を除き，事前にその旨を都道府県知事に届け出なければならない．

解説 (3) 運搬受託者は，運搬を終了した日から10日以内に，廃棄物管理票（マニフェスト）の写しを管理票交付者に送付しなければならない〔則第8条の23〕．

解答▶(3)

問題 3 その他の法規

産業廃棄物の処理に関する記述のうち，「廃棄物の処理及び清掃に関する法律」上，誤っているものはどれか．

(1) 事業者が自らその産業廃棄物を産業廃棄物処理施設へ運搬する場合においても，産業廃棄物運搬の業の許可を受けなければならない．
(2) もっぱら再生利用の目的となる産業廃棄物の品目のみの収集運搬を行う者は，産業廃棄物収集運搬業の許可を受ける必要がない．
(3) 石綿建材除去事業において使用されたプラスチックシートは，石綿が付着している恐れがあるため，特別管理産業廃棄物として処分する．
(4) 事業者は，排出した産業廃棄物の運搬又は処分の委託をする場合，電子情報処理組織を使用して，産業廃棄物の種類，数量，受託者の氏名等を情報処理センターに登録したときは，産業廃棄物管理票を交付しなくてもよい．

解説 (1) 排出事業者が自らその廃棄物を運搬する場合には，許可は不要である〔法第14条〕．

解答▶(1)

マスターPoint 一般廃棄物，産業廃棄物，特別管理産業廃棄物の分類を理解する．なお，汚泥は産業廃棄物に区分されるが，建設発生土は除かれている．

問題 4 その他の法規

「高齢者，障害者等の移動等の円滑化の促進に関する法律」に関する文中，[　　　]に当てはまる数値と用語の組み合わせとして，正しいものはどれか．

建築主等は，床面積の合計が[　　　]m^2 以上の特別特定建築物に該当する図書館の建築をしようとするときは，当該建築物を[　　　]に適合させなければならない．

（A）　　　　（B）

(1) 1 000——建築物移動等円滑化基準

(2) 1 000——建築物移動等円滑化誘導基準

(3) 2 000——建築物移動等円滑化基準

(4) 2 000——建築物移動等円滑化誘導基準

解説 (3) 床面積 2 000 m^2 以上の特別特定建築物は，**建築物移動等円滑化基準に適合**させる〔法第 14 条，令第 5, 9 条〕．

解答▶(3)

特別特定建築物には，病院・劇場・百貨店・ホテル・税務署・博物館・美術館等が該当する．

問題 5 その他の法規

「建築物における衛生的環境の確保に関する法律」の特定建築物の維持管理に関して，空気調和設備を設けている場合の空気環境における管理項目としておおむね適合とされる管理基準の組み合わせとして，誤っているものはどれか．

（管理項目）　　　　（管理基準）

(1) 一酸化炭素の含有率———10 ppm 以下

(2) 相対湿度———————40 % 以上 70 % 以下

(3) 気流————————0.5 m/秒以下

(4) ホルムアルデヒドの量——1.0 mg/m^3 以下

解説 (4) **ホルムアルデヒドの量は，0.1 mg/m^3 以下**である〔令第 2 条〕．

解答▶(4)

マスター Point

その他，二酸化炭素の含有率は 1 000 ppm 以下，浮遊粉じん量は 0.15 mg/m^3 以下，温度は 17 ℃ 以上 28 ℃ 以下である．

問題 6 その他の法規

指定地域内における特定建設作業に関する記述のうち，「騒音規制法」上，誤っているものはどれか．

ただし，災害その他非常の事態の発生により当該特定建設作業を緊急に行う必要がある場合を除く．

(1) 特定建設作業を伴う建設工事を施工しようとする者は，特定建設作業の場所及び実施の期間等の事項を都道府県知事に届け出なければならない．

(2) 特定建設作業の届け出は，当該特定建設作業の開始の日の7日前までに行わなければならない．

(3) 建設工事として行われる作業のうち，著しい騒音を発生させる作業であっても，当該作業がその作業を開始した日に終わるものは，特定建設作業に該当しない．

(4) 特定建設作業の騒音は，当該特定建設作業の場所において連続して6日を超えて行われる特定建設作業に伴って発生するものであってはならない．

解説 (1) 当該建設作業の**開始日の7日前までに**，規定の事項を**市町村長**に届け出なければならない〔法第14条〕．

解答▶(1)

問題 7 その他の法規

浄化槽工事に関する記述のうち，「浄化槽法」上，誤っているものはどれか．

(1) 浄化槽工事の完了後，直ちに浄化槽管理者が指定検査機関の行う水質検査を受けた．

(2) 国土交通大臣の型式の認定を受けている工場生産浄化槽を，新築の個人住宅に設置した．

(3) 浄化槽設備士が，自ら浄化槽工事を実地に監督した．

(4) 既設の単独処理浄化槽から合併処理浄化槽への変更の計画は，保健所のある市であったため，市町に届け出た．

解説 (1) 浄化槽設置後の水質検査は，**使用開始後3か月を経過した日から5か月間**とする〔浄化槽法施行規則第4条〕．

解答▶(1)

問題 8 その他の法規

指定地域内における特定建設作業に関する記述のうち,「騒音規制法」上, 誤っているものはどれか.

ただし, 災害その他非常の事態の発生により当該特定建設作業を緊急に行う必要がある場合を除く.

(1) 特定建設作業の騒音は, 特定建設作業の場所の境界線において, 75 デシベルを超えてはならない.

(2) 建設工事として行われる作業のうち, 著しい騒音を発生する作業であっても, 当該作業がその作業を開始した日に終わるものは, 特定建設作業に該当しない.

(3) 特定建設作業の騒音は, 日曜日その他の休日に行われる特定建設作業に伴って発生するものであってはならない.

(4) 特定建設作業の届け出は, 当該特定建設作業の開始の日の 7 日前までに行わなければならない.

解説 (1) 特定建設作業の場所の敷地の境界線において, 85 デシベル以下とする〔特定建設作業に伴って発生する騒音の規制に関する基準〕.

解答▶(1)

問題 9 その他の法規

機器の据付け及び配管作業における資格などに関する記述のうち, 関係法令上, 誤っているものはどれか.

(1)「浄化槽法」上, 浄化槽設備士が自ら浄化槽工事を行う場合を除き, 浄化槽工事を行うときは, 浄化槽設備士が実地に監督しなければならない.

(2)「水道法」上, 水道事業者は, 水の供給を受ける者の給水装置工事が水道事業者又は指定給水装置工事事業者であることを供給条件とすることができる.

(3)「消防法」上, 屋内消火栓設備における配管の設置工事は, 乙種消防設備士免状の交付を受けている者でなければ行ってはならない.

(4)「液化石油ガスの保安の確保及び取引の適正化に関する法律」上, 液化石油ガス設備工事における硬質管のねじ切りの作業は, 液化石油ガス設備士でなければ行ってはならない.

解説 (3) 屋内消火栓設備における配管の設置工事は，**甲種消防設備士**の免状の交付を受けた者でなければ行ってはならない．なお，乙種消防設備士の免状の交付を受けた者は，消防設備の整備のみ行うことができる〔消防法第17条の6〕．

解答▶(3)

問題10 その他の法規

機器の設置及び配管における作業と必要な資格等の組合せのうち，関係法令上，誤っているものはどれか．

（機器の設置又は配管における作業）	（必要な資格等）
(1) 液化石油ガス設備工事におけるガス栓の接続作業	液化石油ガス設備士
(2) 高所作業車を用いる作業	作業指揮者
(3) 消防用設備等の工事	乙種消防設備士
(4) 小型浄化槽の設置工事	浄化槽設備士

解説 (3) 乙種消防設備士の免状の交付を受けた者は，**消防用設備等の工事を行うことができない**〔消防法第17条の6〕．

解答▶(3)

マスターPoint 甲種消防設備士が行うことができるのは消防用設備の工事及び整備であるが，乙種消防設備士が行うことができるのは消防用設備の整備のみと規定されている．

❶ 産業廃棄物の処理に関する事項．
- 産業廃棄物の処理，運搬の委託に関する規定
- 産業廃棄物管理票（マニフェスト）に関する規定

❷ 分別解体等に関する事項．
- 対象の受注者の分別解体等の計画に関する規定
- 特定建設資材の種別と，処理に関する各種規定

❸ 騒音規制法の各種規定に関する事項．
- 特定建設作業の届出，規制騒音値に関する規定

❹ 高齢者等の移動等の円滑化に関する事項．
- 特別特定建築物の分類（用途）と該当規模（床面積）．

❺ 建築物衛生法に関する規定項目と数値．

❻ 各種作業と，その作業に必要な資格名称．

索 引

あ行

か行

さ行

た行

索引

な行

は行

ま行

や行

ら行

索引

わ行

英数字

〈著者略歴〉

山田信亮（やまだ　のぶあき）

1969年　関東学院大学工学部建築設備工学科卒業
現　在　株式会社團紀彦建築設計事務所
　　　　1級管工事施工管理技士
　　　　1級建築士
　　　　建築設備士

打矢瀅二（うちや　えいじ）

1969年　関東学院大学工学部建築設備工学科卒業
現　在　ユーチャンネル代表
　　　　1級管工事施工管理技士
　　　　建築設備士
　　　　特定建築物調査員資格者

今野祐二（こんの　ゆうじ）

1984年　八戸工業大学産業機械工学科卒業
現　在　専門学校東京テクニカルレッジ
　　　　環境テクノロジー科科長
　　　　建築設備士

加藤　諭（かとう　さとし）

1990年　専門学校東京テクニカルカレッジ
　　　　環境システム科卒業
現　在　1級建築士事務所とらい・あんぐる加藤設計
　　　　読売理工医療福祉専門学校 他，講師
　　　　1級管工事施工管理技士

これだけマスター
1級管工事施工管理技士　第一次検定

2022年5月5日　　第1版第1刷発行

著　者　山田信亮
　　　　打矢瀅二
　　　　今野祐二
　　　　加藤　諭
発行者　村上和夫
発行所　株式会社 オーム社
　　　　郵便番号　101-8460
　　　　東京都千代田区神田錦町3-1
　　　　電話　03(3233)0641(代表)
　　　　URL　https://www.ohmsha.co.jp/

印刷　中央印刷　　製本　牧製本印刷
ISBN978-4-274-22868-1　Printed in Japan